高炉高风温技术进展

国宏伟　张建良　杨天钧　编著

北　京

冶　金　工　业　出　版　社

2013

内 容 提 要

本书在高风温热风炉仿真研究和高风温热风炉控制专家系统开发的基础上，系统论述了高炉高风温的实现技术，重点讨论了由低热值高炉煤气实现高风温的理论与实践，并涉及高风温输送、高炉使用高风温等难题，以达到安全应用高风温技术节能降耗的目的。

本书适用于高等学校冶金类本科生和研究生的教学，可以作为高等学校的相关专业教材，也可供工程技术人员参考。

图书在版编目（CIP）数据

高炉高风温技术进展/国宏伟，张建良，杨天钧编著 . —北京：冶金工业出版社，2013.3

ISBN 978-7-5024-5654-2

Ⅰ.①高… Ⅱ.①国… ②张… ③杨… Ⅲ.①高风温—高等学校—教材 Ⅳ.①TF544.2

中国版本图书馆 CIP 数据核字（2012）第 242052 号

出 版 人 谭学余
地　　址 北京北河沿大街嵩祝院北巷 39 号，邮编 100009
电　　话 （010）64027926 电子信箱 yjcbs@ cnmip. com. cn
责任编辑 刘小峰 常国平 美术编辑 李 新 版式设计 孙跃红
责任校对 石 静 责任印制 张祺鑫
ISBN 978-7-5024-5654-2
冶金工业出版社出版发行；各地新华书店经销；三河市双峰印刷装订有限公司印刷
2013 年 3 月第 1 版，2013 年 3 月第 1 次印刷
169mm×239mm；17.75 印张；344 千字；274 页
56. 00 元

冶金工业出版社投稿电话：（010）64027932 投稿信箱：tougao@cnmip. com. cn
冶金工业出版社发行部 电话：（010）64044283 传真：（010）64027893
冶金书店 地址：北京东四西大街 46 号（100010） 电话：（010）65289081（兼传真）
（本书如有印装质量问题，本社发行部负责退换）

前　言

　　钢铁工业是支撑我国国民经济发展的基础产业，粗钢产量已连续十余年居世界首位。钢铁工业也是高能耗、高排放产业，其能耗占我国能源消费的17%左右，是国家节能减排的重点。炼铁工序能耗占钢铁能耗的70%左右，是钢铁节能减排的重点。尽管吨钢综合能耗下降一半，但是与国家"十一五"规划提出的降低20%的节能目标还有一定差距。近年来，国内钢铁企业品种结构趋同、经济效益下滑，钢铁企业的竞争从产品竞争发展到能源、资源、成本的竞争。

　　高炉高风温具有降低焦比、降低燃料比和降低生产成本等作用，是炼铁节能的关键技术。据统计，每提高风温100℃，可降低焦比3%~7%。国外先进高炉风温在1250℃以上。2007年国内高炉的平均风温1125℃，与国际先进高炉风温比较，还有较大的差距。高风温技术因国家及企业节能减排、产业示范等需要曾被列为"2007年国家重大产业技术开发专项"。作为实现钢铁行业"十二五"单位工业增加值能耗和CO_2排放量降低18%目标的重点技术，高风温技术应予以研究和推广。

　　高炉高风温技术是一项综合技术，首先需要热风炉能够获得高温热风，然后需要将高温热风安全地输送到高炉，最后需要高炉能够承受及使用高风温。三个环节缺一不可。针对高风温的获得、输送和使用的问题，主要对应研发内容为热风炉高风温技术、热风管道高风温输送技术和高炉高风温操作技术，这些技术已应用在国内某大型钢铁企业大型高炉开展的1280℃高风温试验攻关，并已将高炉高风温技术研究开发成果应用于其他大型高炉上。

高炉高风温技术主要研发内容包括：

（1）热风炉高风温技术。重点研发了低发热值煤气高效利用、热风炉系统仿真、智能控制和防止拱顶炉壳晶间应力腐蚀断裂四项关键技术。

（2）热风管道输送高风温技术。重点研发了高风温管道配套设备并建立管道监控系统。

（3）高炉高风温操作技术。重点研发了理论燃烧温度控制、风口监测、精料、煤粉混吹和煤气流分布控制技术，解决了全烧高炉煤气高风温的稳定供应、输送和高炉高风温稳定操作等问题。

本书在多年理论研究的基础上，结合首钢高炉高风温工业试验（2007年国家发改委重大产业技术开发专项课题），系统论述了高炉高风温的实现技术，重点讨论了由低热值高炉煤气实现高风温的理论与实践，并且涉及高风温输送、高炉使用高风温等难题，以达到安全应用高风温技术节能降耗的目的。

感谢首钢张福明、马金芳、陈冠军、毛庆武、倪苹、竺维春、郑敬先等专家关于低热值煤气获取高风温、管道输送技术以及高风温的应用等诸多方面提供的宝贵资料，特别感谢工业试验期间的精诚合作。

北京科技大学王筱留教授、武钢于仲洁教授、中国金属学会王维兴教授等对书中内容进行了详细审阅，并提出了许多的宝贵意见。本书在编写过程中还得到了北京科技大学陈杉杉博士、孔德文博士、以及白亚楠、杨阳、裴义、曹英杰、杜申、吴小兵等研究生的帮助和支持，在此一并致以诚挚的谢意。

由于水平所限，加之经验不足，书中不妥之处，敬请广大读者批评指正。

编著者

2012 年 12 月

目　　录

1 绪 论

1.1 国内外热风炉风温现状

近年来，中国金属学会炼铁分会对 133 座不同容积高炉的 441 座热风炉的状况进行了调查。调查表明，我国热风炉的形式以内燃式为主，但传统的内燃式热风炉已不能适应高风温的需要。近几年，新建的高炉大部分都采用各种顶燃式、外燃式和改良型内燃式热风炉。如宝钢高炉配备的是日本新日铁外燃式热风炉，武钢等高炉配备的是内燃式热风炉，京唐 5500m³ 高炉采用俄罗斯卡卢金顶燃式热风炉。这些热风炉的风温能够达到 1200℃ 以上。热风炉风温状况的调查数据见表 1-1 ~ 表 1-3。

表 1-1 废气温度状况

废气温度/℃	≤350	350 ~ 400	410 ~ 480
高炉数	65	37	30
比例/%	49.24	28.03	22.73

表 1-2 燃烧热风炉用煤气状况

煤气种类	高炉煤气	高炉煤气 + 焦炉煤气	高炉煤气 + 转炉煤气
高炉数	112	20	1
比例/%	84.21	15.04	0.75

表 1-3 预热状况

预热状况	双预热	单预热空气	单预热煤气	无预热
高炉数	35	31	5	62
比例/%	26.31	23.31	3.76	46.62

从表 1-1 ~ 表 1-3 的调查数据可以发现，有 50.76% 的热风炉废气温度已超过了传统的控制值（不大于 350℃），并且有 22.73% 热风炉废气温度大于 410℃。由此可见，采用废气来预热热风炉燃气，可成为提高热风炉热效率的一种途径；另外，应严格控制热风炉烟气温度，保护热风炉使用寿命。针对我国 80% 以上高炉热风炉使用全高炉煤气，而高炉煤气热值随燃料比的降低而日趋贫化，其热值不足将成为限制风温提高的主要因素之一。此外，被调查的高炉仅 30% 的热风炉实现了双预热，在缺少高热值煤气的条件下，通过助燃空气和煤气预热方式

提高物理热量，弥补化学燃烧热量的不足，这将是提高风温的实施措施。

据统计，目前我国约有 870 多家炼铁企业，而炉容超过 1000m³ 的高炉仅有200 余座，企业数量多但是产业集中度低。近年来，随着我国高炉炼铁技术的高速发展，在利用系数、焦比、煤比、入炉矿品位等方面与国际先进水平的差距在缩小，但在风温指标上却进步缓慢。近年来我国重点钢铁企业的热风平均温度见表 1-4。

表 1-4 国内重点钢铁企业高炉平均风温

年 份	2007	2008	2009	2010	2011	2012（上半年）
热风温度/℃	1125	1133	1158	1160	1179	1189

由表 1-4 可知，近几年我国重点钢铁企业风温水平在逐年稳定上升[1]，2012 年前半年比上年提高了 10℃，达到了 1189℃，增长幅度较大。2011 年我国重点钢铁企业：宝钢（1205℃）、首钢（1217℃）、邯钢（1185℃）、唐钢（1178℃）等十余家企业风温水平较高。而多数企业风温仍然在 1150℃ 以下，如沙钢（1132℃）、包钢（1092℃）等，风温最低的是本钢（1065℃）。目前，国际先进钢铁企业的热风温度平均为 1235℃（见表 1-5），少数达到了 1350 ℃，与此相比我国整体差距仍然尚大。由此可见，我国钢铁工业风温整体水平亟待提高。

表 1-5 国外重点钢铁企业高炉风温

钢铁企业	高炉	容积/m³	风温/℃	钢铁企业	高炉	容积/m³	风温/℃
霍戈文艾默尔顿	7 号	4200	1260	日本钢管福山厂	4 号	4228	1196
法国布莱厂	2 号	φ12m	1250		5 号	4663	1217
	3 号	φ9.2m	1200	新日铁君津厂	3 号	4063	1300
蒂森斯韦尔根	1 号	4607	1234		3 号	4063	1202
切烈波维茨	5 号	5580	1228	克虏伯曼内斯曼	A 号	φ10.3m	1269
				平 均			1235

现代热风炉的发展方向是：

（1）高风温，热风温度 1250℃ ±50℃。

（2）高热效率，总热效率不低于 85%。

（3）长寿命，一代寿命不低于 25 年[2]。

目前，国外不少高炉长期使用的风温已超过 1250℃，而且俄罗斯 RPA 钢铁厂采用吸附法将煤气转化为富含 CO 的高热值煤气。而北美和欧洲的一些钢铁厂正在研制采用等离子技术来进一步提高风温。

近年来，国外也广泛地利用余热回收[3,4]，达到提高风温、降低能耗的目的。热风炉废气温度虽然只有 350℃ 左右，但废气量大，带走的热量仍相当多[5,6]，利用热风炉废气的热量来预热热风炉的煤气或助燃空气是有效地节约炼铁能耗、提高风温的措施之一[7]。

目前，发达国家的高炉热风炉自动控制都包括完善的基础自动化和过程自动化，其中过程自动化主要是监控和设有热量和换炉等优化的数学模型，对提高热效率、节约能源、提高风温以及保护设备和延长炉子寿命有重要作用[8]。

1.2 提高热风炉风温面临的问题

1.2.1 燃烧温度对热风炉寿命的影响

国外曾经有少数高炉的风温达1350℃，但在该风温下，拱顶温度可达1500℃，燃烧室的火焰温度为1550～1600℃，燃烧产生的NO_x等大幅度升高，引起热风炉炉壳晶间腐蚀严重[9,10]，因此风温又退回1250℃。根据热风炉耐火材料的限制，将热风炉燃烧室拱顶温度控制在1420℃以下，达到1280℃的风温水平是提高风温面临解决的问题之一。

1.2.2 拱顶温度的控制

随着高炉操作水平的提高，部分企业的燃料比已经降到450～480kg/t，因而高炉煤气热值不足3000kJ/m³，采用全高炉低热值煤气燃烧，火焰温度只有1200℃，不能提供1280℃的风温。

利用前置换热器或小热风炉加热助燃空气，高炉热风炉自身预热助燃空气，利用烟道废气、高炉煤气和助燃空气的双预热等新工艺都可提高燃烧温度[11~13]。例如：烟道废气温度若达到450℃，采用热管或热媒换热器，可将高炉煤气和助燃空气双预热到250℃，依靠附加物理热量可以使燃烧室火焰温度达到1400～1450℃，从而保证热风炉拱顶温度达到1350～1400℃，送风温度可稳定在1200～1250℃之间。但是若达到1280℃的风温，则需要确定合适的高炉煤气和助燃空气预热温度，并且对拱顶温度的控制更为严格。

1.2.3 热风炉操作制度

缩小热风温度与拱顶温度之间的温度差，限制拱顶温度1400℃左右条件下，尽可能提高风温。通常缩小温度差的技术主要依靠缩短送风周期，如由70min缩短为50～60min。但是这种方法局限性较高，提高风温更需要综合性方法，才能有效缩小热风温度与拱顶之间的温度差，并维持高风温的稳定性。

1.2.4 热风炉结构和管路系统

现有的热风炉结构都可提供1200℃风温，但从长寿、高效角度分析，外燃式或顶燃式热风炉更容易实现。俄罗斯卡卢金顶燃式热风炉和宝钢外燃式热风炉稳定地提供1200℃以上风温达20年以上。高风温热风炉的管路系统中，要重视关键部位的材料使用和结构设计，可基本保证1200℃以上高风温时管道送风安全[14,15]。但当风温超过1250℃后，现有的热风炉结构和管道系统已经达到极限，需要进一步深入研究热风炉的温度分布以及各部分耐火材料的适应性。

1.2.5 蓄热式格子砖

提高蓄热式格子砖的蓄热性能是缩小热风温度和拱顶温度差的一个关键技术措施，它通过加强热风炉内格子砖与气流之间的热交换，充分满足高风温热量需求后，与热风炉操作制度相辅相成，综合利用，才能够有效缩小热风温度和拱顶温度差，达到提高风温的目的。

提高热风炉鼓风温度将带来良好的经济效益。它不仅可以降低高炉冶炼的消耗，而且有利于增加喷煤量。因此，它对于降低高炉生产的能耗和成本有深远的意义。国内某大型钢铁企业1号高炉在1958年5月平均风温就达到了大约1027℃[16]，但直到2005年，我国重点企业平均的高炉风温还在1000～1080℃的水平上徘徊。热风炉燃料化学热不足、高温热源供应短缺是造成我国热风温度长期徘徊的主要原因之一。

现代高炉冶炼技术的进步给热风炉提高风温带来了高温热源短缺的困难。它主要体现在两方面：一方面是由于钢铁企业后工序焦炉煤气用户的用量增大，使得许多企业严重短缺高热值煤气，而热风炉燃料只能依赖高炉煤气；另一方面是高炉煤气随着燃料比的降低日趋贫化。现在，操作良好的高炉，其高炉煤气的发热值还不足3000kJ/m³。

为了获得高风温，保证热风炉的拱顶温度达到足够高的水平是完全必要的。以掺杂高热值煤气的途径提高拱顶温度虽然是最简单易行的方法，但在我国绝大多数企业内难以实施，大多数企业以100%的高炉煤气作为热风炉燃料，并通过预热煤气和助燃空气的办法来提高拱顶温度。与此同时，生产实践证明，在不同企业的热风炉上，燃烧末期最高拱顶温度与送风温度之差存在很大差距。在传统的以格子砖为蓄热体的热风炉上，这一温差达到180～200℃，而许多小型的以耐火球为蓄热体的热风炉上却只有80～100℃。在分析大量操作数据的基础上，结合我国国情，确定了热风炉设计目标[17]：以100%高炉煤气为燃料，在尽可能提高拱顶温度的同时，强化热风炉的换热过程，缩小拱顶温度与送风温度之间的差值，改善操作制度，可实现热风炉向高炉供给1250±50℃风温的目标。

在实践上述设计目标的过程中，依靠国内的技术力量，经过不断的努力，我国高炉风温水平有明显提高。我国重点企业的高炉平均风温由2006年的1100℃提高到2007年的1125℃、2008年的1127℃和2009年的1158℃。

1.3　我国高风温技术的进步

为了提高风温，确保向热风炉提供足够高的拱顶温度是完全必要的。近年来，我国高炉较为广泛地采用了下列技术：

（1）高炉采用富氧鼓风或掺烧转炉煤气，以提高热风炉燃料的化学热；

（2）利用热风炉废气的余热通过换热器对煤气和助燃空气进行预热；

（3）采用辅助热风炉强化预热空气；

（4）附加燃烧炉强化预热煤气和助燃空气。

上述技术措施实施的结果为：利用热风炉废气余热通过换热器对煤气和助燃空气进行预热的热风炉，获得了1200℃的风温；采用辅助热风炉强化余热助燃空气的热风炉，获得了1300℃的风温。

在这里，特别应该指出以下两点：一是不管采用任何手段，拱顶温度不要超过1420℃，因为超过此值将在燃烧过程中大量生成氮氧化物（NO_x）。在热风炉条件下低NO_x燃烧技术尚未得到良好的解决之前，热风炉操作以拱顶温度控制在不超过1420℃为宜。二是关注热风炉系统的热利用效率。现在控制CO_2的排放量已经提到议事日程，热风炉是高炉煤气消耗大户，减少煤气消耗量、提高热利用效率是高炉工作者责无旁贷的义务。

为了强化热风炉的换热过程，减小最高拱顶温度与送风温度之间的差值，采用以下技术措施：

（1）以改进格子砖的设计为前提。开发了我国自己的格子砖系列，使得能够在维持蓄热室砖质量不变的前提下，加大了热风炉的加热面积，强化了热风炉的换热过程。目前，在统计大量实践数据的基础上，形成了一套优化格子砖的设计方法，利用这一方法，可以实现格子砖的加热面积、砖重、操作制度以及制造质量的相互统一。

（2）采用耐热铸铁作为热风炉炉箅的材质，提高热风炉的废气温度。与此同时，利用较高温度的热风炉废气，通过换热器对煤气和助燃空气进行预热。控制换热器的排气温度降到150～160℃。这样，热风炉既提高了拱顶温度，又可以维持在高热效率的状态下工作。

（3）促进气流分布均匀，提高格子砖的利用效率。在我国现役的热风炉中，内燃式、顶燃式和外燃式热风炉样样俱全。多年来，对各种形式热风炉的热交换过程、烟气和鼓风气流的流动状况进行了深入研究。在不少热风炉上采取了相应的保证气流分布的措施，提高了格子砖的利用效率。正是由于对热风炉温度场和流场的深入研究，改进了热风炉的设计，基本结束了多年来对热风炉结构形式的争论。

2 高风温热风炉的仿真研究

2.1 热风炉数值仿真研究方法

2.1.1 内燃式热风炉特点以及研究重点

目前，世界上已建内燃式热风炉 140 多座，我国已引进 12 座，其结构如图 2-1 所示[18,19]。

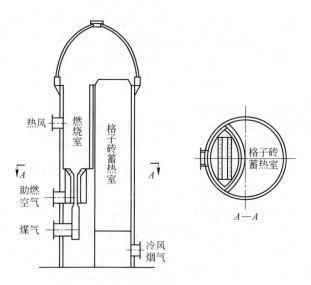

图 2-1 内燃式热风炉结构

2.1.1.1 内燃式热风炉技术特点

内燃式热风炉技术特点如下：

（1）悬链线拱顶。悬链线拱顶具有良好的静态稳定性，消除了半球形拱顶的弊端，改变52°以外非稳定区曲线的方向，依靠拱顶砌体自身的重量和砌体之间的锁紧结构，使拱顶处于整体压紧状态，消除了向外的推力。因此，这种结构能承受温度和送风压力的变化。此外，悬链线拱顶还有以下特点：拱顶下部设置铰接结构，以铰接点为支点进行摆动，吸收拱顶的移动；在砖层中预留均压孔以消除压差，保持砖层两侧受力平衡；拱顶与热风炉墙体脱开，使墙体能自由膨胀上升，不触及拱顶；拱顶重量由设在炉壳内壁的金属托架分层支撑；在拱顶内衬与墙体之间设置滑动缝，避免墙体与拱顶内衬相对位移产生阻力破坏作用；气体流场和温度场分布合理，气体在蓄热室断面上均匀分布。

（2）合理的燃烧室结构。采用"眼睛形"燃烧室，既可以缩小燃烧室隔墙长度、增加蓄热室的有效面积，又可以改善烟气进入格子砖的分布。燃烧室采用"板块"式结构砌筑，把燃烧室砌体分成几个区段，区段之间设置滑动缝，使各区段砌体自由膨胀，消除了不均匀膨胀的应力破坏。在燃烧室与其相邻的砌体之间，采用滑动结构，使燃烧室独立于热风炉内。

（3）自立式隔墙结构。隔墙是大型弧面结构，采用"板块"式砌筑方式，消除拐点应力造成的开裂现象。采用多层隔热结构的隔墙，降低隔墙的温差。隔墙内设置分散膨胀缝和集中膨胀缝。在与隔墙相邻的部位，以滑动结构代替刚性连接，消除砌体整体位移时的阻力。在隔墙中安装耐热钢板，避免隔墙出现通道，消除气体短路。

（4）矩形陶瓷燃烧器。热风炉燃烧器结构是热风炉的关键部件，其结构优化设计将直接影响热风炉的流场、温度及压力分布，同时影响热风炉的整体使用寿命；热风炉格子砖在单位时间内具有足够的热交换量，是确保高风温的必要条件。因此，高风温项目主要侧重于高效燃烧器及新型高效格子砖研究。

2.1.1.2 内燃式热风炉研究重点

A 高效燃烧器研究

内燃式热风炉采用的燃烧器是矩形燃烧器[20]（见图 2-2），它有两条通道，中心为煤气通道，煤气从通道底部进入。通道底部安装有一个阻流墙，用来改善煤气在通道中的分布。空气出口对称布置在煤气出口两侧，由多个矩形通道排列组合而成，出口有一倾角，使空气和煤气交叉混合。每两个对称的空气出口组成一个小单元，与煤气进行有效的混合，形成一个燃烧单元。燃烧器燃烧强度大、效率高、自调性好，能适应大范围燃烧功率的变化。

高风温研究基于热风炉燃烧室仿真计算模型，比较分析热风炉烧嘴在不同倾角、个数和面积条件下，燃烧室的温度场和流场分布的状况，确定最佳的热风炉烧嘴倾角、个数，并总结出烧嘴面积改变对燃烧室燃烧的影响规律。

高效燃烧器研究重点如下：

（1）热风炉结构应保证燃烧期烟气气流速度分布以及温度场分布合理、均匀，且气流高速区以及高温区不能出现在格子砖面边缘，保护热风炉大墙结构，延长热风炉寿命。

（2）热风炉结构应使送风期的冷风速度分布合理、均匀，有效带走格子砖在燃烧期内蓄积的热量，这样才能使热 图 2-2 矩形燃烧器风炉产生高风温且最大限度节能。

（3）设计的热风炉结构应保证燃烧产生气流中 CO 在燃烧室内分布少，并使气流在进入格子砖前燃烧完全，能够起到节能和高风温的作用。

通过对热风炉燃烧、传热和流动过程的压力、温度和速度等参数分析，判断其分布的合理性，达到进行优化选型的目标，从而可以大大减少试验投资。

B 格子砖砖型结构的研究

目前格子砖类型很多，有五孔、七孔、十九孔、三十九孔、梅花状等类型，可根据热风炉蓄热要求进行选择。格子砖的砖型结构对提高传热效率和降低热风炉投资起着重要的作用。我国热风炉蓄热室采用的砖型经历了平板砖—五孔砖—七孔砖的发展过程。七孔砖的应用已经有近 20 年的历史。

目前，常见的格子砖多为六边形砖，中心五圆孔的砖型有 5 孔、7 孔、17 孔（即常见的蜂窝型），也有方形孔砖。国内常用格子砖热工特性见表 2-1。

表 2-1 国内常用格子砖热工特性

砖 型	格孔尺寸 /mm × mm	格子砖 厚度/mm	1m³ 格子砖 加热面积 σ/m²	活面积 ϕ /m²·m⁻²	填充系数 ($u_k = 1 - \phi$)	1m³ 格子砖质量 G/kg	当量厚度 S/mm
平板型	60×60	40	19.82	0.298	0.702	1474	54.2
波纹平板型	60×60	40	26.4	0.36	0.64	高铝砖，1728	53.3
						黏土砖，1408	
五孔高铝砖	52×52	80	24.65	0.33	0.67	1809	38
五孔黏土砖	50×70	80	28.73	0.432	0.568	1250	39.536
五孔硅砖	55×55	80	30.6	0.41	0.59	1120	38.6
七孔高铝砖	ϕ43	90	38.07	0.4093	0.5907	1535.8	31.02

单位体积换热面积和单位体积质量是格子砖两个最重要的特性参数，是由格孔流体直径和活面积两个基本参数决定的。单位体积换热面积是保证在单位时间内格子砖和流体之间具有足够的热交换面积，单位体积质量是保证有充足的热储存量。格子砖优化的前提是在相同单位体积质量条件下获得更大的换热面积。

单位格子砖的蓄热面积决定着蓄热室的大小；单位格子砖的有效通道面积又称为活面积，取决于气体流动状态和对流传热。

单位格子砖的砖占体积，即填充系数 $u_k = 1 - \phi$，它是蓄热的热容量指标，决定着一个燃烧器蓄热室内的格子砖能蓄多少热量。

格子砖的当量厚度是将砖量完全平铺在蓄热面之间形成的砖厚，它可以说明格子砖在热交换中的利用程度，当量厚度越小，热量利用得越好。

格孔的当量直径或水力学直径是异型孔换算成相当于圆孔时的直径。

随着煤气质量的不断改善，热风炉操作技术的不断提高以及节能要求的日益紧迫，需要进一步研究开发新型的格子砖砖型结构：

（1）格子砖蓄热能力的研究。增加格子砖单位加热面积的条件，使热风炉能够达到以最少的投资得到最大的加热面积的目的。

（2）格子砖材质、性能的研究。高风温对格子砖的材质、性能提出了新的要求，同时煤气含尘量对格子砖的使用有影响，而高效格子砖的使用影响热风炉的操作周期和格子砖强度，并对热风炉的自动化提出新的要求。因此，需要进行格子砖适应高风温的材质、性能研究。

格子砖仿真的研究主要集中在物性参数的改变对于格子砖在燃烧期和送风期蓄热的影响。物性参数的研究可分为以下三个方面：缩小格子砖的单孔面积，增加蓄热面积；格子砖形状的改变；格子砖高度的改变。本书主要从格子砖的基本参数以及烟气性质两方面来考虑对蓄热室温度场和蓄热效率的影响。

2.1.2 数值模拟方法

描写流动、传热与传质问题的微分方程通常是一组复杂的非线性偏微分方程。除了某些简单的情形以外，很难获得这些偏微分方程的精确解，对于多数有实际意义的流动、传热与传质问题，必须采取实验研究或近似解法。

随着高速电子计算机的迅速发展，从 20 世纪 60 年代以来，传热问题的数值解法很快发展成为解决实际问题的一种重要工具。数值解法是一种离散近似的计算方法，它所获得的解不像分析那样是被研究区域中未知量的连续函数，而只是某些代表性的点（称为节点）上的近似值。计算机中的一切运算都是通过加减乘除四则运算完成的，为了用计算机解出节点上的未知量的近似值，首先要从给定的物理定律出发，建立起关于这些节点上各未知量近似值之间的代数方程（又称为离散方程），然后对它求解。在传热学中应用的数值计算方法很多，大多数方法的基本思想可以归纳为：把原来在时间、空间坐标中连续的物理量场（如速度场、温度场、浓度场等），用有限的离散点上的值的集合来代替，按一定的方式建立起这些值的代数方程，并求解，以获得物理量场的近似解。传热问题数值求解的基本步骤如图 2-3 所示[21]。

热风炉内的气流流动属于湍流流动，描述湍流流动的流体力学计算模型包括流体力学的一系列的基本方程，并且根据实际流体流动特征选择正确的湍流模型。

2.1.2.1 基本方程

质量守恒定律、动量守恒定律和能量守恒定律是流体流动必须遵循的基本规律，由此可以分别推导出连续性方程、动量方程和能量方程，即 Navier-Stokes 方程组，其张量表达形式如下：

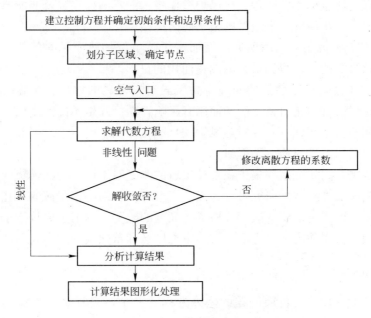

图 2-3　传热问题数值解的基本步骤

连续性方程：

$$\frac{\partial \rho}{\partial t} + \nabla(\rho U) = 0 \qquad (2\text{-}1)$$

动量方程：

$$\frac{\partial \rho U}{\partial t} + \nabla(\rho U \times U) = B + \nabla\sigma \qquad (2\text{-}2)$$

其中，σ 是应力张量：

$$\sigma = -p\delta + \left(\zeta - \frac{2}{3}\mu\right)\nabla U \delta + \mu\left(\nabla U + (\nabla U)^{T}\right) \qquad (2\text{-}3)$$

能量方程：

$$\frac{\partial \rho H}{\partial t} + \nabla(\rho U H) = \frac{\partial p}{\partial t} + \nabla(\lambda \nabla T) + S_{Q} \qquad (2\text{-}4)$$

其中，H 是总热焓，由静态焓 h 给出：

$$H = h + \frac{1}{2}U^{2} \qquad (2\text{-}5)$$

式中　ρ——流体的密度；

　　　U——流体的速度，$U = (u, v, w)$；

　　　p——压力；

　　　T——温度；

　　　t——时间；

　　B——体积力；

　　μ——分子黏度；

　　ζ——容积黏度；

　　λ——热导率；

　　S_Q——源项。

从数学角度而言，7 个未知量（u，v，w，p，T，ρ，h）出现在 5 个偏微分方程中，它们加上两个热力学上的状态方程才封闭。这两个状态方程分别将密度、静态热焓与温度和压力联系起来：

$$\rho = \rho(T,p) \tag{2-6}$$

$$h = h(T,p) \tag{2-7}$$

引入张量中的制表符号重写方程：

连续性方程：

$$\frac{\partial \rho}{\partial t} + \frac{\partial}{\partial x_i}(\rho u_i) = 0 \tag{2-8}$$

动量方程（Navier-Stokes 方程）：

$$\frac{\partial}{\partial t}(\rho u_i) + \frac{\partial}{\partial x_j}(\rho u_i u_j) = -\frac{\partial p}{\partial x_i} + \frac{\partial}{\partial x_j}\left(\mu \frac{\partial u_i}{\partial x_j} - \rho \overline{u'_i u'_j}\right) + S_i \tag{2-9}$$

其他变量的输运方程：

$$\frac{\partial(\rho \phi)}{\partial t} + \frac{\partial(\rho u_j \phi)}{\partial x_j} = \frac{\partial}{\partial x_j}\left(\Gamma \frac{\partial \phi}{\partial x_j} - \rho \overline{u'_j \phi'}\right) + S \tag{2-10}$$

式（2-8）～式（2-10）就是用张量的指标形式表示的时均连续性方程、Reynolds 方程和标量 ϕ 的时均输运方程。这里的 i 和 j 指标取值范围是（1，2，3）。可以看到，时均流动的方程里多出与 $-\rho \overline{u'_i u'_j}$ 有关的项，定义该项为 Reynolds 应力，即：

$$\tau_{ij} = -\rho \overline{u'_i u'_j} \tag{2-11}$$

这里，τ_{ij} 实际对应 6 个不同的 Reynolds 应力项，即 3 个正应力和 3 个切应力。

由式（2-8）～式（2-10）构成的方程组共有 5 个方程（Reynolds 方程实际是 3 个），现在新增加了 6 个 Reynolds 应力，再加上原来的 5 个时均为质量（u_x，u_y，u_z，p，ϕ），总共有 11 个未知量。因此，方程组不封闭，必须引入新的湍流模型（方程）才能封闭。

2.1.2.2 湍流的数学模型

目前，工程研究中广泛运用的湍流模型主要分为两大类：第一类是引入湍流输运系数概念的湍流黏性系数模型；第二类是直接寻求（$-\rho \overline{u'_i u'_j}$）代数表达式或输运方程。

对 Reynolds 应力做出某种假定，即建立应力的表达式（或引入新的湍流模型方程），通过这些表达式或湍流模型，把湍流的脉动值与时均值等联系起来。根据对 Reynolds 应力做出的假定或处理方式不同，分为 Reynolds 应力模型和湍流黏性系数模型。

在 Reynolds 应力模型方法中，直接构建表示 Reynolds 应力的方程，然后联系求解式（2-8）～式（2-10）及新建立的 Reynolds 应力方程。通常情况下，Reynolds 应力方程是微分形式的，称为 Reynolds 应力方程模型（RSM）。若将 Reynolds 应力方程的微分形式简化为代数方程的形式，则称这种模型为代数应力方程模型（ASM）。

在湍流黏性系数模型方法中，不直接处理 Reynolds 应力项，而是引入湍动黏度，把湍流应力表示成湍动黏度的函数。它的提出来源于 Boussinesq 提出的湍流黏性系数假定，该假定建立了 Reynolds 应力相对于平均速度梯度的关系，即：

$$- \rho \overline{u'_i u'_j} = \mu_t \left(\frac{\partial u_i}{\partial x_j} + \frac{\partial u_j}{\partial x_i} \right) - \frac{2}{3} \left(\rho k + \mu_t \frac{\partial u_i}{\partial x_i} \right) S_{ij} \tag{2-12}$$

这样就把湍流方程封闭的任务归结到 μ_t 的计算上，通常依据确定 μ_t 的微分方程数目的多少，把湍流黏性系数模型分为零方程模型、单方程模型和双方程模型。

所谓零方程模型是指不使用微分方程，而是用代数关系式，把湍动黏度与时均值联系起来的模型，也称为代数方程模型。它只用湍流的时均连续方程（式（2-8））和 Reynolds 方程（式（2-9））组成的方程组，把方程组中的 Reynolds 应力用平均速度场的局部速度梯度来表示。最著名的是普朗特提出的混合长度模型（mixing length model），它假定湍动黏度 μ_t 正比于时均速度的梯度和混合长度 l_m 的乘积，即：

$$\mu_t = l_m^2 \left| \frac{\partial u}{\partial y} \right| \tag{2-13}$$

湍流切应力表示为：

$$- \rho \overline{u'_i u'_j} = \rho l_m^2 \left| \frac{\partial u}{\partial y} \right| \frac{\partial u}{\partial y} \tag{2-14}$$

这样问题由确定 μ_t 转移到确定 l_m 上来，而 l_m 通常由假设、简单的分析和归纳实验数据得到。混合长度理论优点是直观、简单，但它对于复杂的湍流很难确定 l_m，因此在实际工程中很少使用。

为了弥补混合长度假定的局限性，人们在湍流的时均连续方程（式（2-8））和 Reynolds 方程（式（2-9））的基础上，再建立一个湍动能 k 的输运方程，而 μ_t 表示成 k 的函数，从而可使方程组封闭：

$$\frac{\partial (\rho k)}{\partial t} + \frac{\partial (\rho k u_i)}{\partial x_i} = \frac{\partial}{\partial x_j} \left[\left(\mu + \frac{\mu_t}{\sigma_k} \right) \frac{\partial k}{\partial x_j} \right] + \mu_t \left(\frac{\partial u_i}{\partial x_j} + \frac{\partial u_j}{\partial x_i} \right) \frac{\partial u_i}{\partial x_j} - \rho C_D \frac{k^{3/2}}{l}$$

$$\tag{2-15}$$

从左至右，方程（2-15）中各项依次为瞬态项、对流项、扩散项、产生项、耗散项。

$$\mu_t = \rho C_\mu \sqrt{k} l \tag{2-16}$$

其中，σ_k、C_D、C_μ 为经验常数，$\sigma_k = 1$，$C_\mu = 0.09$，$C_D = (0.08, 0.38)$。

式（2-15）与式（2-16）构成单方程模型。单方程模型考虑到湍动的对流输运和扩散输运，因此比零方程模型更为合理。但是，单方程模型中如何确定长度比尺 l 仍为不易解决的问题，因此很难得到推广运用。

双方程模型在工业中使用最为广泛，最基本的双方程模型是标准 k-ε 模型，即分别引入关于湍动能 k 和耗散率 ε 的方程。此外，还有各种改进的 k-ε 模型，比较著名的是 RNG k-ε 模型和 Realizable k-ε 模型。

标准 k-ε 模型是在关于湍动能 k 的方程的基础上，再引入一个关于湍动能耗散率 ε 的方程，便形成了 k-ε 双方程模型。在模型中湍动能耗散率 ε 被定义为：

$$\varepsilon = \frac{\mu}{\rho} \overline{\left(\frac{\partial u'_i}{\partial x_k} \right)\left(\frac{\partial u'_i}{\partial x_k} \right)} \tag{2-17}$$

$$\mu_t = \rho C_\mu \frac{k^2}{\varepsilon} \tag{2-18}$$

在标准 k-ε 模型中，k 和 ε 是两个基本的未知量，与之相对应的输运方程为：

$$\frac{\partial(\rho k)}{\partial t} + \frac{\partial(\rho k u_i)}{\partial x_i} = \frac{\partial}{\partial x_j}\left[\left(\mu + \frac{\mu_t}{\sigma_k} \right)\frac{\partial k}{\partial x_j} \right] + G_k + G_b - \rho\varepsilon - Y_M + S_k \tag{2-19}$$

$$\frac{\partial(\rho\varepsilon)}{\partial t} + \frac{\partial(\rho\varepsilon u_i)}{\partial x_i} = \frac{\partial}{\partial x_j}\left[\left(\mu + \frac{\mu_t}{\sigma_\varepsilon} \right)\frac{\partial k}{\partial x_j} \right] + C_{1\varepsilon}\frac{\varepsilon}{k}(G_k + C_{3\varepsilon}G_b) - C_{2\varepsilon}\rho\frac{\varepsilon^2}{k} + S_\varepsilon$$

$$\tag{2-20}$$

式中　　　G_k——由于平均速度梯度引起的湍动能 k 的产生项；

　　　　　G_b——由于浮力引起的湍动能 k 的产生项；

　　　　　Y_M——可压湍流中脉动扩张的贡献；

$C_{1\varepsilon}$，$C_{2\varepsilon}$，$C_{3\varepsilon}$——经验常数；

　　σ_k，σ_ε——与湍动能 k 和耗散率 ε 对应的普朗特数；

　　S_k，S_ε——用户定义的源项。

自 k-ε 模型问世以来，因其形式简单、使用方便、计算速度较快，适用于射流、管流、自由剪切流、一级弱旋流等较简单的湍流流动，已大量地应用于科学研究、工程实际中。对于湍流模型的选择，一般而言，边界层类型的流动可以选用混合长度模型，有回流的流动可以选用 k-ε 双方程模型，而至于较复杂的流动应该选用雷诺应力模型。

2.1.2.3 燃烧模型

在实际燃烧装置中发生的燃烧过程基本上都是湍流燃烧过程，热风炉内的燃烧过程也不例外，其燃烧过程遵守由连续性方程、动量方程、能量方程和组分方程构成的封闭的化学流体力学基本方程组[22]。

A 简单化学反应系统

Spalding 等人归纳了可以绕过化学反应详细机理，而又基本满足实际需要的"简单化学反应系统"的模型[23]。它的主要特点是化学反应可以用单步不可逆反应来表征，燃料、氧化剂和产物之间质量的变化满足：

$$1kg\ 燃料 + ikg\ 氧化剂 \longrightarrow (1 + i)kg\ 产物 \tag{2-21}$$

式中，i 是完全燃烧 1kg 燃料在理论上所需氧化剂的质量，简称为燃料及氧化剂的当量比，显然它与燃料和氧化剂的种类有关，而与化学反应及流动的状态无关。"简单化学反应系统"的模型还假定各组分的交换系数 Γ_{fu}、Γ_{ox}、Γ_{pr} 彼此相等，且等于焓的交换系数 Γ_h（下标 fu、ox、pr 分别表示燃料、氧化剂和产物）；各组分的比热容彼此相等，且与温度无关，但若认为比热是温度的函数，则求温度分布时需增加一个迭代的子程序。

热风炉内湍流燃烧化学反应是个十分复杂的分过程，主要的反应为煤气中的 CO 和助燃空气中 O_2 发生化学反应生成 CO_2，同时煤气中含有的少量 H_2 与 O_2 发生反应生成 H_2O。对应于"简单化学反应系统"模型中的化学反应：

$$CO + \frac{1}{2}O_2 \longrightarrow CO_2$$

$$H_2 + \frac{1}{2}O_2 \longrightarrow H_2O$$

燃烧室内煤气与助燃空气的混合可以看做分子间的混合接触，且反应速度较快，可以看做单步不可逆反应。因此，对于本试验来说，可以用"简单化学反应系统"模型描述燃烧室内的化学反应。

B 混合分数

根据简单化学反应系统的假设，构成系统的组分主要是燃料、氧化剂和产物（或者还有基本不参加化学反应的物质）。如果知道了这三种组分中的任意两种组分的质量分数，第三种组分的质量分数就可以利用所有组分质量分数之和等于 1 求出。为计算方便，定义一个混合分数 f，在反应式（2-21）中，混合分数 f 定义为：

$$f = \frac{x - x_{ox}}{x_{fu} - x_{ox}} \tag{2-22}$$

其中

$$x = m_{fu} - \frac{m_{ox}}{i} \tag{2-23}$$

式中 m——质量分数；

x_{ox}，x_{fu}——分别代表氧化剂一侧与燃料一侧的 x 值，且 $x_{ox} = -\dfrac{1}{i}$，$x_{fu} = 1$。

根据简单化学反应假设，混合分数 f 的平均值 $\bar{f}$ 的守恒传输方程满足：

$$\frac{\partial \rho \bar{f}}{\partial t} + \frac{\partial}{\partial x_j}(\rho u_j \bar{f}) = \frac{\partial}{\partial x_j}\left(\Gamma_{e,f}\frac{\partial \bar{f}}{\partial x_j}\right) \tag{2-24}$$

式中　　$\Gamma_{e,f}$——混合分数的有效交换系数，$\Gamma_{e,f} = \Gamma_{e,fu} = \Gamma_{e,ox} = \dfrac{\mu_{eff}}{\sigma_f}$；

$\Gamma_{e,fu}$，$\Gamma_{e,ox}$——分别表示燃料和氧化剂的有效系数。

由定义，f 总为正，当 $x = 0$ 时，f 的值为化学计量值 F_{st}，即：

$$f = F_{st} = \frac{1}{i+1} \tag{2-25}$$

在确定体系的化学热力学状态时，通常要引入混合分数 f 的脉动均方值 $g = \overline{(f - \bar{f})^2} = \overline{f'^2}$，$g$ 的控制微分方程为：

$$\frac{\partial \rho g}{\partial t} + \frac{\partial}{\partial x_j}(\rho u_j g) = \frac{\partial}{\partial x_j}\left(\Gamma_{e,g}\frac{\partial g}{\partial x_j}\right) + C_{g1}\mu_j\left(\frac{\partial \bar{f}}{\partial x_j}\right)^2 - C_{g2}\rho g\frac{\varepsilon}{k} \tag{2-26}$$

$$\Gamma_{e,g} = \frac{\mu_{eff}}{\sigma_g}$$

式中　　C_{g1}，C_{g2}，σ_g——常数，通常取值 2.8、2.0、0.9[24~26]。

C　涡流耗散模型

涡流耗散模型适用于快速反应，即反应速度相对于流体速度快得多的反应，反应速度取决于反应物的混合速度。它的基本思想是：当气流涡团因耗散而变小时，分子之间碰撞机会增多，反应才容易进行并迅速完成，故化学反应速率在很大程度上受紊流的影响，而且反应速率还取决于涡流中间包含的燃料、氧化剂和产物中浓度值最小的一个。该模型的表达式为：

$$R_{fu} = -\bar{\rho}\varepsilon/k_{min}\left[C\overline{m}_{fu}, C\overline{m}_{ox}/S, D\overline{m}_{pr}/(1+S)\right] \tag{2-27}$$

式中　　R_{fu}——化学反应速率，即燃烧速率；

m_{fu}，m_{ox}，m_{pr}——分别为燃料、氧气和反应生成物的平均质量分数；

S——化学当量比；

C，D——系数，对于单步反应，系数 C 约为 4，系数 D 约为 0.5。

涡流耗散模型特点是意义比较明确，反应速率取决于湍流脉动衰变速率 ε/k，并能自动选择成分来控制反应速率，计算结果能较好地与实验数据相符合，是目前常用的一种燃烧火焰模型，既能用于预混火焰，也能用于扩散火焰。

D　辐射换热模型

在工业燃烧设备中，辐射换热是最重要的换热方式。在燃烧装置中，火焰的热辐射与火焰中介质的温度以及介质的辐射吸收、散射能力有关，而介质的辐射、散射能力与辐射波长有关。另外，燃烧空间中任意一点对空间中其他任一点都有辐射换热，燃烧装置的壁面通常对辐射具有反射作用。因此，辐射换热的求解非常复杂。

热风炉燃烧室内的燃烧符合辐射换热的特征，因此必须选择适当的辐射模型。在热风炉燃烧过程中，涉及的基本的能量方程为：

$$\frac{\partial \rho H}{\partial t} + \nabla(\lambda UH) = \frac{\partial \rho}{\partial t} + \nabla(\lambda \nabla T) + S_Q \qquad (2-28)$$

式（2-28）左边是非稳定项、对流项，右边是压力项、扩散项和源项 S_Q。S_Q 包括化学反应释放热率 Q 和辐射换热率 Q_R，即：

$$S_Q = Q + Q_R \qquad (2-29)$$

当传热过程的辐射热十分强烈时，辐射换热量 S_Q 的数量级会与其他项相当或大于其他项。

按照吸收和散射介质辐射换热的基本原理[27,28]，辐射传热遵循辐射传递方程（radiation transfer equation）：

$$\frac{\mathrm{d}I_\lambda}{\mathrm{d}s} = -(K_{a,\lambda} + K_{s,\lambda})I_\lambda + K_{a,\lambda}I_{b,\lambda} + \frac{K_{s,\lambda}}{4\pi}\int_0^{4\pi} p(\theta)I_\lambda \mathrm{d}\theta \qquad (2-30)$$

式中　$p(\theta)$——各方向进入微元体的热辐射的象函数；

　　　$\mathrm{d}\theta$——微元体和周围辐射换热的微元空间角。

式（2-30）表示介质中有波长为 λ、辐射强度为 I_λ 的单色热辐射沿 s 方向传播时，在此方向的间距为 $\mathrm{d}s$ 内辐射强度的变化率。方程式（2-30）右边第一项为介质吸收和散射引起的辐射强度 I_λ 的减弱，第二项为介质自身的容积辐射强度，第三项为各方向进入微元体的热辐射在 s 方向的散射。

式（2-30）中，$K_{a,\lambda}$、$K_{s,\lambda}$ 分别为介质在辐射波长 λ 下的单色吸收系数和散射系；$I_{b,\lambda}$ 是在波长 λ 下的黑体单色辐射强度，在所有波长下的黑体辐射强度为：

$$I_b = \int_0^\infty I_{b,\lambda}\mathrm{d}\lambda = \frac{\sigma T^4}{\pi} = \frac{E_b}{\pi} \qquad (2-31)$$

式中　σ——玻耳兹曼常数；

　　　T——温度；

　　　E_b——黑体辐射力。

在能量方程中，辐射项被处理为源项。源项为单位体积的净辐射率 S_r：

$$S_r = K_a \int_0^\infty \int_{4\pi} [I_\lambda(\theta) - I_{b,\lambda}]\mathrm{d}\theta \mathrm{d}\lambda \qquad (2-32)$$

源项 S_r 的确定涉及整个波长在 4π 方向上的积分，对于整个有限体积单元来说是非常复杂的。为了简化方程，就有了不同的辐射传热模型。常见的辐射模型有 Rosseland 模型、P-1 模型、离散传输模型、蒙特卡罗模型。

对于许多燃烧过程，辐射是主要的能量传输方式。本书的数值模拟中需要考虑气相辐射换热，仅有 P-1 模型和 DO 模型适用。对热风炉内过程的模拟采用计算量较小的 P-1 模型。

P-1 模型是最简单的一种球谐函数法，它假定介质中的辐射强度沿空间角度呈正交球谐函数分布，并将含有微分、积分的辐射输运方程转化为一组偏微分方程，联立能量方程和相应的边界条件便可求出辐射强度和温度的空间分布。它考虑了气相的辐射换热及辐射散射的作用，适用于结构复杂的几何体，并且求解辐射能量传递方程所需时间较少。

P-1 辐射模型假设所有面为漫反射，辐射热流通量[29,30]：

$$q_r = \frac{1}{3(a + \sigma_s) - C\sigma_s} \nabla G \tag{2-33}$$

式中　a——吸收系数；

σ_s——散射系数；

G——入射辐射；

C——线性各向异性相函数系数。

引入参数 $\Gamma = \dfrac{1}{3(a + \sigma_s) - C\sigma_s}$，则上述方程简化为：

$$q_r = -\Gamma \nabla G \tag{2-34}$$

入射辐射 G 的输运方程为：

$$\nabla(\Gamma \nabla G) - aG + 4a\sigma T^4 = 0 \tag{2-35}$$

等式右边为零，是因为热风炉燃烧室模拟中，没有涉及源项，因此 $S_G = 0$，联立式（2-34）和式（2-35），得到下面的关系式：

$$-q_r = aG - 4a\sigma T^4 \tag{2-36}$$

P-1 辐射模型是 P-N 模型的简化，适用于大尺度辐射计算，其优点在于计算量最小。热风炉燃烧室空间较大，内部燃烧的辐射尺度必然较大，另外对于几何尺寸庞大的热风炉来说，其网格单元达到 100 万之巨，计算量相当大，因此辐射模型选择 P-1 模型非常合适。

　　E　近壁面函数

热风炉内的流体流动伴随着湍流运动，在气流与壁面相邻的黏性支层中，湍流的雷诺数 Re 很低，k-ε 方程不适合使用。使用壁面函数对近壁点流体速度、湍流切应力、湍动能及湍动能耗散率的变化进行描述。

目前，普遍采用的是由 Launder 和 Spalding 提出的单层壁面函数，即考虑层流层和湍流核心层的划分，并假设黏性支层以外的区域，无量纲速度分布服从对数定律（$y^+ \geqslant 11.63$），具体对速度、k 和 ε 的修正为：

对于速度方程：

$$\mu^+ = \frac{1}{k}\ln(Ey^+) \tag{2-37}$$

$$y^+ = \rho c_\mu^{1/4} k^{1/2} / \mu \tag{2-38}$$

$$\tau_{\text{wall}} = \left(\frac{\rho c_\mu^{1/4} k^{1/2}}{u^+}\right)u \tag{2-39}$$

$$\tau_{\text{wall}} = \left(\frac{\mu}{y_{\text{w}}}\right)u \quad (y^+ < 11.63) \tag{2-40}$$

对于 k 方程，湍动能产生 G_k：

$$G_k = \frac{\rho c_\mu^{1/4} k^{1/2}}{u^+}\frac{u}{y_{\text{w}}} \tag{2-41}$$

$$\varepsilon = \frac{\rho c_\mu^{3/4} k^{1/2} u^+}{y_{\text{w}}}k \tag{2-42}$$

对于 ε 方程，ε 方程不再求解，由式（2-43）直接求得：

$$\varepsilon = \frac{c_\mu^{3/4} k^{1/2} u^+}{y_{\text{w}}}k \tag{2-43}$$

式中　y_{w}——节点离壁面的距离；

$\quad\quad$ E——壁面的光滑系数，取 9.0；

$\quad\quad$ k——冯·卡门系数，取 0.4 ~ 0.42。

与壁面邻近的节点与壁面间的当量扩散系数 μ_{t} 则由下面推导获得：

$$\tau_{\text{wall}} = \mu_{\text{t}}\frac{u - u_{\text{w}}}{y_{\text{w}}} \tag{2-44}$$

取 $u_{\text{w}} = 0$，则：

$$\left(\frac{\rho c_\mu^{1/4} k^{1/2}}{u^+}\right)u = \mu_{\text{t}}\frac{u}{y_{\text{w}}} \tag{2-45}$$

即：

$$\mu_{\text{t}} = \frac{\rho c_\mu^{1/4} k^{1/2} y_{\text{w}}}{\mu}\frac{\mu}{u^+} = \frac{y^+}{u^+}\mu \tag{2-46}$$

壁面函数对湍流核心区的流动使用 k-ε 模型求解，而在壁面区不进行求解，直接使用半经验公式针对各输运方程分别给出内节点值的公式，将壁面上的物理量与湍流核心区内的求解变量联系起来。

2.1.3　大型高炉热风炉的预热炉流场仿真研究

2.1.3.1　采用预热热风炉和混风炉可行性仿真研究

A　仿真模型

以国内某大型钢铁企业 2 号高炉为例，边界条件和模型：空气、煤气入口均采用质量流量入口，炉顶底部的格子砖表面设定为常压压力出口条件，出口压力 100Pa。湍流模型采用标准 $k\text{-}\varepsilon$ 模型，辐射模型为 Discrete Ordinates 模型。由于在热风炉换向周期内，炉内流场基本保持稳定状态，故采用定常模型。壁面函数采用标准壁面函数，燃烧模型采用非绝热的 PDF 模型。

通过改变热风炉结构、喷口数目、垂直夹角、水平夹角等条件，自行设计多种热风炉结构方案，利用 Fluent 软件研究煤气、空气旋角、位置和布置方式等变化情况下炉内温度场、速度场、压力场和 CO 浓度等分布规律。通过优选，确定了预热热风炉最佳设计方案，其模型和炉内温度场分布如图 2-4 和图 2-5 所示。从图 2-5 中可以看出，形成的中心气流在边缘稳定环流的约束下稳定下降，到达格子砖表面后向边缘扩散均匀，形成中心高、边缘低的环状温度分布。研究结果表明：预热热风炉具有炉顶、炉墙温度较低，燃烧完全等性能优点，能满足高炉热风炉系统高风温的使用要求。

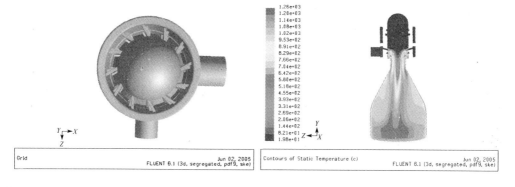

图 2-4　热风炉模型　　　　　　　图 2-5　热风炉 Z 截面温度分布

B　流场试验

冷态试验工况和气流分布指数的计算结果见表 2-2。由表 2-2 可以看出，随气流流量和压力增加，炉内气流的分布指数也随之增加。其中，煤气管道通气试验情况下格子砖入口不同角度、不同位置的气流垂直和水平速度分布如图 2-6 和图 2-7 所示。从图中可以看出，边缘气流速度大，中心气流速度小。气流速度从中心向边缘逐步递增，同半径、不同夹角的改变对速度影响很小。研究结论如下：垂直切面，靠近炉墙的气流旋流强度大，炉内中心气流旋流强度小；水平切面情况相反，其旋流造成的气流分布的不均匀性还是存在。

表 2-2 预热热风炉炉内气流分布指数

项目	试验工况	流量/m³·h⁻¹	压力/kPa	分布指数 ξ_1	分布指数 ξ_2
试验 1	空气管道通气	7800	1.7	0.685	
试验 2	煤气管道通气	10000	1.6	0.79	
试验 3	空气管道通气	20000	2	0.6	0.8
试验 4	空气管道通气	25000	2.4	0.74	0.81
试验 5	煤气管道通气	20000	2.4	0.77	0.8
试验 6	飘带试验	20000	1.7		

注：ξ_1 表示垂直方向的速度气流分布指数，ξ_2 表示水平方向的速度气流分布指数。

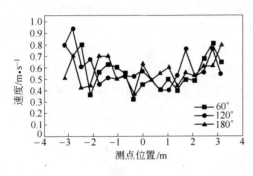

图 2-6 气流垂直速度分布   图 2-7 气流水平速度分布

C 混风炉研究

混风炉将预热的高温空气与冷空气混合，为热风炉提供合适的预热助燃空气。本小节主要设计了两种混风炉方案，采用仿真模拟，以了解其混风效果。方案 1 主要采用冷空气从中部周边多喷口进入混合方式，方案 2 采用冷空气从下部一通道进入混合方式。两方案混风炉出口截面温度分别如图 2-8 和图 2-9 所示。

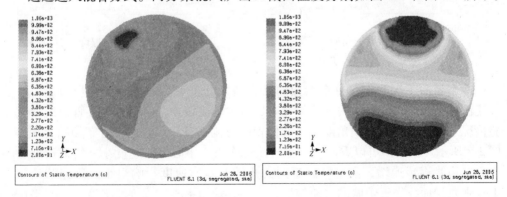

图 2-8 方案 1 混风炉出口截面温度分布   图 2-9 方案 2 混风炉出口截面温度分布

研究结果表明，采用方案1出口温度温差较小，温度较低，混合效果较好。但考虑热风炉混合出口管道较长（约80m），故又进一步对较长管道的混合情况进行研究，研究结果表明出口管道大于25m情况下，冷热空气完全达到混合均匀目标，混合效果理想。故混风炉采用混合设计简单的方案2。

D　小结

通过对预热热风炉和混风炉的研究表明，2号高炉热风炉系统采用的优化工艺设计和关键技术理论上可行，并满足高炉高风温需要。

2.1.3.2　预热炉流场仿真研究

A　计算边界条件

计算条件包括煤气成分、空气和煤气流量、温度、格子砖压力降等，煤气成分与空煤气流量见表2-3和表2-4。

表2-3　煤气成分　　　　　　　　　　　　　（%）

成　分	H_2	CH_4	CO	N_2	CO_2	H_2O	C_nH_m
摩尔分数	2.95	0.37	20.24	50.28	21.16	5.00	0.00

表2-4　空气和煤气流量

项　目	流量(标态)/$m^3 \cdot h^{-1}$	质量流量/$kg \cdot s^{-1}$	密度(标态)/$kg \cdot m^{-3}$	温度/℃
空　气	57826	20.72	1.29	35
煤　气	89497	33.56	1.35	180

计算模型包括流动模型、燃烧模型、辐射模型等。流动模型采用经典的$k-\varepsilon$双方程模型。考虑到预热炉内燃烧属于扩散燃烧，故燃烧采用非预混的PDF模型。辐射模型采用P-1模型。

B　仿真结果分析

空气和煤气入口速度分布如图2-10～图2-13所示。在大流量工况下，煤气

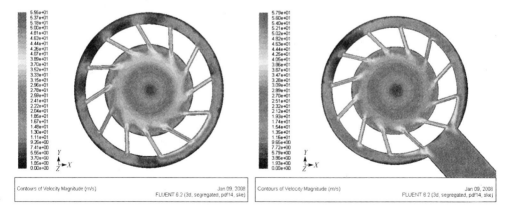

图2-10　煤气上环速度分布　　　　　图2-11　煤气下环速度分布

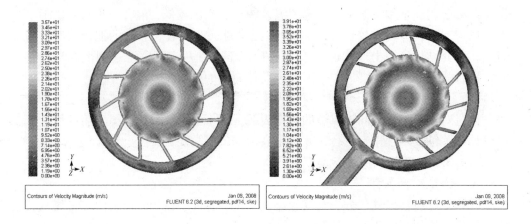

图 2-12　空气上环速度分布　　　　　图 2-13　空气下环速度分布

预热到 180℃后，煤气入炉速度为 45～53m/s，空气入炉速度为 30～35m/s，各喷孔的速度分布整体比较均匀，有个别喷孔速度相对偏大或偏小，但偏差不大。

预热炉 Y 截面温度分布如图 2-14 所示，由于气流速度分布均匀，其炉内温度分布均匀，最高温度约为 1240℃。格子砖表面温度分布如图 2-15 所示。由于没有偏流存在，格子砖上部温度很均匀，最大温差小于 35℃。

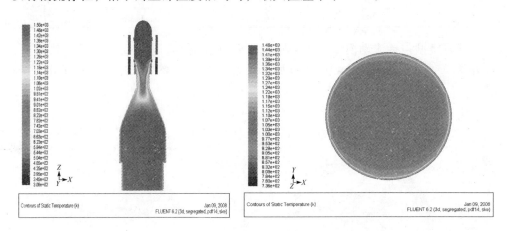

图 2-14　预热炉 Y 截面温度分布　　　　图 2-15　格子砖表面温度分布

炉内 CO 摩尔浓度分布如图 2-16 所示。图 2-16 表明在进入格子砖前，CO 已基本燃烧完全。炉内空气、煤气流场分布如图 2-17 所示，空气、煤气从喷口喷入，均匀地旋流而下，流场分布均匀。

C　小结

2 号高炉预热炉仿真研究表明，空气、煤气入口速度均匀，炉内温度场均

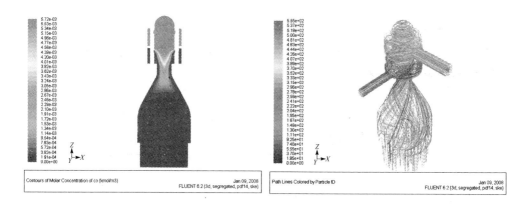

图 2-16 热风炉内 CO 摩尔浓度分布   图 2-17 热风炉内空气、煤气流场分布

匀，流场均匀，能满足热风炉预热助燃空气至 1000~1100℃的需要。

2.2 大型高炉热风炉的燃烧室仿真模拟

首先依据构建的热风炉燃烧室仿真计算模型，分别对 2 号高炉热风炉燃烧器煤气通道和助燃空气通道进行仿真计算，对仿真结果的煤气通道和助燃空气通道流场分布进行分析，分析结果揭示了现有热风炉燃烧器设计的缺陷。然后对整个燃烧室整体进行仿真计算，对仿真结果的燃烧器烧嘴出口的速度场分布对燃烧室燃烧的影响进行分析，分析结果揭示了现有热风炉燃烧器烧嘴优化设计的必要性。

2.2.1 燃烧器煤气通道仿真研究

矩形燃烧器内部结构较为复杂，而且煤气通道和助燃空气通道彼此完全隔开，在进入燃烧室之前，煤气与助燃空气相互没有任何接触，只是在各自的流通通道内流动与传热。鉴于煤气流与助燃空气流混合前流动的独立性，有必要先对燃烧器气体通道的流动状态进行模拟研究，研究分析燃烧器内气流流动特征。

2.2.1.1 模型与边界条件

A 几何模型与网格系统

矩形燃烧器的煤气通道处于燃烧器的中心位置，煤气从煤气通道下部的侧面管道入口进入，通道内设有阻流墙，用来分流煤气流，使煤气绕着阻流墙沿环道上行（见图 2-18）。

矩形燃烧器煤气通道的主要几何参数如下：

（1）煤气入口直径：φ1700mm；

（2）煤气通道横截面：长 4400mm，宽 750mm；

（3）环道宽：300mm；

（4）煤气出口：长 3900mm，宽 450mm；

（5）煤气通道总高：8300mm。

由于燃烧器煤气通道几何形状比较规则，考虑到网格的边界正交性和光滑性对计算精度和收敛的影响，为了提高网格的品质，采用六面体网格划分方法，对煤气入口区域运用 O 形网划分法，生成非结构体网格。对流动情况比较复杂、变量的变化梯度较大的位置，如阻流墙上端煤气环道缩口处，采用均匀且分布较密、线性渐进式的网格划分，使相邻两个网格大小的变化不超过 1.2 倍；在变量变化缓慢的地方，网格划分较少。在流动的近壁面区域许多变量变化很快，由于计算机内存的限制，在这些区域不可能使用过细的网格，为了减少计算量，采用壁面函数处理。对煤气通道出口速度场的分析是本研究的重要内容之一，因此其出口面的网格划分较细密。该煤气通道体系共有网格单元 35 万个左右，其网格如图 2-19 所示。

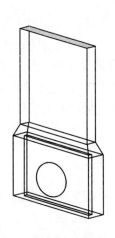

图 2-18　矩形燃烧器煤气通道结构

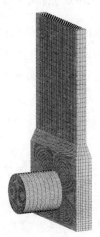

图 2-19　煤气通道系统网格

B　数学模型

煤气通道中只有气流流动与传热，因此确定计算中采用的数学模型为：

（1）气相湍流流动：$k\text{-}\varepsilon$ 双方程模型；

（2）辐射换热：P-1 模型。

C　入口条件

在 CFX-Pre 设置中，气体的各组分采用质量分数形式设定。

2 号高炉内燃式热风炉使用的煤气（热值约为 3000kJ/m³）及助燃空气主要成分见表 2-5 和表 2-6。

表 2-5 2号高炉内燃式热风炉使用的煤气主要成分 （%）

成　分	CO	CO_2	N_2	H_2	CH_4
体积分数	23.8	24.1	48.2	3.5	0.4

表 2-6 2号高炉内燃式热风炉使用的助燃空气主要成分 （%）

成　分	O_2	CO_2	N_2
体积分数	20.93	0.03	79.04

为简化计算，忽略空气中含量极少的惰性气体以及煤气中的甲烷，将体积分数换算为质量分数进行计算，由气体状态方程：

$$pV = nRT \tag{2-47}$$

式中　p——压力；

V——体积；

n——气体物质的量；

R——常数；

T——温度。

混合气体各组分处在同一环境下（即同温、同压下），对于各组分来说，同样有：

$$pV_i = n_iRT \tag{2-48}$$

式（2-47）与式（2-48）等号两边对应相比，得到式（2-49）：

$$\frac{n_i}{n} = \frac{V_i}{V} \tag{2-49}$$

即混合气体中各组分摩尔分数等于其体积分数，其中 n_i、V_i 为混合气体中各组分的物质的量和体积。

$$\frac{n_iM_i}{n} = \frac{V_iM_i}{V} \tag{2-50}$$

式中，M_i 为混合气体各组分的摩尔质量，对等式两边求和，得：

$$\Sigma \frac{n_iM_i}{n} = \Sigma\left(\frac{V_i}{V}M_i\right) \tag{2-51}$$

而混合气体中各组分质量：

$$m_i = n_iM_i \tag{2-52}$$

因此，式（2-51）变为式（2-53）：

$$\frac{\Sigma m_i}{n} = \Sigma\left(\frac{V_i}{V}M_i\right) \tag{2-53}$$

混合气体的总质量即由式（2-54）表示：

$$\Sigma m_i = n\Sigma\left(\frac{V_i}{V}M_i\right) \tag{2-54}$$

结合式（2-52）、式（2-53）及式（2-49），可得到混合气体中各组分的质量分数与体积分数的换算公式：

$$\frac{m_i}{\Sigma m_i} = \frac{n_i M_i}{n\Sigma\left(\frac{V_i}{V}M_i\right)} = \frac{\frac{n_i M_i}{n}}{\Sigma\left(\frac{V_i}{V}M_i\right)} = \frac{\frac{V_i}{V}M_i}{\Sigma\left(\frac{V_i}{V}M_i\right)} \tag{2-55}$$

按照式（2-55），换算得到煤气及助燃空气各组分质量分数（见表2-7）。

表 2-7　高炉煤气及助燃空气各组分质量分数　　　　　（％）

化 学 成 分	O_2	CO	CO_2	N_2	H_2	H_2O
煤气各组分质量分数		21.57	34.32	43.68	0.4	0.03
助燃空气各组分质量分数	23.2		0.045	76.755		

入口气流流速根据现场实际助燃空气、煤气流量换算成标准流量，计算得出平均速度（见表2-8）。

表 2-8　内燃式热风炉煤气与助燃空气入口参数

项　目	直径/mm	气体温度/K	流量（标态）/$m^3 \cdot h^{-1}$	流速/$m \cdot s^{-1}$
煤气入口	1700	473	74658	14.7495
助燃空气入口	2010	873	46925	12.2399

D　出口条件

计算中采用出口平均静压力边界条件，根据文献[31]提供的陶瓷燃烧器阻损的经验计算公式（见式（2-56）），计算出燃烧燃烧器出口的大致压力降：

$$h = K\frac{v^2}{2g}\gamma_c(1 + \beta t) \tag{2-56}$$

式中　h——阻损；

K——阻损系数；

v——气体流速；

g——常数，取值9.8；

γ_c——系数，取值1.293。

气流在矩形燃烧器内的阻力损失计算，即指气体从入口到燃烧器出口这一段的阻损。

a 助燃空气通道上的气流阻损

（1）空气经90°直角拐弯进入环道空间的局部阻力损失。根据该企业模型试验资料，陶瓷燃烧器外环通道系统阻力损失系数为3.0~3.5，试验中的气流为减速前进，此时为加速前进。

根据入口条件中计算所得空气入口的流速（标态）为：

$$v_{空气入} = 12.2399 \text{m/s} \tag{2-57}$$

现取阻损系数为3.0，即 $K = 3.0$，空气入口温度为600℃，而喷出时的平均预热温度为1100℃，代入式（2-56）得：

$$
\begin{aligned}
h_1 &= K \frac{v_{空气入}^2}{2g} \gamma_c (1 + \beta t) \\
&= 3.0 \times \frac{12.2399^2}{19.6} \times 1.293 \times \left(1 + \frac{1100 + 600}{2 \times 273}\right) \\
&= 122 \text{mmH}_2\text{O} = 1220 \text{Pa}
\end{aligned}
\tag{2-58}
$$

（2）助燃空气流经烧嘴需要的能量。空气出喷嘴的流速 $v_{空气出}$（标态）约为30m/s，根据厚壁管嘴流出的阻力损失系数最大为0.15，加上出口动头，因此需要付出的能量为：

$$
\begin{aligned}
h_2 &= K \frac{v_{空气出}^2}{2g} \gamma_c (1 + \beta t) \\
&= 3.0 \times \frac{30^2}{19.6} \times 1.293 \times \left(1 + \frac{1100}{273}\right) \\
&= 343 \text{mmH}_2\text{O} = 3430 \text{Pa}
\end{aligned}
\tag{2-59}
$$

也即助燃空气通道总的阻力损失为：

$$h_{空气} = h_1 + h_2 = 465 \text{mmH}_2\text{O} = 4650 \text{Pa} \tag{2-60}$$

b 煤气通道上的气流阻损

根据该企业模型试验资料，中心通道系统的阻力损失系数为4.0。煤气入中心通道前的流速（标态）为：

$$v_{煤气入} = 14.7495 \text{m/s} \tag{2-61}$$

煤气的入口温度为200℃，而其出口平均预热温度为1100℃，因此：

$$
\begin{aligned}
h_3 &= K \frac{v_{煤气入}^2}{2g} \gamma_c (1 + \beta t) \\
&= 3.0 \times \frac{14.7495^2}{19.6} \times 1.293 \times \left(1 + \frac{1100 + 200}{2 \times 273}\right) \\
&= 195 \text{mmH}_2\text{O} = 1950 \text{Pa}
\end{aligned}
\tag{2-62}
$$

也即煤气通道阻损为：

$$h_{煤气} = h_3 = 1950 \text{Pa} \tag{2-63}$$

　　这里要说明的是，该企业模型试验资料提供的阻损计算经验公式是以套筒式陶瓷燃烧器为实验对象，而矩形陶瓷燃烧器是由套筒式陶瓷燃烧器发展而来，其结构形式与原套筒式陶瓷燃烧器相近。因此，研究中应用上述经验公式只是作为仿真试验中气流经过燃烧器及燃烧室的压力降的一种参考。

　　经过多次仿真试验调节，参考经验公式计算得到的压力损失值时，设定燃烧器出口压力为 106.5kPa 较为合适。由于燃烧室内阻损主要由壁面摩擦造成，气流在燃烧室内的压力降非常小，这一点经仿真试验也得到验证，因此设定燃烧室出口压力为 106.5kPa 比较合适。

　　c　壁面条件

　　壁面粗糙度设置为 0.008，壁面热导率非常小，处于微导热状态。

2.2.1.2　实验结果及分析

　　为了详细研究煤气通道内的流体行为，对煤气仿真结果进行截图分析，沿高度方向截取整个煤气通道的对称面，结合压力场和速度场两方面研究煤气在通道的流场状况。

　　煤气通道内速度场和压力场剖面图如图 2-20 所示。

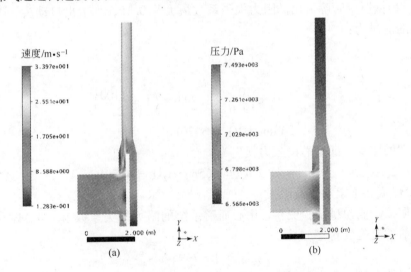

图 2-20　煤气通道内速度场和压力场剖面图
（a）速度场剖面图；（b）压力场剖面图

　　矩形燃烧器的煤气通道在左侧，在进入通道后必然引起阻流墙右侧与左侧的压力场和速度场的不均。如图 2-20 所示，煤气最大速度为 34m/s，集中在阻流墙左侧的中上部；煤气最大相对压强为 7.5kPa，集中在阻流墙左侧的中部。

　　煤气中心入口截面图如图 2-21 所示，从图中可以清晰地看出速度集中的区域以及左右两侧速度场的差异。速度集中的原因是因为绕流，煤气在进入第一个转角处压强突然降低,引起速度的增大;进入右边通道后,速度逐渐稳定,大约为 10m/s。

图 2-22 表示该截面上速度的方向和大小,在煤气入口截面上,左侧速度方向一致,均向上和两侧流动;而右边通道煤气方向比较混乱,这是由于右侧通道各个方向上的煤气流动相互碰撞引起的结果。

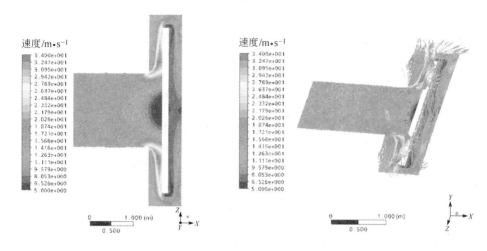

图 2-21 煤气中心入口速度截面图   图 2-22 煤气中心入口速度矢量截面图

煤气通道内速度矢量剖面图如图 2-23 所示。从图中可以看出,右侧煤气的混乱流动集中在煤气入口中心截面的下部,截面上部流动比较稳定,结果引起了右侧煤气速度始终比左侧煤气速度小,阻流墙可以在一定程度上起到均流的作用。但从图 2-23 所示的仿真结果来看,当煤气经过阻流墙后,到达通道上部时其速度仍然是右侧偏大、左侧偏小,这样将引起煤气出口处气流分布不均。

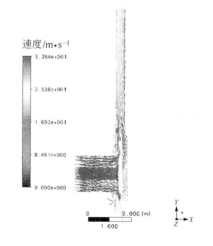

图 2-23 煤气通道内速度矢量剖面图

图 2-24 为煤气出口速度截面图,该图反映了煤气出口处速度集中的区域,左侧中部速度最大达到 24m/s,两端达到 21m/s,而右侧普遍偏小。

煤气出口速度矢量截面图（见图 2-25）也反映了煤气出口左侧煤气速度大、右侧煤气速度小的情况。

以上分析显示了当煤气从通道的一侧经阻流墙进入燃烧室时速度分布不均的状况。

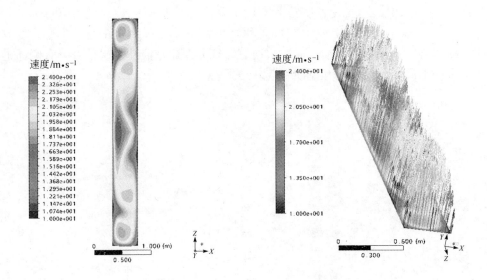

图 2-24　煤气出口速度截面图　　　　图 2-25　煤气出口速度矢量截面图

　　将煤气出口两端等距离划分纵向 6 条直线，从左到右分别以 $v_1 \sim v_6$ 表示，显示纵向直线上速度的变化，以及不同纵向上速度的差异（见图 2-26）。如图 2-26 所示，$v_1 \sim v_6$ 均呈波浪状，煤气出口处速度纵向分布两端最小，中间最大。v_1 和 v_6 分别是最左侧和最右侧的纵向速度曲线，由于边缘效应，两侧的速度均很小，大约都在 10m/s 左右；其他速度大小可按 $v_2 \sim v_5$ 依次排列，其中速度最大的 v_2 位于左侧，速度最小的 v_5 位于右侧，这说明了煤气出口速度分布的不均性。

　　煤气出口速度分布不均可能造成的影响是煤气和助燃空气混合状况变差，这

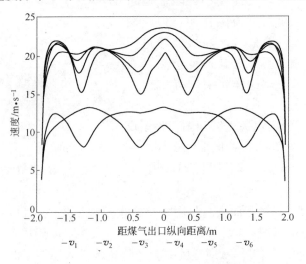

图 2-26　煤气出口截面纵向速度曲线

是引起不完全燃烧的因素之一。

2.2.2　燃烧器助燃空气通道仿真研究

助燃空气通道是燃烧器的主要结构之一，对助燃空气通道内的流场进行模拟，可以了解这种通道结构的内部流场特征及烧嘴出口的气流流场特征，有利于分析和研究其对燃烧器燃烧的影响。

2.2.2.1　模型与边界条件

A　几何模型

矩形燃烧器助燃空气通道位于煤气通道外围，助燃空气从空气入口流入空气通道，中心的煤气通道在空气的流动中起到了类似阻流墙的作用，使通道内的空气也和煤气一样沿着通道环形向上流动，经过烧嘴流出。助燃空气通道结构如图 2-27 所示。

助燃空气通道的主要几何参数包括：

（1）空气入口直径：ϕ1800mm；

（2）空气通道横截面：长 5400mm，宽 1650mm；

（3）环道宽：350mm；

（4）空气通道总高：4590mm；

（5）烧嘴个数：17 个/排，双排，共计 34 个；

（6）烧嘴出口。

燃烧器助燃空气通道整体几何结构比较规则，可以对其使用六面体网格划分，而且六面体网格有利于对烧嘴部分的分析计算。整体模型的网格划分原则与煤气通道一致：对空气入口采用 O 形网划分；烧嘴部分采用均匀性网格，相邻网格单元比例为 1:1；其他部分采用线性渐进式的网格划分，使相邻两个网格大小的变化不超过 1.2 倍。该空气通道系统网格单元总数约 45 万个，其网格如图 2-28 所示。

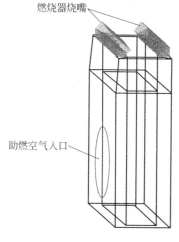

图 2-27　助燃空气通道结构

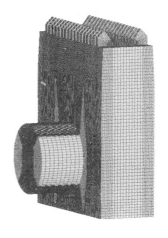

图 2-28　空气通道系统网格

B 数学模型

助燃空气通道与煤气通道的气流流动特点相同，因此计算中采用的数学模型为：

（1）气相湍流流动：$k\text{-}\varepsilon$ 双方程模型；

（2）辐射换热：P-1 模型。

C 边界条件

a 入口条件

入口设置空气相关参数，包括助燃空气各组分质量分数和入口气体流速，具体数值见表 2-7 和表 2-8。

b 出口条件

出口边界条件设置的静压力为 106.5kPa。

c 壁面条件

壁面粗糙度设置为 0.008，壁面热导率非常小，处于微导热状态。

2.2.2.2 实验结果及分析

空气通道压力场剖面图和速度场矢量图如图 2-29 所示。

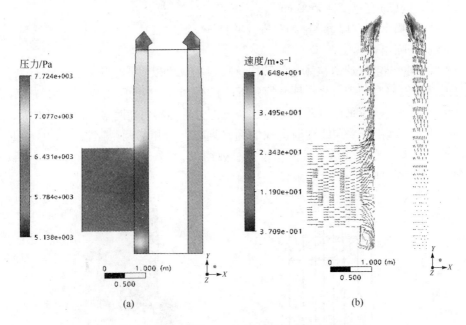

图 2-29 空气通道压力场剖面图和速度场矢量图

(a) 压力场剖面图；(b) 速度场矢量图

助燃空气通道内速度场不均的情况基本上和煤气通道的情况相似。空气出口处速度突然增大，是由于通道面积的减小，形成了激流区，速度由 15m/s 增加到 30m/s，最高可达 46m/s。左右两排烧嘴的速度场截面图如图 2-30 所示。

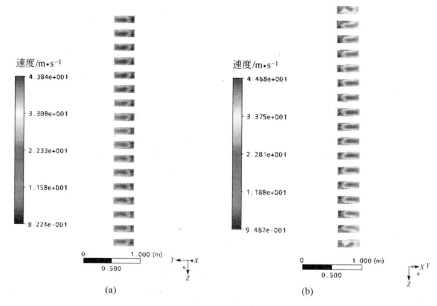

图 2-30 左右两排烧嘴速度场截面图

（a）左排烧嘴速度场截面图；（b）右排烧嘴速度场截面图

由图 2-30 可以看出，左右两排烧嘴的速度主要集中在外侧，而纵向速度差别很大；左侧纵向速度两端大，中间小；右侧纵向速度两端小，中间大。对每个烧嘴进行编号，从下至上分别为 1 ~ 17号，统计每个烧嘴的平均速度，所得烧嘴出口助燃空气速度曲线如图 2-31 所示。

从图 2-31 中可以更清楚地看出左右两排烧嘴的速度差异。左排烧嘴总平均速度 30.17m/s，右排烧嘴总平均速度

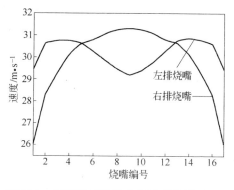

图 2-31 烧嘴出口助燃空气速度曲线（一）

29.78m/s，显然两边的出口速度不均，当然这两个速度方向并不是烧嘴出口截面的法向，经过计算这两个速度的方向与烧嘴出口截面法向夹角约为 2°，方向向上。在左右两边压力相差不大的情况下，可以认为左右两排烧嘴平均速度的差异就是它们喷出的助燃空气流量的差异。

2.2.3 燃烧器联合燃烧室的燃烧状态仿真研究

2.2.3.1 模型与边界条件

A 几何模型

首先根据已有煤气通道和空气通道数据，整体建立矩形燃烧器几何模型；

然后根据燃烧室具体几何参数建立燃烧室几何模型，燃烧室主要特征及参数如下：

（1）燃烧室横截面呈眼睛形：圆心距为5780mm、半径分别为4430mm和5280mm的两圆相交的部分；

（2）燃烧室高：23530mm。

燃烧室及燃烧器整体三维图及其网格系统如图2-32所示，对该几何体采用六面体和四面体混合网格划分，生成非结构体网格形式。为了更清晰地观察到燃烧室内流场与温度场分布，燃烧室划分为六面体网格，燃烧器结构较复杂，采用四面体网格，网格共计100万个左右。

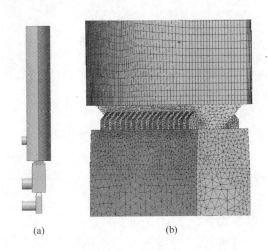

(a) (b)

图2-32 内燃式热风炉燃烧室三维图及其网格系统

(a) 三维图；(b) 网格系统

B 数学模型

整个燃烧室内包括流体流动和燃烧，因此采用以下几种数学模型：

（1）气相湍流流动：k-ε 双方程模型；

（2）燃烧模型：涡流耗散模型；

（3）辐射换热：P-1 模型。

C 边界条件

a 入口条件

入口包括煤气入口和助燃空气入口，在相应的位置设置煤气和助燃空气相关参数，包括煤气和空气的各组分质量分数及入口煤气流速，具体数值见表2-7和表2-8。

b 出口条件

出口边界条件设置的静压力为106kPa。

c 壁面条件

壁面粗糙度设置为 0.008，壁面热导率非常小，处于微导热状态。

2.2.3.2 实验结果及分析

由于气体通道内的湍流流动，通过两排助燃空气喷口的气流速度可能不同，从而使两边助燃空气流量不均，造成燃烧室内火焰偏析，影响整个燃烧室内速度场和温度场（见图 2-33）。

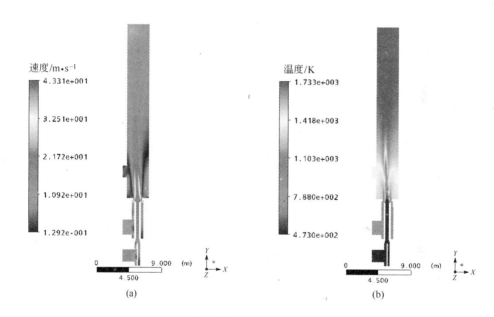

(a)   (b)

图 2-33　热风炉燃烧时的速度场和温度场剖面图

(a) 速度场剖面图；(b) 温度场剖面图

从图 2-33 中可以看出，燃烧室内的速度场和温度场出现偏析，尤其是火焰出现的左偏，很可能会导致左侧壁面温度高的情况发生。

火井内气流分布不均匀和混合不良就会导致不对称燃烧，甚至会产生严重脉动燃烧现象。在陶瓷燃烧器中，一般普遍存在煤气、空气出口速度场不均匀问题。烧嘴出口助燃空气速度曲线如图 2-34 所示。从图 2-34 中可以看出，煤气速度较小，助燃空气速度较大，三股气流在此处相互交叉混合，由于煤气的速度集中在左侧中心部位；而由烧嘴喷

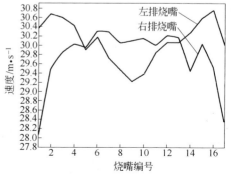

图 2-34　烧嘴出口助燃空气速度曲线（二）

出的助燃空气，左侧速度集中在两端，右侧速度集中在中部。这样的混合方式显然不能使煤气与助燃空气均匀地混合，但煤气与助燃空气的交叉流动会对三股气流的出口速度产生一定的影响。对比图 2-31 和图 2-34 可以看出，烧嘴出口助燃空气的速度有所变化，总体上更加均匀。

燃烧室内矩形燃烧器的具体结构将直接影响燃烧室内的速度场、温度场模拟准确性。研究燃烧室的速度场和温度场的分布状况，从气流速度场方面考虑有两种方法：一是研究煤气出口的速度分布状况；二是研究燃烧器两侧烧嘴速度分布状况。在实际运行过程中，最理想的情况当然是煤气和空气在各自出口处的速度场都均匀，但由于矩形燃烧器内部结构的原因，很难实现这种理想的状况。因此，对烧嘴结构优化设计具有很大的实际意义。

2.2.4 小结

本节通过对 2 号高炉热风炉矩形燃烧器煤气通道和空气通道的仿真计算，研究分析了仿真得到的流场分布，得到以下研究成果：

（1）煤气通道数值模拟结果表明：1）煤气进入通道后，阻流墙左右两侧的压力场和速度场不均衡；2）由于流动过程中湍流始终存在，导致煤气通道出口处左侧速度仍然大于右侧；3）在煤气通道出口纵向方向上的速度场呈波浪形式分布，并且中部速度明显大于两端速度。

（2）助燃空气通道数值模拟结果表明：1）空气流场在环道内存在左右速度不均的现象，导致左排烧嘴与右排烧嘴出口气流速度不均匀，空气入口侧（左排）的一排烧嘴喷射气流平均速度要高于另一侧（右排）；2）左右两排烧嘴之间气流速度场呈不同的变化趋势，空气入口侧（左排）的一排烧嘴出口速度呈两端大、中间小分布，而另一侧（右排）烧嘴出口速度恰好相反，呈两端小、中间大分布。

（3）综合煤气通道和助燃空气通道数值模拟结果分析可以看出，煤气与助燃空气在通道出口处分布都不均，因此易导致煤气与助燃空气混合不均，从而影响燃烧的效果。

2.3 大型高炉热风炉燃烧器烧嘴优化设计

针对仿真结果揭示的热风炉燃烧器烧嘴设计的缺陷，基于热风炉燃烧室仿真计算模型，比较分析了热风炉烧嘴在不同倾角、个数和面积条件下，燃烧室的温度场和流场分布的状况，确定了最佳的热风炉烧嘴倾角、个数，并总结出烧嘴面积改变对燃烧室燃烧的影响规律。

2.3.1 燃烧器烧嘴倾角优化仿真

烧嘴倾角大小是燃烧器烧嘴的一个重要参数。倾角的大小直接影响烧嘴喷口射流与煤气流的夹角，并且对气流速度也有间接的影响。鉴于烧嘴倾角的大小是燃烧室助燃空气和煤气混合的重要影响因素，对燃烧器烧嘴倾角优化仿真、研究烧嘴倾角对燃烧室燃烧的影响规律应作为烧嘴结构优化必须考虑的问题。

2.3.1.1 模型与边界条件

A 几何模型

燃烧器助燃空气出口对称布置在煤气出口两侧，从燃烧室俯视图（见图2-35）中可以看出，燃烧器由多个矩形通道排列组合而成，两排烧嘴出口法向与水平方向都呈一定角度（见图2-36），以保证助燃空气和煤气交叉混合。每两个对称的助燃空气出口组成一个小单元，与煤气进行有效的混合，形成一个燃烧单元。烧嘴倾角分别以 α 和 β 表示。

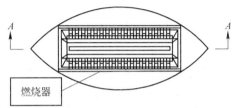 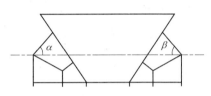

图 2-35　燃烧室俯视图　　　　图 2-36　燃烧器助燃空气烧嘴倾角

对于烧嘴部分，由于涉及其倾角的改变，按照以下设计方案进行数值模拟，其主要几何特征如下：

（1）每排烧嘴个数为 17 个，两排共计 34 个；

（2）每个烧嘴出口面积大小一致；

（3）每个烧嘴的长宽比为 1:3；

（4）烧嘴出口总面积与助燃空气入口面积比为 1:1.8；

（5）助燃空气经烧嘴喷出最高速度不低于 45m/s。

助燃空气烧嘴结构及其网格图如图 2-37 所示。

图 2-37　助燃空气烧嘴结构及其网格图

(a) 结构图；(b) 网格图

B 数学模型

整个燃烧室内包括流体流动和燃烧，因此采用以下几种数学模型：

（1）气相湍流流动：k-ε 双方程模型；

（2）燃烧模型：涡流耗散模型；

（3）辐射换热：P-1 模型。

C　边界条件

a　入口条件

入口包括煤气入口和助燃空气入口，在相应的位置设置煤气和助燃空气相关参数，包括煤气和空气的各组分质量分数及入口煤气流速，具体数值见表2-7 和表2-8。

b　出口条件

出口边界条件设置的静压力为106kPa。

c　壁面条件

壁面粗糙度设置为0.008，壁面热导率非常小，处于微导热状态。

2.3.1.2　实验结果及分析

燃烧时助燃空气流和煤气流混合前在各自出口均受到彼此的影响，通过改变烧嘴倾角可均衡燃烧器两排烧嘴出口速度，进而达到影响煤气流速，优化燃烧室助燃空气和煤气混合的目的。

通过模拟燃烧室在不同烧嘴倾角下的燃烧状态，从燃烧的温度场及流场特征中找出烧嘴倾角的改变对燃烧速度场和温度场的影响规律，特设计三种倾角组合：（1）$\alpha = 45°$，$\beta = 45°$；（2）$\alpha = 45°$，$\beta = 50°$；（3）$\alpha = 45°$，$\beta = 55°$。

由于在热风炉内沿程阻损比较小，对于炉内燃烧100kPa 燃烧压力来讲，相差 1~2kPa 的压力不影响煤气和助燃空气的总流量。

以下为三种倾角组合方案下燃烧的仿真结果分析。

A　燃烧室内 O_2 质量分数分布

不同倾角下，左右两排烧嘴助燃空气的平均速度见表2-9。由表中数据可以看出，改变烧嘴倾角可以使两排平均速度也相应改变。随着右排速度的增大，左排烧嘴气流速度在一定程度上逐渐减小，两侧助燃空气流量也随之改变，由于通入助燃空气总量不变，一侧的助燃空气流量的增大，则另一侧助燃空气流量势必减少。

表2-9　不同倾角下左右两排烧嘴助燃空气的平均速度

烧嘴倾角/(°)	$\alpha = 45$，$\beta = 45$	$\alpha = 45$，$\beta = 50$	$\alpha = 45$，$\beta = 55$
左排烧嘴平均速度/m·s^{-1}	30.0924	30.0813	30.1795
右排烧嘴平均速度/m·s^{-1}	29.0653	30.5479	31.0831

燃烧器左右两排烧嘴助燃空气的流量不同，造成助燃空气从两侧进入燃烧室

后，燃烧室内两侧 O_2 量也必然不同，必定会影响燃烧室内 O_2 的分布状况。图2-38所示为燃烧室 $A—A$ 面截取的 O_2 质量分数分布剖面图。

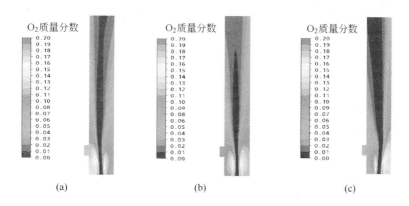

图 2-38　燃烧室 $A—A$ 面截取的 O_2 质量分数分布剖面图
（a）$\alpha=45°$，$\beta=45°$；（b）$\alpha=45°$，$\beta=50°$；（c）$\alpha=45°$，$\beta=55°$

可以从图 2-38 中对比研究三种烧嘴倾角下的 O_2 质量分数分布状况：$\beta=45°$时，燃烧室左侧 O_2 量大于右侧，左侧 O_2 一直沿左侧向上发展，形成一个较为充分的 O_2 分布区域；$\beta=50°$时，O_2 分布已开始向右侧偏析，中间区域为 O_2 和 CO气体的混合区，总体来说，O_2 在燃烧室内两侧分布比较平衡；$\beta=55°$时，O_2 分布情况正好与 $\beta=45°$时相反，O_2 在燃烧室右侧形成一个较为充分的分布区域，并且由于右侧烧嘴倾角过大，O_2 已经严重沿右侧发展。

燃烧室出口 O_2 质量分数分布截面图（见图 2-39）能够较清晰地反映这一现

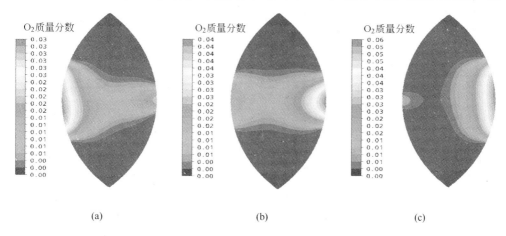

图 2-39　燃烧室出口 O_2 质量分数分布截面图
（a）$\alpha=45°$，$\beta=45°$；（b）$\alpha=45°$，$\beta=50°$；（c）$\alpha=45°$，$\beta=55°$

象，$\beta = 45°$时，出口处左侧质量分数较集中，说明燃烧最后过剩的O_2集中在左侧；$\beta = 50°$时，出口处两边比较平衡，右边过剩O_2略多；$\beta = 55°$时，则过剩O_2几乎全集中在右侧。

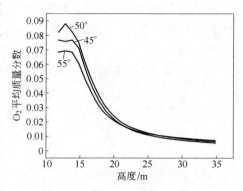

图 2-40　燃烧室高度方向上O_2平均质量分数分布曲线

从燃烧室高度方向上取O_2的平均质量分数分布曲线（见图 2-40），来描述燃烧室内O_2的变化趋势，曲线上显示三种角度组合情况下燃烧室内的O_2量随着高度变化是一直减小的，到出口时平均质量分数均降至 0.01 以下，说明对整个燃烧来说，氧气已经燃烧完全。

B　燃烧的速度场

自燃烧室的$A—A$面截取速度场矢量分布图（见图 2-41），计算结果表明，随着β不断变大，即当右侧烧嘴倾角增大时，速度场逐渐向右侧偏析。图 2-41（a）为左侧烧嘴倾角$\alpha = 45°$和右侧烧嘴倾角$\beta = 45°$时的气流速度分布状况，气流速度明显向左偏析，速度场沿燃烧室左侧向上方发展；图 2-41（b）为左侧烧嘴倾角保持不变，右侧烧嘴倾角β增大 5°，左右速度分布基本持平，速度场较对称地向上发展；图 2-41（c）中左侧烧嘴倾角仍然不变，β值增至 55°，速度场偏向右侧，并沿右侧逐渐向上发展。

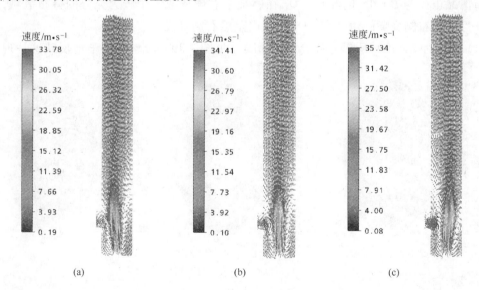

图 2-41　燃烧室$A—A$面截取的速度场矢量分布图

（a）$\alpha = 45°$，$\beta = 45°$；（b）$\alpha = 45°$，$\beta = 50°$；（c）$\alpha = 45°$，$\beta = 55°$

助燃空气在煤气两侧的均匀喷射是使燃烧室内改善空气和煤气的混合以及合理地组织燃烧的前提。如果空气流偏向一方,煤气流偏向另一方,混合气流的火焰显然会偏离燃烧室中心,造成燃烧室砖墙局部温度过高而导致破损。

根据燃烧模型,氧化剂和燃料混合即燃烧。燃烧必然向氧化剂充足的地方发展,燃烧后的速度场自然向氧气流量大的一侧偏析。如图 2-41 所示,当两侧助燃空气速度趋向相等时,两侧流量趋于平衡,速度场偏析情况变弱。根据这个规律,可以根据实际的燃烧状况调节烧嘴的倾角,达到理想的燃烧流场。

从图 2-41 中还可以看出,在燃烧室火焰区,气流流速受燃烧的影响和控制,随着气流向上发展离开火焰区,在燃烧室中上部气流流速分布渐趋均匀。

为了描述这个规律,沿燃烧室高度方向,从 11.85m 到 34.85m 每隔 1m 取一个横截面,计算出该横截面上平均速度,并绘制成曲线图 (见图 2-42),表示燃烧室内平均速度随高度变化趋势。图 2-42 表明,即使改变燃烧器烧嘴倾角,其速度分布的趋势也是相同的。从图 2-42 中可以看出,在燃烧室底部,也就是高度上大约 12 ~ 17m 的区域内,其平均速度变化比较大,这是由于在回旋区内煤气与助燃空气混合时产生的结

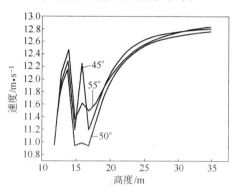

图 2-42　燃烧室高度方向上的
平均速度分布曲线

果;当燃烧气体在该区域内混合后速度则呈线形逐渐增加,在高度 17 ~ 25m 区域内燃烧气体速度增加比较快,25m 至燃烧室出口速度增加减慢,速度变得均匀,这说明大部分煤气和助燃空气在回旋区内混合。

从改变不同倾角后的燃烧室内平均速度曲线 (见图 2-42) 来看,沿燃烧室高度方向上,在燃烧室中上部区域,$\beta = 45°$ 时气流平均速度变化最大,$\beta = 55°$ 时气流平均速度变化最平缓,而 $\beta = 50°$ 时的气流平均速度最小。

蓄热室气流分布的均匀性是热风炉的一个非常重要的指标。有研究表明,某企业传统顶燃式热风炉蓄热室边缘区域格孔中烟气的流速大大高于中心区域,该企业顶燃式热风炉蓄热室的边缘气流比中心气流的流速高近 9 倍,卡卢金顶燃式热风炉烟气气流最大流速为最小流速的 3 ~ 5 倍,分布均匀性大大优于传统顶燃式热风炉。

图 2-43 所示为不同烧嘴倾角下的燃烧室出口速度场剖面图。由图可以看出,出口速度分布规律基本一致,均是高速区分布在燃烧室火井两端,中部速度较低,且两个区域平均速度相差不超过 1.5 倍。表 2-10 为燃烧室出口截面高速区与低速区平均速度。

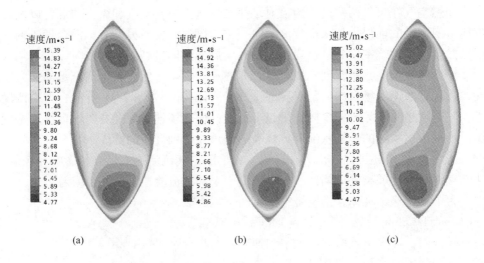

图 2-43 燃烧室出口速度场分布截面图

(a) $\alpha = 45°$, $\beta = 45°$; (b) $\alpha = 45°$, $\beta = 50°$; (c) $\alpha = 45°$, $\beta = 55°$

表 2-10 燃烧室出口截面高速区与低速区平均速度

燃烧器烧嘴不同倾角组合	$\alpha = 45°$, $\beta = 45°$	$\alpha = 45°$, $\beta = 50°$	$\alpha = 45°$, $\beta = 55°$
两端高速区平均速度/m·s^{-1}	14.52	14.67	14.35
中部低速区平均速度/m·s^{-1}	12.54	12.69	12.44

出口截面上的数据反映了各个烧嘴倾角组合下的速度的均匀性,可以看出当 $\beta = 50°$ 时,出口速度场最均匀。

C 燃烧时 CO 在燃烧室内的分布

燃烧室 CO 质量分数分布剖面图如图 2-44 所示。

从图 2-44 中可以看出,CO 质量分数分布剖面图与燃烧室温度场剖面图中的可见火焰形状相似,其分布趋势为煤气流中心部位 CO 质量分数高,并向外逐渐扩散减小。图 2-44 反映了助燃空气流股虽然以一定角度与垂直向上的煤气流股相交,但在宏观流动上并不能达到完全穿透煤气流的作用,助燃空气流股与煤气流股不断相交并向上流动,直到 CO 基本反应完全。

CO 质量分数分布可以反映有效火焰的长度,包括可见火焰长度和不可见火焰长度。有效火焰长度的选择既不能太长,又不能太短。火焰太长会发生局部燃烧在顶部格砖之间进行;火焰太短则容易造成局部区域温度过高,而产生巨大的热应力,或者发生低频振动,危害热风炉寿命。为了保证火焰不会进入格砖,火焰的平均长度应该是燃烧室当量直径的 6~8 倍,或采用有效火焰长度为燃烧室高度的 1/2 为宜。燃烧室内有效火焰长度见表 2-11。

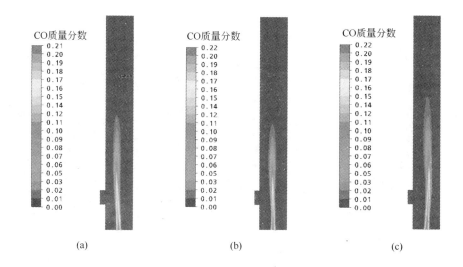

(a)　　　　　　　　　　(b)　　　　　　　　　　(c)

图 2-44　燃烧室 CO 质量分数分布剖面图

（a）$\alpha=45°$，$\beta=45°$；（b）$\alpha=45°$，$\beta=50°$；（c）$\alpha=45°$，$\beta=55°$

表 2-11　燃烧室内有效火焰长度

燃烧器烧嘴不同倾角组合	$\alpha=45°$，$\beta=45°$	$\alpha=45°$，$\beta=50°$	$\alpha=45°$，$\beta=55°$
有效火焰长度/m	25.43	24.32	28.10
有效火焰实际长度/m	14.01	12.90	16.68

从燃烧室内火焰长度（见表 2-11）对比来看，当 $\alpha=45°$、$\beta=50°$ 时，燃烧的有效火焰最短；$\alpha=45°$、$\beta=45°$ 时，有效火焰次之；而 $\alpha=45°$、$\beta=55°$ 时，燃烧的有效火焰最长。前两者有效火焰长度相差不大，属于正常范围，后者对燃烧最不利。

燃烧室高度方向上 CO 平均质量分数分布曲线如图 2-45 所示。

从图 2-45 来看，CO 平均质量分数大致走向基本一致，燃烧至最后 CO 质量分数大致相当，说明在一定范围内改变烧嘴倾角不能有效地提高燃烧效率。

燃烧室出口 CO 平均质量分数截面图如图 2-46 所示。

从图 2-46 中可以看出，在燃烧室

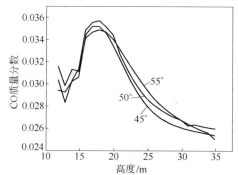

图 2-45　燃烧室高度方向上 CO 平均质量分数分布曲线

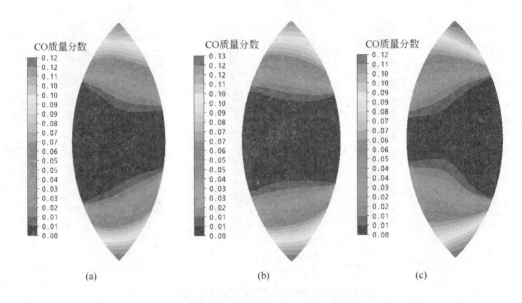

图 2-46　燃烧室出口 CO 平均质量分数分布截面图

(a) $\alpha = 45°$，$\beta = 45°$；(b) $\alpha = 45°$，$\beta = 50°$；(c) $\alpha = 45°$，$\beta = 55°$

火井的两端均存在一定量的 CO，这与燃烧室的大小以及矩形燃烧器的结构相关。在内燃式热风炉中，由于矩形燃烧器的限制，煤气不能够完全燃烧，这就需要更高的空气过剩系数来提高燃烧效率。由图 2-45 和图 2-46 可以看出，$\alpha = 45°$、$\beta = 50°$时，CO 的分布相对均匀。

D　燃烧的温度场

对于热风炉来讲，煤气燃烧可分解为三个过程：煤气与助燃空气的混合、加热到着火温度以及煤气可燃物的激烈氧化。不同结构的燃烧器，由于煤气与助燃空气的混合程度不同，火焰长度不同。一般来讲，煤气与助燃空气混合越早，则火焰越短。因此在判断不同烧嘴个数的燃烧器时，需要对比整个温度场的变化，尤其是火焰的长度和燃烧所产生高温区的位置。

燃烧时，烧嘴倾角的改变对燃烧室的温度场的分布也产生一定的影响，图 2-47(a) ~ (c)分别为三个倾角组合下得到的燃烧室燃烧室温度场（截自 $A—A$ 面）。

对比各不同烧嘴倾角下速度场分布和温度场分布（见图 2-41 和图 2-47），可看出温度场和速度场非常相似，也是随着右侧烧嘴 β 角的增大，其燃烧火焰逐渐向右偏析。这是因为燃烧后的气流速度场依赖于煤气和助燃空气的燃烧；同样，燃烧室内气体燃烧状况也直接决定了温度场分布。在本试验中，当 $\alpha = 45°$、$\beta = 50°$时，火焰位置最佳，几乎不产生偏析。因此，通过调节烧嘴倾角能够避免燃烧向边缘发展造成流向燃烧室上部的气体温度极不均匀，从而有效改善温度场

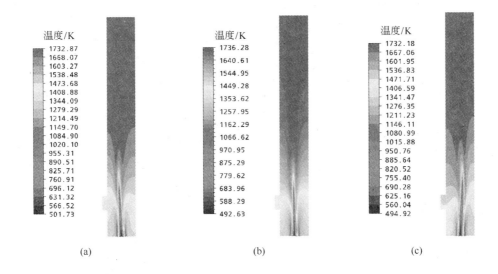

图 2-47 燃烧室 A—A 面截取的温度场分布剖面图

(a) $\alpha = 45°$，$\beta = 45°$；（b）$\alpha = 45°$，$\beta = 50°$；（c）$\alpha = 45°$，$\beta = 55°$

分布状况。

经对比可以看出，图 2-46 与图 2-47 中的可见火焰形状相似，其分布趋势为煤气流中心部位 CO 质量分数高，并向外逐渐扩散减小。

燃烧火焰可以分为可见火焰和不可见火焰。从图 2-47 中还可以看出，烧嘴倾角的改变对火焰长度也会产生影响。表 2-12 为不同倾角组合下的火焰长度数据。

表 2-12 燃烧室内燃烧火焰长度

燃烧器烧嘴倾角组合	$\alpha = 45°$，$\beta = 45°$	$\alpha = 45°$，$\beta = 50°$	$\alpha = 45°$，$\beta = 55°$
可见火焰长度/m	20.76	20.52	21.53
可见火焰实际长度/m	9.34	9.10	10.11

对于热风炉而言，要求煤气在进入蓄热室前燃烧完毕，可见火焰的长度反映了煤气和助燃空气混合的状况，火焰越短，煤气和助燃空气混合得越快、越完全，越有利于燃烧反应的发生，使可燃物在进入燃烧室之前燃烧。从表 2-12 中可以看出，当 $\alpha = 45°$、$\beta = 50°$时，火焰最短；而 $\alpha = 45°$、$\beta = 55°$时，燃烧火焰最长，说明倾角的适当改变可以改善煤气与助燃空气的混合状况。当然随着倾角增加过大，反而不利于燃烧前的气体混合，进而对气体的燃烧产生不利影响。

为了更好地描述整个燃烧室内温度场的变化情况，沿燃烧室高度方向，从 11.85m 到 34.85m 每隔 1m 取一个横截面，并计算出该横截面上平均温度，并绘制成曲线（见图 2-48）。

从图 2-48 中可以看出，整个燃烧室内温度随着高度增加逐渐升高，按燃烧程度可划分为三个区域：可见火焰区、不可见火焰区以及反应完全区。可见火焰区位于燃烧室高度为 11~20m 处，该区域内煤气未被助燃空气完全打散，燃烧主要发生在煤气与助燃空气交界面，形成可见火焰；不可见火焰区位于燃烧室高度为 20~25m 处，该区域内煤气与助燃空气基本完全混合、燃烧，燃烧室内最高温度点一般出现在该区；反应完全区位于燃烧室高度为 25~35m 之间，

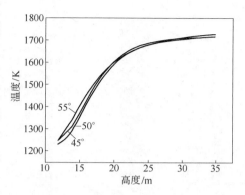

图 2-48 燃烧室高度方向上的平均温度分布曲线

该区域内仍有少量可燃物发生反应，但温度上升速度明显减慢，气体之间可以有效地传热，出口处气体温度是否均匀往往取决于该区域内的传热程度。

根据不同烧嘴倾角下模拟的结果，燃烧室内在高度方向上平均温度变化趋势基本相同。相比之下，$\alpha=45°$、$\beta=50°$ 时，在可见火焰区、不可见火焰区温度上升速度最快；$\alpha=45°$、$\beta=55°$ 时，上升速度最慢；当到达反应完全区时，其温度变化才趋于一致。说明当 $\alpha=45°$、$\beta=50°$ 时，煤气和助燃空气混合状况最好，可见火焰区、不可见火焰区内燃烧比较完全。

燃烧室内燃烧状况的不同必然导致燃烧室出口的温度分布产生差异，图 2-49

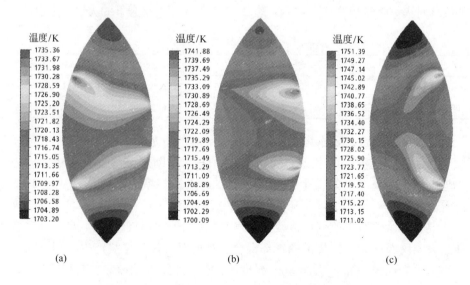

图 2-49 燃烧室出口处温度场分布截面图

(a) $\alpha=45°$，$\beta=45°$；(b) $\alpha=45°$，$\beta=50°$；(c) $\alpha=45°$，$\beta=55°$

所示为各倾角组合下的燃烧室出口温度场分布截面图。

从图 2-49 中可以看出，燃烧室出口的温度分布总体来说比较均匀，烧嘴倾角 $\beta = 45°$、$\beta = 50°$ 和 $\beta = 55°$ 时，燃烧室出口最高温度和最低温度相差分别约为 35℃、41℃ 和 50℃。相比而言，$\beta = 45°$ 时的出口温度差异最小。

2.3.2 燃烧器烧嘴个数优化仿真研究

为了研究助燃空气流的细化对燃烧的影响程度，在保证助燃空气出口总面积不变的情况下，尝试增加烧嘴个数，使助燃空气流更加细化，达到打散煤气流程度更高、燃烧更充分的目的。

2.3.2.1 模型与边界条件

A 几何模型

假设燃烧器单排烧嘴个数为 N（燃烧器总烧嘴数为 $2N$），保持燃烧器助燃空气出口的总面积不变，在 $N = 17$ 的基础上分别依次改变为 $N = 19$、$N = 21$ 和 $N = 23$，燃烧器及燃烧室其他几何结构不变。网格划分方法与原则保持不变。

B 数学模型

采用以下几种数学模型：

（1）气相湍流流动：$k\text{-}\varepsilon$ 双方程模型；

（2）燃烧模型：涡流耗散模型；

（3）辐射换热：P-1 模型。

C 边界条件

a 入口条件

入口包括煤气入口和助燃空气入口，在相应的位置设置煤气和助燃空气相关参数，包括煤气和空气的各组分质量分数及入口煤气流速，具体数值见表 2-7 和表 2-8。

b 出口条件

经过多次试验，烧嘴缩小面积后，为使烧嘴出口的速度与理论计算保持一致，出口边界条件设置的静压力向下微调为 106kPa。

c 壁面条件

壁面粗糙度设置为 0.008，壁面热导率非常小，处于微导热状态。

2.3.2.2 实验结果及分析

由于助燃空气喷口总面积没有变，增加烧嘴个数，使得每个烧嘴的出口面积减小，烧嘴之间的间距也缩小，助燃空气通道流出的空气流被细分成更多股气流喷射入燃烧室，煤气流被细化的空气流交叉反应而对燃烧室流场产生影响。

理论上，在喷口面积不变的条件下，且砖型制造及结构强度许可时，助燃空气喷口内空气流分剖成细小流的个数（喷出口的个数）越多，空气、煤气混合也越均匀；同时由于烧嘴个数的增加，使得燃烧器的结构变得复杂，燃烧器喷嘴阻损必然增大，对通过燃烧器的空气流也会成生一定的影响。因此，烧嘴个数变化对燃烧室燃烧流场的影响必然有一定的规律可循。

A　燃烧时 O_2 在燃烧室内的分布

燃烧室内 O_2 平均质量分数分布剖面图如图 2-50 所示。

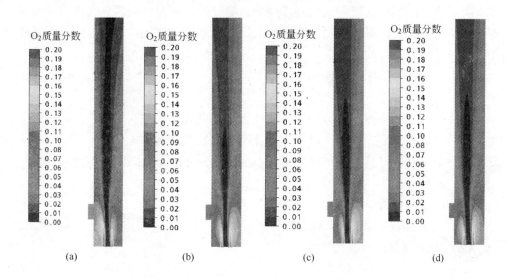

图 2-50　燃烧室内 O_2 平均质量分数分布剖面图

(a) $N=17$；(b) $N=19$；(c) $N=21$；(d) $N=23$

从图 2-50 可以看出，助燃空气流向上射入燃烧室后，与煤气在燃烧室的两侧形成回流区，经过回流区后助燃空气开始向煤气流股中心扩散，由于烧嘴个数的增加，使助燃空气流在烧嘴处被细化成数量更多的气流流股。空气、煤气交叉混合时穿插进煤气流的空气将形成更多的旋涡，被吸入旋涡的混合煤气的量就越多，反应时消耗氧气更快。从图 2-50 中还可以看出，$N=17$ 时，燃烧室左侧 O_2 平均质量分数高于右侧，当烧嘴个数增加后，右侧 O_2 平均质量分数高于左侧。

图 2-51 说明了未参加反应的 O_2 分布的位置。从图 2-51 中可以看出，在燃烧室出口未参加反应的 O_2 存在于火井的左侧，相比之下，当燃烧器为 $N=17$ 时，燃烧室出口处未反应的 O_2 区域最大。

沿燃烧室高度方向，从 12.85m 到 34.85m 每隔 1m 取一个横截面，并计算出该横截面上 O_2 平均质量分数，并绘制成曲线（见图 2-52）。从图中可以看出，整个燃烧室内随着高度的增加，O_2 平均质量分数呈线形逐渐降低，25m 之前 O_2

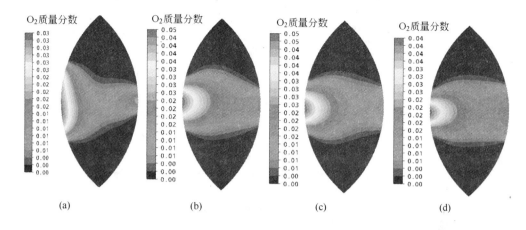

图 2-51 燃烧室出口 O_2 平均质量分数截面图

(a) $N=17$；(b) $N=19$；(c) $N=21$；(d) $N=23$

平均质量分数迅速减小，25m 之后 O_2 平均质量分数减小不明显，这也和前面的结果一致，说明在 25m 之后反应减少。

B 燃烧室速度场

对于不同容积的热风炉燃烧室，燃烧器烧嘴的个数将对燃烧室内的流场分布有一定影响。

燃烧室速度矢量剖面图如图 2-53 所示。从图 2-53 中可以看出，模拟不同烧嘴个数燃烧室内的速度场显示：燃

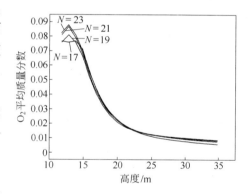

图 2-52 O_2 平均质量分数分布曲线

烧室下部两侧产生两个回旋区，而回旋区是煤气与助燃空气混合区。助燃空气经喷嘴喷出后，以很高的速度将煤气打散混合，混合程度主要由助燃空气所具有的动能所决定。此外，从图 2-53 中还可看出，采用每排 19 个烧嘴或 21 个烧嘴的燃烧器，得到的燃烧室内速度场最均匀；采用每排 17 个烧嘴或 23 个烧嘴的燃烧器，其燃烧室速度场存在明显偏析，其原因与喷嘴喷口处助燃空气的速度相关。

不同烧嘴个数情况下两排烧嘴助燃空气的平均速度见表 2-13。由表 2-13 可知，采用每排 19 个烧嘴的燃烧器其助燃空气出口平均速度最大，而采用每排 17 个烧嘴时助燃空气出口平均速度最小。这是由于烧嘴个数的增加在一定程度上增加了气体在燃烧器内的阻力，也即增加了阻力损失，气流速度自然随之减小。这说明适当增加烧嘴的个数可以提高助燃空气的速度，但当超过一定烧嘴个数后，助燃空气速度将会有所减少。

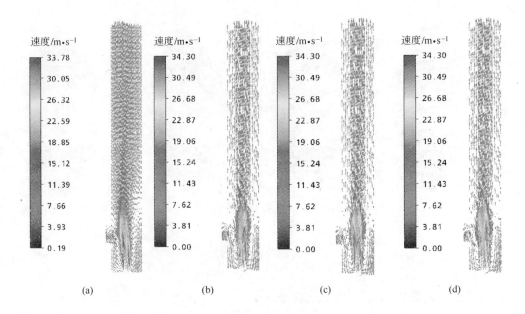

图 2-53 燃烧室速度矢量剖面图

(a) $N=17$；(b) $N=19$；(c) $N=21$；(d) $N=23$

表 2-13 不同烧嘴个数情况下两排烧嘴助燃空气的平均速度

每排烧嘴个数		$N=17$	$N=19$	$N=21$	$N=23$
喷口处助燃空气速度 /m·s⁻¹	左侧平均速度	30.0924	30.9828	30.7696	30.7549
	右侧平均速度	29.7053	30.7940	30.7095	30.4460
	平均速度差	0.3871	0.1888	0.0601	0.3089

由于空气通道的结构问题，喷口处助燃空气速度存在左右不均的情况。从表 2-13 可以看出，$N=21$ 时，其左右两侧平均速相差最小，大约为 0.06m/s；$N=17$ 和 $N=23$ 时，左右两侧平均速相差最大，大约为 0.3m/s，这也是采用每排 17 个烧嘴和 23 个烧嘴的燃烧器时，燃烧室速度场存在明显偏析的原因。

燃烧室出口速度横截面图如图 2-54 所示。从图 2-54 中可以看出，燃烧器烧嘴的个数对燃烧室出口速度的影响不大，速度场分布大致相同，燃烧气体最大速度均集中在燃烧室火井的两端。

不同烧嘴个数下燃烧室出口燃烧室出口两端速度和中心速度见表 2-14。

表 2-14 不同烧嘴个数下燃烧室出口燃烧室出口两端速度和中心速度

烧嘴个数	$N=17$	$N=19$	$N=21$	$N=23$
两端高速区平均速度/m·s⁻¹	14.52	15.25	15.34	15.30
中部低速区平均速度/m·s⁻¹	12.54	12.58	12.63	12.56

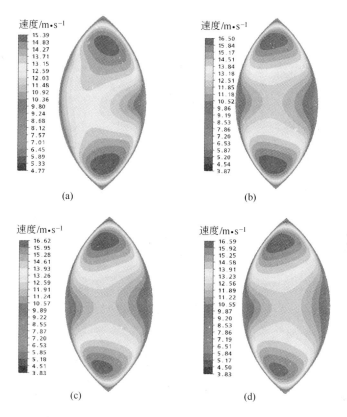

图 2-54　燃烧室出口速度横截面图

（a）$N=17$；（b）$N=19$；（c）$N=21$；（d）$N=23$

从表 2-14 中可以看出，内燃式热风炉燃烧室出口处的两端高速区平均速度不超过中部低速区平均速度的 1.5 倍，这就说明了燃烧器为每排 17～23 个烧嘴时，燃烧室出口处的速度比较均匀。

C　燃烧室内 CO 质量分数分布

燃烧室内 CO 质量分数分布可以用于对燃烧后产生的火焰分析，以及描述湍流扩散火焰的形状，其分布剖面图如图 2-55 所示。

表 2-15 比较了不同烧嘴燃烧器的有效火焰长度。燃烧器单排烧嘴个数 $N=17$ 时，有效火焰高于燃烧室高度的 1/2；而 $N=19$ 和 $N=21$ 时，有效火焰均为燃烧室高度的 1/2。

表 2-15　不同烧嘴燃烧器的火焰长度

单排烧嘴个数	$N=17$	$N=19$	$N=21$	$N=23$
有效火焰长度/m	25.43	22.03	23.38	23.85
有效火焰实际长度/m	14.01	10.61	11.96	12.43

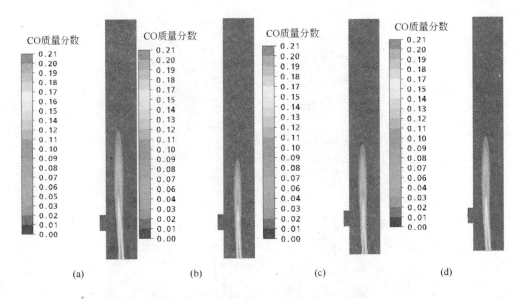

图 2-55　燃烧室内 CO 质量分数分布剖面图

(a) $N=17$；(b) $N=19$；(c) $N=21$；(d) $N=23$

　　沿燃烧室高度方向，从 12.85m 到 34.85m 每隔 1m 取一个横截面，并计算出该横截面上的 CO 平均质量分数，并绘制成曲线（见图 2-56）。CO 平均质量分数分布趋势与燃烧室内平均速度、燃烧物反应的速率以及炉内的温度相关。当煤气流进入燃烧室后与助燃空气流相交，CO 的平均质量分数迅速降低并且开始燃烧，但燃烧的速度比煤气流股速度小；另一方面，助燃空气受到温度升高的影响速度提高，煤气流股中心速度受温度影响小，导致在一定区域内 CO 平均质量分数上升；当煤气流速度和助燃空气流速度稳定时，即燃烧室高 16m 处开始，由于燃烧的作用，CO 平均质量分数逐步下降；当煤气流到达燃烧室高 25m 处，CO 平均质量分数下降趋势明显减慢，这说明燃烧基本完成。

　　CO 平均质量分数能够反映不同烧嘴的燃烧效率。从图 2-56 中可以看出，$N=17$ 时，CO 平均质量分数明显高于其他个数烧嘴的 CO 平均质量分数，这说明 $N=17$ 时煤气与助燃空气混合不充分，导致燃烧效率低于其他烧嘴个数的燃烧器。

　　CO 平均质量分数出口横截面图（见图 2-57）表现了燃烧室出口 CO 的分布状况。从图 2-57 中可以看出，在

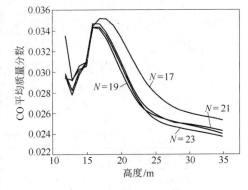

图 2-56　CO 平均质量分数分布曲线

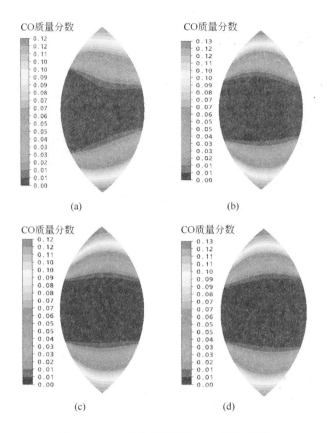

图 2-57　CO 平均质量分数出口横截面图

(a) $N=17$；(b) $N=19$；(c) $N=21$；(d) $N=23$

燃烧室火井的两端均存在一定量的 CO，这和燃烧室的大小以及矩形燃烧器的结构相关。在内燃式热风炉中，由于矩形燃烧器的限制，煤气不能够完全燃烧，这就需要更高的空气过剩系数来提高燃烧效率。从图 2-56 和图 2-57 中可以看出，每排 17 个烧嘴的燃烧器燃烧效率相对较低，并且 CO 分布不均，右侧 CO 含量高于左侧 CO 含量。

对比图 2-50 未反应的 O_2 在燃烧室火井的两侧分布情况，说明对于内燃式热风炉来讲，其燃烧不完全的主要原因是燃烧室火井的两端助燃空气不充分所造成的，可以通过提高空气过剩系数或者适当加宽助燃空气烧嘴的长度来解决该问题。

D　燃烧的温度场

燃烧室温度场剖面图如图 2-58 所示。从图 2-58 中可以看出，由于煤气、助燃空气预热温度分别为 200℃ 和 600℃，当煤气和助燃空气进入燃烧室后就达到点火温度开始燃烧，由于煤气和助燃空气的出口速度大于煤气中可燃

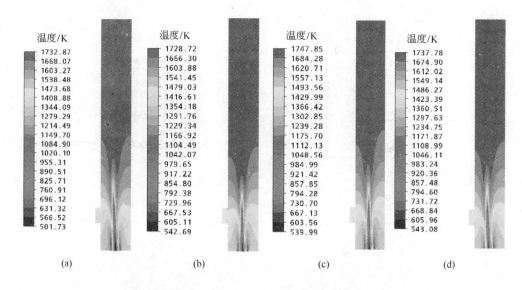

图 2-58　燃烧室温度场剖面图

（a）$N=17$；（b）$N=19$；（c）$N=21$；（d）$N=23$

烧物质的火焰传播速度，在燃烧室底部燃烧主要发生在煤气和助燃空气混合的交接面处，随着高度的增加，助燃空气将煤气流打散，使得混合更加均匀，反应逐渐剧烈；当达到一定的高度后，大部分可燃物燃烧完毕，温度上升的趋势减慢。

从图 2-58 中可以看出，采用不同个数烧嘴的燃烧器，其可见火焰的长度有所不同，具体火焰长度见表 2-16。

表 2-16　温度场火焰长度

单排烧嘴个数	$N=17$	$N=19$	$N=21$	$N=23$
可见火焰长度/m	20.76	19.11	20.21	20.26
可见火焰实际长度/m	9.34	7.69	8.79	8.84

从表 2-16 中可以看出，燃烧器为每排 19 个烧嘴时，燃烧室中可见火焰长度最短；燃烧器为每排 17 个烧嘴时，燃烧室中可见火焰长度最长。对于热风炉而言，要求煤气在进入蓄热室前燃烧完毕，可见火焰的长度反映了煤气和助燃空气混合的状况，火焰越短，煤气和助燃空气混合得越快、越完全，有利于燃烧反应的发生，使可燃物在进入燃烧室之前燃烧。

模拟不同烧嘴个数的燃烧器，燃烧室内高度上平均温度变化趋势基本相同。相比之下，燃烧器单排数量为 $N=19$ 时在可见火焰区、不可见火焰区温度上升速度最快；$N=17$ 时在可见火焰区、不可见火焰区温度上升速度最慢；当到达反应完全区时，其温度变化才趋于一致（见图 2-59）。这说明当燃烧器单排烧嘴数为 19 个时，煤气和助燃空气混合状况最好，可见火焰区、不可见火焰区内燃烧比较完全。

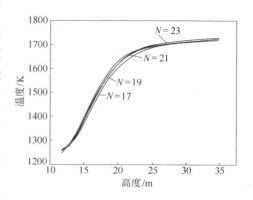

图 2-59 燃烧室温度场曲线

燃烧室出口温度分布截面图如图2-60所示。

从图 2-60 中可以看出，烧嘴个数不同时燃烧室出口的温度分布比较均匀，燃烧器单排烧嘴数为 17、19、21、23 时，燃烧室出口最高温度和最低温度相差分别为32℃、31℃、39℃、34℃。此外，从图 2-60 中还可看出，火井的左侧仍有可燃气体燃烧，结果使火井左侧温度高于右侧温度。这是由于当烧嘴左侧助燃空气流量大于右侧流量时，相比 4 种不同数目的烧嘴，燃烧器为每排 19 个烧嘴的燃烧室内左右两侧温度差异最小。

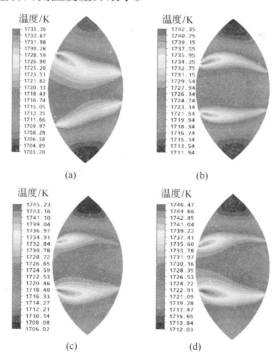

图 2-60 燃烧室出口温度分布截面图

(a) $N=17$；(b) $N=19$；(c) $N=21$；(d) $N=23$

2.3.3 燃烧器烧嘴面积优化仿真

每个烧嘴面积的改变必然伴随着烧嘴喷出的助燃空气流速发生变化，助燃空气流速的增大或减小会影响燃烧室内空气和煤气的混合状况，进而影响燃烧室内的燃烧，如可能会使燃烧区扩大或缩小，燃烧效率升高或降低。因此，研究烧嘴面积的变化对燃烧室内燃烧流场的影响，具有重要的意义。

2.3.3.1 模型与边界条件

A 几何模型

烧嘴结构尺寸保持以下原则：

（1）每排烧嘴个数为 17 个，两排共计 34 个；

（2）烧嘴与水平面夹角 45°；

（3）每个烧嘴出口面积在原烧嘴设计基础上缩小 15%；

（4）烧嘴面积缩小后，每个新烧嘴出口面积仍然大小一致。

燃烧器及燃烧室其他几何结构不变。网格划分方法与原则保持不变。

B 数学模型

采用以下几种数学模型：

（1）气相湍流流动：k-ε 双方程模型；

（2）燃烧模型：涡流耗散模型；

（3）辐射换热：P-1 模型。

C 边界条件

a 入口条件

入口包括煤气入口和助燃空气入口，在相应的位置设置煤气和助燃空气相关参数，包括煤气和空气的各组分质量分数及入口煤气流速，具体数值见表 2-7 和表 2-8。

b 出口条件

经过多次试验，烧嘴面积缩小后，为使烧嘴出口的速度与理论计算保持一致，出口边界条件设置的静压力向下微调为 104～105kPa。

c 壁面条件

壁面粗糙度设置为 0.008，壁面热导率非常小，处于微导热状态。

2.3.3.2 实验结果及分析

按照假设，对每个烧嘴以给定的比例缩小其喷口面积，经过喷口处的助燃空气速度必然增加。根据计算，在燃烧器空气入口流量不变的情况下，进入燃烧室的氧气量不会发生变化，以保证烧嘴面积缩小前后的燃烧室燃烧效果具有可比性。

以下为对仿真结果的分析。

A 燃烧时 O_2 在燃烧室内的分布

烧嘴面积改变前后，左右两排烧嘴助燃空气的平均速度见表 2-17。由表中数据可以看出，改变烧嘴面积提高了两侧平均速度，但左排烧嘴的平均速度仍然大于右排，两侧平均速度差异有所减小，这样的变化趋势有利于燃烧室两侧 O_2 量的平衡分布。

表 2-17 左右两排烧嘴出口处助燃空气的平均速度 （m/s）

项 目	烧嘴面积缩小前	烧嘴面积缩小后
左排烧嘴平均速度	30.0924	33.0331
右排烧嘴平均速度	29.7053	32.7236
左右两排烧嘴平均速度差	0.3871	0.3095

烧嘴面积缩小前后燃烧室 O_2 平均质量分数分布剖面图如图 2-61 所示。通过图 2-61 对比可以发现，烧嘴面积缩小后得到的燃烧室内 O_2 分布要均衡得多，O_2 浓度自燃烧室两侧向中心逐渐减小，且分布比较对称。由于流速增大，O_2 在燃烧室高度方向上分布区间相对较大（见图 2-62），结合图 2-62 分析：从两条曲线走势来看，随着燃烧的进行，O_2 质量分数一直减少，在燃烧室高度为 25m 左右均已经燃烧完毕，面积缩小的曲线比面积不变的曲线变化较为平缓，说明烧嘴面积缩小之后，发生大量燃烧的区域更加集中，在温度场中表现的状况可能是高温区的区域变小。

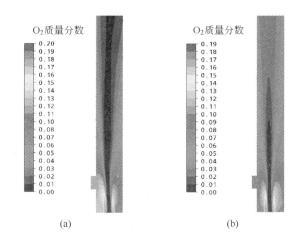

图 2-61 烧嘴面积缩小前后燃烧室 O_2 平均质量分数分布剖面图
(a) 缩小前；(b) 缩小后

燃烧室出口处 O_2 平均质量分数分布截面图（见图 2-63）也间接反映了烧嘴面积缩小后，氧气很均匀的在燃烧室内的分布，由于存在煤气出口速度的不均，

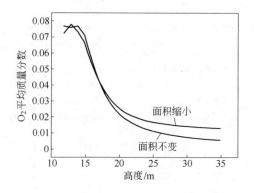

图 2-62 燃烧室高度方向上 O_2 平均质量分数分布曲线

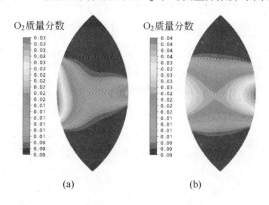

(a) (b)

图 2-63 烧嘴面积缩小前后燃烧室出口处 O_2 平均质量分数分布截面图

(a) 缩小前；(b) 缩小后

燃烧室左侧则需要更多的助燃空气，两者达到平衡后，在燃烧室出口 O_2 平均质量分数分布更加均匀，甚至未反应 O_2 集中的区域开始向右侧转移。

B 燃烧的速度场

烧嘴面积缩小前后速度场矢量剖面图如图 2-64 所示。

烧嘴面积缩小后，烧嘴出口处助燃空气流平均速度提高了约 3m/s，混合区最大速度也提高了 2m/s 左右，从燃烧室速度场矢量图 2-64 中可看出，助燃空气在高速喷射进入燃烧室后气流的偏移受煤气影响的程度变小，在两排烧嘴速度相差较小的情况下，速度场几乎不发生偏析，说明缩小烧嘴面积有利于改善燃烧室内速度场的偏析状况。

在燃烧室出口，速度较大的区域仍集中在燃烧室火井两端，中间区域速度小，即使烧嘴面积缩小，也没能改变这样的规律，反而由于面积的缩小降低了气流在燃烧室出口的平均速度（见图 2-65）。燃烧室出口两端速度和中心速度倍数仍然保持在 1.2 倍左右（见表 2-18），说明其出口速度均匀性较好。

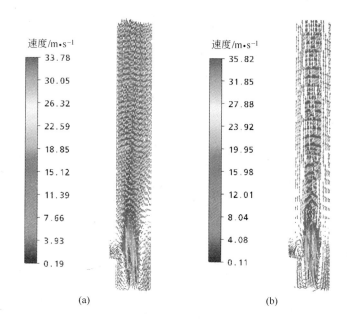

图 2-64 烧嘴面积缩小前后速度场矢量剖面图

（a）缩小前；（b）缩小后

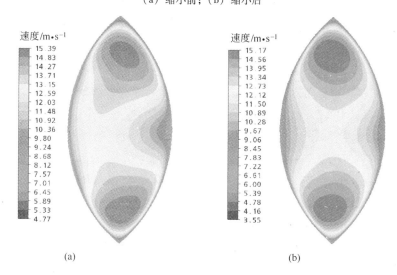

图 2-65 烧嘴面积缩小前后燃烧时出口速度场截面图

（a）缩小前；（b）缩小后

表 2-18 燃烧室出口两端速度和中心速度

烧 嘴 面 积	缩小前	缩小后
两端高速区平均速度/m·s⁻¹	14.52	14.15
中心低速区平均速度/m·s⁻¹	12.54	12.21

C   燃烧时 CO 在燃烧室内的分布

燃烧器烧嘴面积的变化在改变燃烧室内速度场的同时，也对燃烧室内 CO 分布产生一定的影响。图 2-66（a）为烧嘴面积改变前获得的 CO 分布情况，其有效火焰长度为 14.01m；图 2-66（b）为烧嘴面积改变后获得的 CO 分布，其有效火焰长度为 10.30m。很显然，烧嘴面积缩小后其有效火焰短得多，这是由于烧嘴面积减小直接导致烧嘴出口处助燃空气流速增大，能够更好地与煤气交叉混合，煤气流被打散的程度更高。在这种情况下，煤气更容易及时参与反应，CO 平均质量分数分布的最高点自然下移，即有效火焰变短。

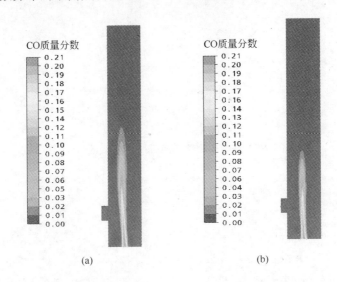

图 2-66   烧嘴面积缩小前后燃烧室 CO 平均质量分数分布剖面图
（a）缩小前；（b）缩小后

为了验证这个规律，同样沿燃烧室高度方向，从 11.85m 到 34.85m 每隔 1m 取一个横截面，计算出该横截面上 CO 平均质量分数，并绘制成曲线图（见图 2-67）。图 2-67 显示烧嘴面积缩小后，燃烧室各高度上 CO 平均质量分数均远低于烧嘴面积缩小前；燃烧室出口处的 CO 平均质量分数相差约 0.01。图 2-68 中出口截面上 CO 质量分数分布状况就能很好地反映这一现象。由此说明缩小烧嘴面积使得反应有助于提高燃烧效率。

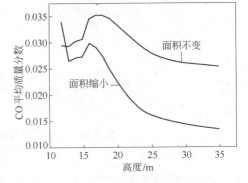

图 2-67   燃烧室 CO 平均质量分数分布曲线

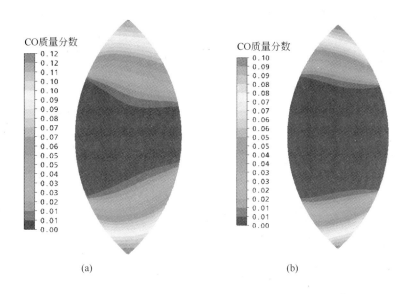

图 2-68　烧嘴面积缩小前后燃烧室出口处 CO 分布截面图
（a）缩小前；（b）缩小后

D　燃烧的温度场

烧嘴面积的减小对燃烧室的温度场也产生明显的影响。如图 2-69 所示，燃烧室内最高温度从 1732K 降低到 1655K，燃烧可见火焰从 9.34m 下移到 7.92m。

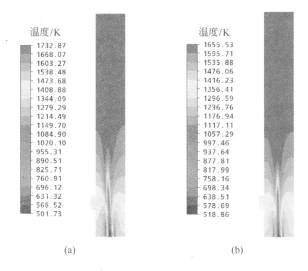

图 2-69　烧嘴面积缩小前后燃烧室内温度场剖面图
（a）缩小前；（b）缩小后

温度场的这种规律类似于 CO 质量分数分布，其根本原因是一致的：燃烧取决于煤气流与空气的接触反应，燃烧的可见火焰长度自然取决于煤气与空气的反应位置。烧嘴面积的减小导致 CO 分布最高端下移，那么剧烈燃烧反应区自然随之缩短，在宏观上就表现为可见火焰的缩短。

以同样的方法沿燃烧室高度方向，从 11.85m 到 34.85m 每隔 1m 取一个横截面，并计算出每个横截面上平均温度，再绘制成曲线（见图 2-70）。该温度曲线大致反映了烧嘴面积缩小前后燃烧室内温度场的变化趋势。两条曲线的位置差异表明，烧嘴面积的缩小导致温度在燃烧初期比面积缩小前低 10 ~ 20℃，燃烧后期温差逐渐拉大，至燃烧室出口平均温度相差达 50℃ 左右。

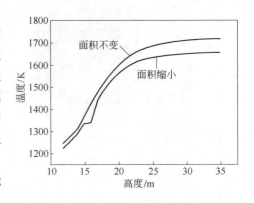

图 2-70　燃烧室内平均温度曲线图

结合燃烧室温度场及温度曲线所反映的规律，说明烧嘴面积减小将导致燃烧反应提前发生，高温区有所下移，但是却因为燃烧后流速较低而降低了燃烧温度。

从燃烧室出口温度分布图（见图 2-71）中可以看出，烧嘴面积缩小前后燃烧室出口的温度分布都比较均匀，最高温度与最低温度之差分别为 30℃ 和 20℃，这是由于烧嘴面积缩小后在燃烧后期燃烧室内气流速度比较低，气体间传热比较充分，因此在燃烧室出口处气体的温度变得更加均匀。

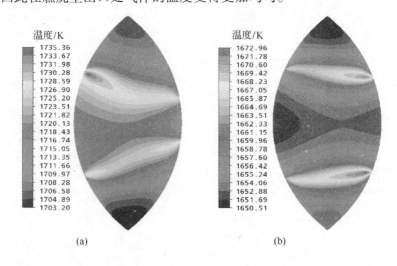

图 2-71　烧嘴面积缩小前后燃烧室出口温度场截面图

(a) 缩小前；(b) 缩小后

2.3.4 小结

针对仿真结果揭示的 2 号高炉热风炉不同燃烧器下燃烧室流场的状况，比较并分析了热风炉烧嘴在不同倾角、个数和面积条件下，燃烧室的温度场和流场分布的状况，取得如下的研究成果：

（1）通过模拟三种不同烧嘴倾角组合：1) $\alpha = 45°$ 和 $\beta = 45°$；2) $\alpha = 45°$ 和 $\beta = 50°$；3) $\alpha = 45°$ 和 $\beta = 55°$ 时燃烧室的燃烧流场，模拟结果表明：1) 随着 β 值的增大，速度场和温度场均逐渐向角度变大的一侧偏析；2) 当烧嘴倾角为 $\alpha = 45°$ 和 $\beta = 50°$ 时，燃烧室内燃烧速度场与温度场最佳；3) 三种不同倾角组合得到的燃烧室出口平均温度与 CO 质量分数均大致相同，说明仅仅改变烧嘴倾角对增加燃烧效率没有多大现实意义。

（2）在保持烧嘴出口总面积不变的情况下，通过增加烧嘴个数，模拟不同烧嘴个数（$N = 17$、$N = 19$、$N = 21$ 和 $N = 23$）时燃烧室内流场的改变，模拟结果表明：1) 当燃烧器单排烧嘴数量为 19 或 21 时燃烧室内速度场和温度场最佳；2) 烧嘴个数不是越多越好，不同的燃烧室必须配合有适量烧嘴个数的燃烧器。

（3）模拟烧嘴面积缩小 15% 后与未缩小前燃烧室内流场与温度场的状况，模拟结果表明：1) 能够使得射入燃烧室助燃空气流速增大，更加有效地打散煤气流；2) 在燃烧室底部，空气与煤气的混合更充分，并且有效改善燃烧室内速度场偏析问题；3) 燃烧时，燃烧的有效火焰和可见火焰长度缩短，更有利于燃烧室内燃烧区的燃烧；4) 燃烧的高温区温度降低，燃烧室出口最高温度和平均温度偏低。

2.4 高效格子砖仿真模拟

格子砖的参数对温度场的影响主要从耐火材料和格子砖的几何形状进行了模拟实验。几种主要耐火材料的基本参数见表 2-19 和表 2-20。

表 2-19 几种主要耐火材料的基本参数

参　数		密度 /g·cm^{-3}	摩尔质量 /g·mol^{-1}	比热容 /J·(kg·K)$^{-1}$	热导率 /W·(m·K)$^{-1}$
耐火材料	硅　砖	1.9	64	$794 + 0.251T$	$0.93 + 0.0007T$
	低蠕变高铝砖	2.5	89.25	$836.8 + 0.234T$	$1.51 - 0.00019T$
	高密度黏土砖	2.07	77.46	$836.8 + 0.263T$	$0.84 + 0.00052T$

表 2-20 600K 时几种主要耐火材料的基本参数

参　数		比热容/J·(kg·K)$^{-1}$		热导率/W·(m·K)$^{-1}$	
		1200K	600K	1200K	600K
耐火材料	高密度黏土砖	1047.2	994.6	1.256	1.152
	低蠕变高铝砖	1024	977.2	1.358	1.396
	硅　砖	994.8	944.6	1.49	1.35
	镁铝尖晶石	1122.303	1064.503	5.51	6.48

2.4.1 格子砖仿真研究

2.4.1.1 格子砖模拟参数设定

A 气体性质

a 不同温度下烟气的物理性质

按照高度方向可将烟气温度变化大致分高温区、中温区和低温区，烟气的温度范围分别为1200℃、900℃、600℃左右，这三个重要的温度区间是模拟实验进行的基础。温度的不同决定了耐火材料的选择和内部的流动状态。不同温度下烟气的物理性质见表2-21。

表 2-21 不同温度下烟气的物理性质

温度/℃	密度 ρ/kg·m^{-3}	气体动力黏度 ν/m^2·s^{-1}
600	0.405	93.61 × 10^{-6}
900	0.301	152.5 × 10^{-6}
1200	0.240	221.0 × 10^{-6}

b 不同烟气速度下阻力损失计算

烟气在进入格子砖前的速度在 8 ~ 16m/s 之间，烟气速度微小的变化能够带来在格孔内的很大改变。正是这种差别影响蓄热室的热效率、温度、出口烟气温度、蓄热时间等许多因素。当烟气速度的变化分别为 8m/s、10m/s、12m/s、14m/s、16m/s，在不同格孔内速度有相应的变化。由于速度变化的影响，必将带来不同砖型孔内压降的变化。

首先计算速度和压力降。

当气体温度为 900℃ 时，$\rho = 0.301$kg/m^3，$\nu = 152.5 \times 10^{-6}$ m^2/s，应用式 (2-64) 计算[32]：

$$\Delta p = \lambda \frac{L}{d} \frac{\rho v^2}{2} \tag{2-64}$$

式中 λ——摩擦系数；

L——管道长度，m；

d——管道直径，m。

对式 (2-64) 进行求解，计算结果见表 2-22 ~ 表 2-25。

表 2-22 五孔格子砖参数

总速度/m·s^{-1}	进入格子砖速度/m·s^{-1}	格子砖压力降/Pa	出口压力/kPa
8	18.433	117	3.883
10	23.04	173	3.827
12	27.649	238	3.762
14	32.258	312	3.688
16	36.866	394	3.606

表 2-23 七孔格子砖参数

总速度/m·s⁻¹	进入格子砖速度/m·s⁻¹	格子砖压力降/Pa	出口压力/kPa
8	26.578	97	3.903
10	33.22	143	3.857
12	39.86	197	3.803
14	46.51	258	3.742
16	53.156	344	3.656

表 2-24 某企业七孔格子砖参数

总速度/m·s⁻¹	进入格子砖速度/m·s⁻¹	格子砖压力降/Pa	出口压力/kPa
8	19.55	98	3.902
10	24.43	144	3.854
12	29.318	199	3.801
14	34.205	261	3.739
16	39.091	330	3.670

表 2-25 梅花形格子砖参数

总速度/m·s⁻¹	进入格子砖速度/m·s⁻¹	格子砖压力降/Pa	出口压力/kPa
8	20	172	3.828
10	25	254	3.756
12	30	349	3.608
14	35	457	3.543
16	40	578	3.422

可以看出,速度的变化带来格孔内压力降的变化,在进行每组实验时需对边界条件进行重新设置以保证模拟准确性。

B 气体成分假设

1 号和 2 号高炉分别采用焦炉和高炉煤气作为热风炉的燃气,焦炉煤气和高炉煤气最大的区别在于热值差别大,焦炉煤气热值在 16744kJ 以上,高炉在 3400kJ 左右,前者为高热值煤气,后者为低热值煤气。采用不同的煤气燃烧,对热风炉拱顶温度和热风温度的影响是很大的。

气体的成分对于气体蓄热效率有一定影响。烟气的成分主要有 CO、CO_2、N_2、H_2 等,其蓄热性能主要以 CO_2 为主要影响因素。以前没有针对气体成分的变化对蓄热影响的相关研究,由于热风炉用于燃烧的气体可以是焦炉煤气,也可以是高炉煤气,其区别在于 CO 和 N_2 含量不同,因此气体成分对蓄热效率的影响因素主要是 CO 和 N_2 含量。

高发热值和低发热值煤气的主要区别在于 CO 含量，一般来讲，低发热值煤气 CO 含量在 23%～28% 之间，其热值在 3000kJ 以下。高低发热值煤气成分以及空气主要成分见表 2-26～表 2-28。

表 2-26　低发热值煤气主要成分（高炉煤气）

成　分	CO	CO_2	N_2	H_2	CH_4
体积分数/%	23.8	24.1	48.2	3.5	0.4

表 2-27　高发热值煤气主要成分（焦炉煤气）

成　分	CO	CO_2	N_2	H_2	CH_4
体积分数/%	28.8	24.1	43.2	3.5	0.4

表 2-28　空气主要成分

成　分	O_2	CO_2	N_2
体积分数/%	20.93	0.03	79.04

对于低发热值煤气，其 CO 全部反应，O_2 有少量剩余，在空燃比为 0.65 的情况下计算烟气的质量分数（见表 2-29 和表 2-30）。

表 2-29　低发热值煤气燃烧后的烟气成分

成　分	O_2	CO_2	N_2	H_2O
质量分数/%	0.00004	0.428	0.5616	0.01036

表 2-30　高发热值煤气燃烧后的烟气成分

成　分	O_2	CO_2	N_2	H_2O	CO
质量分数/%	0.00004	0.4501	0.5305	0.01036	0.009

通过上述比较可以发现，高发热值煤气和低发热值煤气燃烧后的最大区别体现在 CO_2 含量上，高低发热值的烟气 CO_2 含量仅相差 0.03%，这对于气体组分的变化是微小的，没有烟气速度的改变明显。但对于 2 号高炉热风炉的高达 30 多米的蓄热室而言，模拟高度不到 1/40，那么烟气成分带来的变化可能引起比较明显的影响。取 CO_2 质量分数分别为 0.42%、0.45%、0.47%、0.50%、0.53% 时，观察其对蓄热室的温度场等因素的影响。

2.4.1.2　仿真模型的建立

格子砖的基本尺寸如活面积和格孔直径以文献和某企业资料为标准。考虑到实际模型的复杂性，将不同形状的格子砖等效成有圆孔通道和六边形的格子砖蓄热体，并建立了较短的单孔模型通道。模型选择了四种不同形状的格子砖：五孔格子砖、七孔格子砖、某企业七孔格子砖和梅花形格子砖。对于仿真模拟最重要的就是比较的准确性，试验基于压降相等条件下建立几何模型。

首先以七孔格子砖的2m长度为标准，利用式（2-64）计算出压力降，再计算出不同形状格子砖的几何尺寸和基本参数（见表2-31）。

表2-31 格子砖孔径的几何参数

砖 型	孔径/m	活面积/m² · m⁻²	高度/m
五孔格子砖	0.0583	0.434	3.8738
七孔格子砖	0.0430	0.4093	2.0
某企业七孔格子砖	0.0300	0.301	0.7347
梅花形格子砖	0.0420（弧形圆）	0.40	1.8806

按照表2-31建立的几何模型，列举了某企业七孔格子砖和梅花形格子砖的模型（见图2-72和图2-73）。

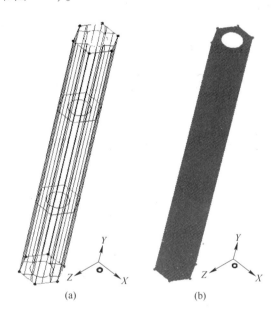

(a)　　　　　　　　　(b)

图2-72 某企业七孔格子砖的几何模型

（a）网络示意图；（b）实体图

五孔格子砖、七孔格子砖和该企业七孔格子砖比较常见。而且该企业七孔格子砖与十七孔格子砖的尺寸比较相似。而梅花形格子砖则是对格子砖形状做了较大的改变，其特征在于：该格子砖的格孔横断面有12条圆弧组成的梅花形格孔，相邻格孔的邻边相互对应，并向各自格孔中心凸出，其余各边向外凸出，向内向外依次相间，圆弧首位相连组成梅花形格孔。

实验取蓄热室的一段格子砖，比较不同的格子砖物性参数，不同耐火材料和不同温度下的蓄热情况。采用CFX11.0进行计算，除了梅花形格子砖、五孔、

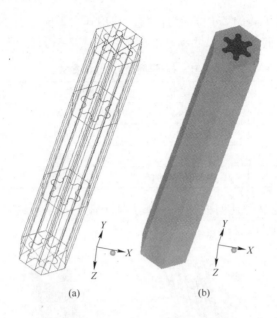

图 2-73　某企业梅花形格子砖的几何模型
(a) 网格示意图；(b) 实体图

七孔和该企业七孔格子砖均采用六面体的网格划分形式，网格质量达到 0.6 以上，网格数量在 10 万左右；梅花形格子砖采用四面体的网格形式，网格质量均达到 0.35 以上。瞬态模拟的时间为 5min，时间步长为 0.5s，计算进行了 600 步，时间约为 4h，四面体的梅花形计算时间较长，为 12h。最大残差均为 10^{-4}，而实际收敛非常好，均能够达到 10^{-5} 以下。

比较四面体网格和六面体网格如图 2-74 所示。

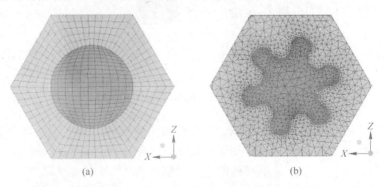

图 2-74　四面体和六面体网格对比图
(a) 四面体网格；(b) 六面体网格

从图 2-74 中可以看出，六面体网格质量比较高，而且形状规则整齐。六面体主要用影射的思路，通过划分块将模型切成不同的模块，然后用点线关联的思路使对应点线关联，目的是使块中的边界最大程度地和模型中的线接近。但对于梅花形格子砖，由于内部格孔的曲线形式特别复杂，不便于划分块和影射，尤其在影射时节点交错，使六面体网格的质量非常低。四面体网格是软件自动进行网格划分的，对梅花形这类不规则图形应用此种网格形式，但对其交界面处的曲线应将网格尺寸设置得小一些，使网格过渡均匀，整体质量较高。

对于格子砖蓄热模型，流体的烟气与固体的格子砖的换热假设为：图形中灰色部分为固体域，黑色部分为流体域。流体域的温度高，界面的传热类型为流体向固体的传热。在前处理设置中交界面类型设为流体固体类型。

图 2-75 为某企业七孔格子砖和梅花形格子砖的网格实体图。其中，该企业七孔格子砖节点数为 139200，四边形个数为 22660，六面体个数为 132924。

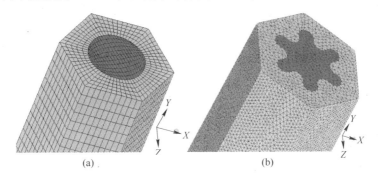

图 2-75　某企业七孔格子砖和梅花形格子砖的网格实体图
（a）七孔格子砖；（b）梅花形格子砖

图 2-75 对比了整体格子砖用六面体网格划分和四面体网格划分的效果，六面体网格利用规则的几何体进行几何模型的划分，不论是从图形效果上，还是从计算结果上都优于四面体网格。

图 2-76 所示为 CFX 的前处理界面，边界条件中要设置入口条件和出口条件，图中用白色箭头表示入口，用黑色箭头表示出口，并且在出口处设置有监控点，方便用户实时观测出口速度、温度、压力等参数的变化情况，也可以通过监控点的变化来找出设置的错误并进行调整。创建材料点 cherker 和 gas，物性参数对温度场的影响中只需对不同材料点的参数加以设置，其他条件基本不变。固气之间的传热选用 $k\text{-}\varepsilon$ 模型，气体辐射选用 P-1 模型。实验中初始条件设置的是入口速度和出口压力，这是比较稳固的初始条件设置。

图 2-76 所示的 CFX 的运行求解界面中，求解器（CFX Solver）的核心是数值求解方案，CFX 应用了有限体积法进行求解，其余有限差分法的求解过程大致相同，主要包括以下步骤：

（1）简单函数来近似待求的流动变量；

（2）将该近似的关系式带入连续型的控制方程中，形成离散方程组；

（3）求解代数方程组。

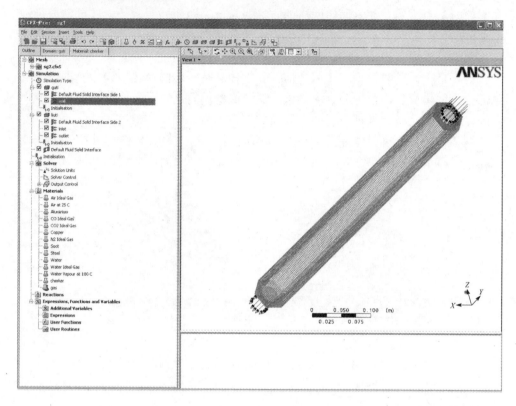

图 2-76　CFX 前处理界面

courant number 是指时间步长和空间步长的相对关系，系统自动减小 courant number。用 courant number 来调节计算的稳定性与收敛性。一般来说，随着 courant number 的从小到大的变化，收敛速度逐渐加快，但是稳定性逐渐降低，所以具体的问题是在计算的过程中，最好把 courant number 从小开始设置，观察迭代残差的收敛情况，如果收敛速度较慢而且比较稳定，可以适当地增加 courant number 的大小。与 CFX 不同的是，用户在使用 fluent 软件时，可以根据自己的具体问题，找出一个比较合适的 courant number，使收敛速度足够快，而且能保持它的稳定性。

每一步的迭代都会与上一步进行比较，用上一步的迭代结果做除数计算出一个 rate，当最后的计算达到收敛并且稳定时，这个 rate 为 1，同时最大残差在 10^{-4} 以下，残差越小说明计算越准确，即计算结果与实际结果越接近。通过图 2-77可以看到求解界面中的收敛情况。

图 2-77 和图 2-78 所示分别为 CFX 的求解器界面和后处理界面，后处理的目的是有效地观察和分析流动计算结果。随着计算机的图形处理功能的提高，CFD软件均配备了后处理器，提供了很多完备的后处理功能，其中包括计算域的几何模型及网格显示。从图 2-78 中可以看到格子砖的几何模型，用黑色的实线表示。通常用矢量图来表示速度场的大小、偏析等；等值线图和填充型的等值线图（云图）。

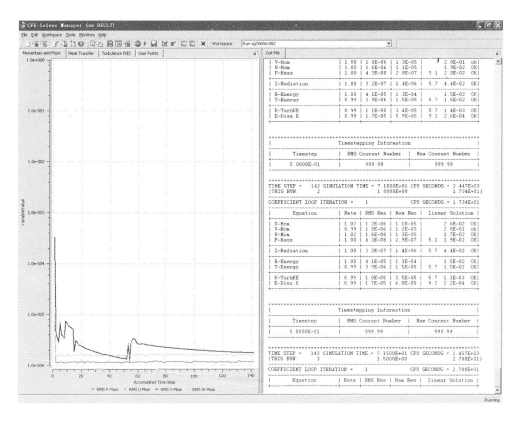

图 2-77　CFX 求解器界面

2.4.1.3　边界条件和初始条件

边界条件和初始条件是模拟中重要的部分，只有准确地输入条件才能得到精确的结果。边界条件包括入口条件、出口条件、壁面条件的设置。初始条件给定初场的压力等条件。仿真研究分为格子砖参数和烟气性质的研究两部分，下面分别介绍它们的边界条件。

A　格子砖参数仿真实验

a　入口条件

设定气体燃烧后进入蓄热室的速度均为 12m/s，但是由于不同砖型的活面积

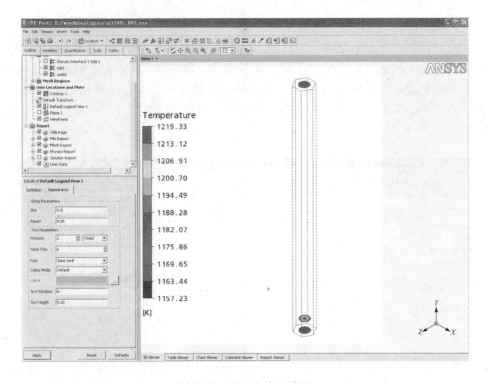

图 2-78   CFX 后处理界面

不同而使速度各不相同，速度大小与活面积成反比。不同砖型的格子砖的等效速度见表 2-32。

表 2-32   不同砖型的格子砖的等效速度

砖　型	五孔格子砖	七孔格子砖	某企业七孔格子砖	梅花形格子砖
速度/m·s^{-1}	27.6498	29.3183	39.8671	30

b　出口条件

出口条件为计算的压力降。对于本组实验，压力降约为 97Pa。

B　烟气性质的影响实验

a　入口条件

不同温度下烟气的速度见表 2-33。

表 2-33   不同温度下烟气的速度　　　　　　　（m/s）

砖　型	1200℃入口平均速度	900℃入口平均速度	600℃入口平均速度
五孔格子砖	27	22	17
七孔格子砖	29.3	23.36	17.36
某企业七孔格子砖	39.8	31.7	23.58
梅花形格子砖	30	23.9	17.78

当气体温度为1200℃时，$v = 27\text{m/s}$，$\rho = 0.24\text{kg/m}^3$，$\nu = 221.0 \times 10^{-6}\text{m}^2/\text{s}$，计算出雷诺数：

$$Re = \frac{vd}{\nu} = \frac{27 \times 0.043}{221 \times 10^{-6}} = 5253.39 \qquad (2\text{-}65)$$

$$\Delta p = \lambda \frac{L}{d} \frac{\rho v^2}{2} = \frac{0.316}{Re^{0.25}} \times \frac{2}{0.043} \times \frac{0.24 \times 27^2}{2} = 151\text{Pa} \qquad (2\text{-}66)$$

若 Δp 相等，可知以七孔格子砖为标准，其他砖型格子砖的长度为：

$$L = \frac{(d/d_7)^{1.25}}{(v/v_7)^{1.75}} L_7$$

所以，$L_5 = 3.8738\text{m}$；$L_{sg} = 0.7347\text{m}$；$L_f = 1.8806\text{m}$。

当气体温度为900℃时，$v = 22\text{m/s}$，$\rho = 0.301\text{kg/m}^3$，$\nu = 152 \times 10^{-6}\text{m}^2/\text{s}$，雷诺数为：

$$Re = \frac{vd}{\nu} = \frac{22 \times 0.043}{152 \times 10^{-6}} = 6223.68 \qquad (2\text{-}67)$$

$$\Delta p = \lambda \frac{L}{d} \frac{\rho v^2}{2} = \frac{0.316}{Re^{0.25}} \times \frac{2}{0.043} \times \frac{0.301 \times 22^2}{2} = 120.54\text{Pa} \qquad (2\text{-}68)$$

同理得：$L_5 = 3.457\text{m}$；$L_{sg} = 0.7410\text{m}$；$L_f = 1.7966\text{m}$。

气体温度为600℃时，$v = 17\text{m/s}$，$\rho = 0.405\text{kg/m}^3$，$\nu = 93.61 \times 10^{-6}\text{m}^2/\text{s}$，雷诺数为：

$$Re = \frac{vd}{\nu} = \frac{17 \times 0.043}{93.61 \times 10^{-6}} = 7808.99 \qquad (2\text{-}69)$$

$$\Delta p = \lambda \frac{L}{d} \frac{\rho v^2}{2} = \frac{0.316}{Re^{0.25}} \times \frac{2}{0.043} \times \frac{0.405 \times 17^2}{2} = 91.5\text{Pa} \qquad (2\text{-}70)$$

同理得：$L_5 = 3.253\text{m}$；$L_{sg} = 0.7513\text{m}$；$L_f = 1.8459\text{m}$。

可以近似地认为，当烟气的速度改变时，按照原有模型长度，其压力降变化不大，可使用原有模型。

b　出口条件

出口压力降约为97Pa。

c　初始条件

初始条件主要是对所求解的场量指定初值，初值越好，收敛越快。计算经过多次模拟，根据现场经验数据，并参考压力降的计算，设定初始压力 $4 \times 10^5\text{Pa}$ 和初始平均温度800K。各场量平均残差 RMS 设置不大于 10^{-4}，以保证各变量收敛计算精度。

C　换热系数的计算

气体和格子砖的换热属于第三类边界条件，应用式（2-71）进行求解：

$$-\lambda \frac{\partial t}{\partial n}\bigg|_w = \alpha(t|_w - t_f) \tag{2-71}$$

通常情况下，已知周围物理温度即格子砖温度 t_f 和边界与周围的对流换热系数 α，但是在边界面上的温度梯度 $\frac{\partial t}{\partial n}\bigg|_w$ 和 $t\bigg|_w$ 都是未知的。通过式（2-71）很难求出换热系数。通过分析传热模型，在格子砖内建立如下的模型：

烟气减少的热量 = 烟气与格子砖之间的换热 + 对外界环境的散热

设壁面为绝热条件，所以忽略了对外界环境的散热。根据热量平衡原理，通过烟气期间，气体在 $d\theta$ 时间内通过 dH 的网格时，其表达式为：

$$W_g c_g \Delta T_g d\theta = \alpha A(\overline{T}_g - \overline{T})d\theta + Q d\theta \tag{2-72}$$

式中　W_g——烟气的质量流量，kg/s；

　　　c_g——烟气的比热容，可根据经验公式计算，J/(kg·℃)；

　　　ΔT——烟气温度的变化，℃；

　　　α——烟气与格子砖间的集总换热系数，J/(m²·℃)；

　　　A——格子砖的换热面积，m²；

　　　$\overline{T}$——格子砖的平均温度；

　　　$\overline{T}_g$——烟气的平均温度。

烟气与格子砖的换热等于格子砖温度升高所吸收的热量：

$$\alpha A(\overline{T}_g - \overline{T})d\theta = M_s c_s \frac{\partial t_s}{\partial \theta}d\theta \tag{2-73}$$

式中　M_s——该网格中格子砖的质量，kg；

　　　c_s——格子砖的比热容，J/(kg·℃)。

对于烟气和格子之间的热交换需要考虑传热，对流换热和热辐射等多种热传递方式，对于总换热系数计算非常复杂，可将此系数的公式概括如下：

$$\alpha = \alpha_1 + \alpha_2 \tag{2-74}$$

式中　α_1——格子砖和烟气的对流换热系数；

　　　α_2——烟气的辐射换热系数。

1930 年，迪突斯和贝尔特用式（2-75）表示了圆管中的湍流热交换数据：

$$Nu = 0.023 Re^{0.8} Pr^b \tag{2-75}$$

式中　Nu，Re，Pr——分别为努塞尔特数、雷诺数和普朗特数。

式（2-75）适用于 $Re > 10000$，Pr 在 $0.7 \sim 16700$ 之间、$L/d > 60$ 的情况。加热时 $b = 0.4$，冷却时 $b = 0.3$。现在通常应用如下经验公式：

湍流：　　　　$\alpha_1 = 0.086 C \omega_0^{0.8} d^{-0.333}(T + 273)^{0.25}$ $\tag{2-76}$

层流：$\qquad \alpha_1 = C(1.116 + 0.244\omega_0 d^{-0.6})(T + 273)^{0.25}$ $\qquad$ (2-77)

式中 $\quad \omega_0$ ——标准状态下蓄热室孔道中的气体流速，m/s；

$\qquad C$ ——格子砖表面的粗糙度系数。

如果气流在蓄热室内处于雷诺数为 220～10000 范围的过渡状态，层流和湍流的对流换热系数可用内插法求得。

波姆和基斯特分别研究了单独通道的圆孔和方孔的对流换热系数，波姆公式如下：

层流：$\qquad \alpha_1 = (1.123 + 0.283\omega_0 d_s^{-0.4})(T + 273)^{0.25}$ $\qquad$ (2-78)

湍流：$\qquad \alpha_1 = 0.687\omega_0^{0.8} d_s^{-0.333}(T + 273)^{0.25}$ $\qquad$ (2-79)

基斯特公式如下：

$$\alpha_1 = 16.38\omega_0^{0.5} d_s^{-0.333} \qquad (2-80)$$

在这些计算中，基斯特的计算值大大高于其他研究者提出的公式。波姆公式更准确些，但是在计算中应增加表面粗糙度系数。

气体的辐射主要来源于双原子分子 CO_2、H_2O 等，CO 虽然也是双原子气体，但仅具有一定的辐射能力。其他单原子分子如 N_2、O_2、H_2 以及空气的辐射能力非常小，可以忽略不计。

实际计算式以玻耳兹曼定律为基础，仍以绝对温度四次方的规律运算。因此，CO_2 和水蒸气的黑度可写成：

$$\varepsilon_{CO_2} = \frac{4.07\sqrt[3]{p_{CO_2}L}}{C_0\left(\frac{T + 273}{100}\right)^{0.5}} \qquad (2-81)$$

$$\varepsilon_{H_2O} = \frac{40.7 p_{H_2O}^{0.8} L^{0.6}}{C_0\left(\frac{T + 273}{100}\right)} \qquad (2-82)$$

式中 $\quad \varepsilon_{CO_2}$，ε_{H_2O} ——分别为烟气中二氧化碳和水蒸气的黑度；

$\qquad C_0$ ——黑体辐射系数，等于 $5.669 W/(m \cdot K^2)^2$；

$\qquad p_{CO_2}$，p_{H_2O} ——分别为烟气中二氧化碳和水蒸气的分压，atm，$1atm = 1 \times 10^5 Pa$；

$\qquad L$ ——烟气的平均射线行程，m。

烟气中气体的黑度可以表示为：

$$\varepsilon = \varepsilon_{H_2O} + \varepsilon_{CO_2} \qquad (2-83)$$

气体与固体之间的辐射热交换量的计算公式：

$$q = \varepsilon_s C_0\left[\varepsilon\left(\frac{T + 273}{100}\right)^4 - A\left(\frac{t + 273}{100}\right)^4\right] \qquad (2-84)$$

式中　q——烟气向格子砖的辐射热流，$J/(s \cdot m^2)$；

　　ε_s——格子砖表面的有效黑度，通常取 0.8；

　　ε——烟气的黑度，为烟气中二氧化碳和水蒸气的黑度之和；

　　A——烟气的吸收率，为二氧化碳和水蒸气的吸收率之和。

用对流的表达形式得到辐射换热系数为：

$$\alpha_2 = \frac{q}{T_g - T} \tag{2-85}$$

通过计算可得在 33m 高度壁面上的换热系数，见表 2-34 ~ 表 2-36。

表 2-34　1200℃时不同砖型的换热系数　　　$(J/(m^2 \cdot ℃))$

砖　型	换 热 系 数			
	材料 1	材料 2	材料 3	材料 4
某企业七孔格子砖	219.0175	215.5332	210.9507	201.7987
七孔格子砖	168.99293	167.6943	165.4443	159.9482
梅花形格子砖	147.21632	145.3447	148.9147	138.3966
五孔格子砖	122.37118	121.446	116.1114	116.1114

表 2-35　900℃时不同砖型的换热系数　　　$(J/(m^2 \cdot ℃))$

砖　型	换 热 系 数			
	材料 1	材料 2	材料 3	材料 4
某企业七孔格子砖	178.06671	177.4902	173.9375	169.1602
七孔格子砖	139.29849	138.2025	136.7392	133.9957
梅花形格子砖	119.9891	119.4352	118.4345	116.0307
五孔格子砖	98.691311	98.25885	97.48026	95.54423

表 2-36　600℃时不同砖型的换热系数　　　$(J/(m^2 \cdot ℃))$

砖　型	换 热 系 数			
	材料 1	材料 2	材料 3	材料 4
某企业七孔格子砖	126.85858	125.5886	123.58	120.2937
七孔格子砖	99.324928	98.17033	97.33027	95.45365
梅花形格子砖	85.682839	85.30923	84.47921	82.7383
五孔格子砖	70.385614	70.20564	69.41216	68.15607

对计算出的不同格子砖在相同位置的换热系数进行比较，可以发现格子砖格孔越小的，气体的换热系数越大。换热系数在相同材料下的比较与气体的流速相

关性最大，由于该企业七孔格子砖在相同初始速度下的格孔速度最大，因而此种砖型在相同条件下的换热系数最大。

2.4.1.4 小结

（1）介绍了耐火材料的选择及常用的五孔格子砖、七孔格子砖以及某企业七孔格子砖和异型梅花形格子砖的基本参数，为整个模拟计算的固体域求解提供了精确的理论支持。

（2）以七孔格子砖 1m 模型的压力降为标准，计算了在相同压力降下其他砖型格子砖的高度，为整个模拟实验模型尺寸的确立以及初始条件的计算做了重要的基础工作。建立了仿真模型，选择了合适的数学模型、精确的边界条件和初始条件，为仿真工作的顺利进行做重要的理论和数据支持。

（3）对不同砖型格子砖的相同位置计算了换热系数。结果表明：在相同条件下，孔径越小的格子砖，速度越大，换热系数也越大。

2.4.2 格子砖的参数对温度场的影响

格子砖的物理参数和几何参数都是影响蓄热室温度场的重要因素。讨论了四种不同的格子砖材料：硅砖、高铝砖、黏土砖和镁铝尖晶石对温度场的影响，比较了蓄热效率的差别。同时仿真模拟五孔格子砖、七孔格子砖、某企业七孔格子砖以及异型梅花形格子砖的温度场。

2.4.2.1 物性参数（材料）对温度场的影响及分析

取 0.7m 为基准，截取格子砖剖面图，其整体温度场云图如图 2-79 所示。每一组云图都比较了相同条件下不同材料的温度场云图，从左至右的材料依次为高铝砖、黏土砖、尖晶石砖和硅砖。

图 2-79 为烟气温度为 1200℃时五孔格子砖的整体温度场云图。若观察整体温度场的变化，可以发现除尖晶石材料的烟气温度场偏低外，整体的温度场由左

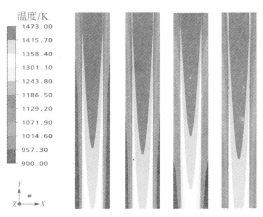

图 2-79　五孔格子砖不同材料下的 1200℃ 温度场云图

至右逐渐升高。这也反映了耐火材料蓄热量从高铝砖到黏土砖、尖晶石砖、硅砖不断升高的规律。图 2-79 直观地反映了不同材料格子砖的温度场情况，取格子砖的截面平均速度绘制如下几组数据。

图 2-80 所示为五孔格子砖在 1200℃ 的平均温度曲线，与图 2-81 所示的整体温度场变化是一致的，虽然截取了在相同高度上有代表性的几个截面，但是格子砖整体温度场的连续性，七条曲线可以看做是 0.7m 的高度上的格子砖温度的平均变化。其中，硅砖的整体温度较高，高铝砖和尖晶石砖的温度最低，平均温度相差 60~70℃。图 2-80 反映了对于同种形状的格子砖，在初始条件相同的情况下，相同高度上，烟气的温度越低，即蓄热量越大，蓄热量对应的格子砖温度就越高；但是对于不同材料来说，即便蓄热量大，在温度上的反映却是有差别的。从图 2-81 还可以看出：硅砖的烟气温度降虽然小，但是反映在格子砖上的温度却是最高的；尖晶石的烟气温度最低，温度降最大，蓄热量最多，但是左侧的格子砖的温度却是最低的。这种差别是由材料的热导率和热容综合作用下的材料的蓄热能力造成的。引入蓄热系数这个物理量 b，综合地反映物质的蓄热能力，也是个物性参数，其计算公式如下：

$$b = \sqrt{\lambda c \rho} \tag{2-86}$$

式中　b——蓄热系数，$J/(m^2 \cdot ℃ \cdot s^{1/2})$；

　　　λ——材料的热导率；

　　　ρ——密度，kg/m^3。

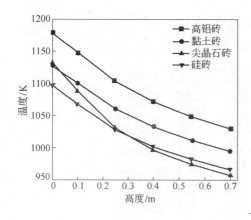

图 2-80　五孔格子砖在 1200℃
平均温度曲线

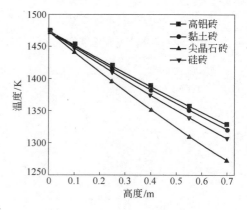

图 2-81　五孔格子砖在不同
材料下的烟气温度

不同材料的蓄热系数见表 2-37。表 2-37 说明蓄热系数与格子砖的温度成反比关系，即蓄热系数越大，平均温度越小，温度上升缓慢，整体温度较均匀。而蓄热系数与流体温降成正比关系。格子砖的平均温度与材料的蓄热系数大小成反比关系。

表2-37 不同材料的蓄热系数

砖 型	温度/℃	热导率/J·(kg·K)$^{-1}$	密度/kg·m^{-3}	热容/W·(m·K)$^{-1}$	b
高铝砖	527	1.41	2650	960.1	1894.05
黏土砖	527	1.14	2150	975.4	1546.19
镁铝尖晶石砖	527	5.23	2800	1050.3	3921.81
硅 砖	527	1.29	1900	926.3	1506.77

七孔格子砖不同材料下的1200℃温度场云图如图2-82所示。

图2-82表明七孔格子砖的温度场随材料的变化趋势与五孔格子砖是完全一致的。

梅花形格子砖如果用六面体网格进行划分计算难度很大，应采用四面体的网格划分形式，其1200℃温度场云图如图2-83所示。在图形的后处理显示上，四面体计算的图形出现了一定的缺陷，反映在图2-84中，其边角部分没有六面体网格规整，这是由软件本身的缺陷造成的。对于一些复杂的图形，当用六面体网格难以解决的时候，四面体网格是直接、有效的方式。相比四面体网

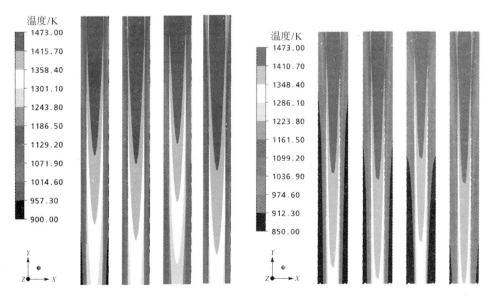

图2-82 七孔格子砖不同材料下的
1200℃温度场云图

图2-83 梅花形格子砖不同材料下的
1200℃温度场云图

格，六面体网格划分后的模拟计算速度收敛快，后处理视图效果好。但是应用四面体网格进行计算，也同样能够得到准确的计算结果，不影响对整个温度场的比较和分析。

尖晶石材料的蓄热系数最大，蓄热性能最好，在温度场云图上有明显的区别（见图 2-85）。

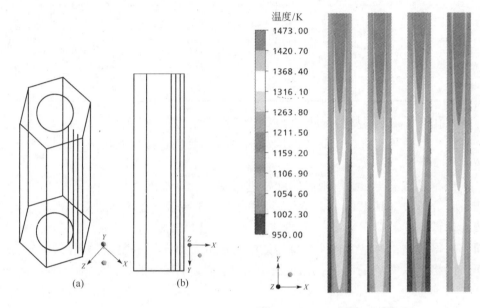

图 2-84　某企业七孔格子砖蓄热曲线
（a）曲线的实体图；（b）Z 轴方向的曲线视图

图 2-85　某企业不同材质七孔格子砖的
1200℃温度场云图

五孔格子砖不同材料下 0.7m 截面上的流体温度见表 2-38。

表 2-38　五孔格子砖不同材料下 0.7m 截面上的流体温度

材　料	高铝砖	黏土砖	硅　砖	镁铝尖晶石砖
相同截面温度/K	1306.5	1319.95	1328.15	1272.4

表 2-38 显示对应于图 2-86 的流体温度变化。对于尖晶石材料，其 0.7m 高度的温降为 201℃、高铝砖材料的为 167℃、黏土砖材料的为 153℃，硅砖的温降最小，为 145℃。尖晶石材料的蓄热量比高铝砖高 20%，比黏土砖高 30%，比硅砖高 39%。在格子砖的高温区，硅砖是普遍应用的一种材料，它在高温下有良好的热工性能，但由其蓄热系数反映出的材料的蓄热能力却不是很理想。除尖晶石外的其他材料虽然蓄热能力好，但是高温下的抗蠕变性能不好。尖晶石是很有潜力的新型复合耐火材料，对于热风炉耐火材料的突破性发展有着重要意义。

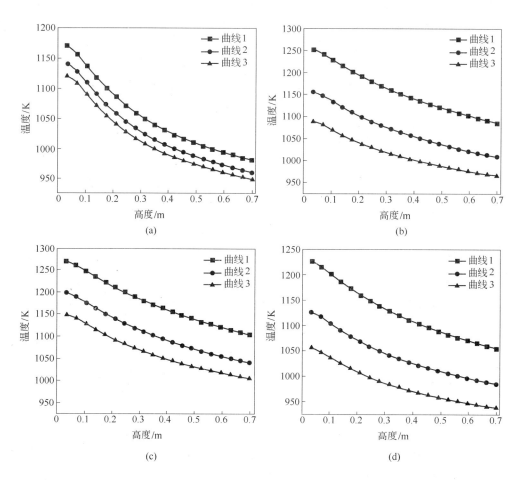

图 2-86　五孔格子砖在不同材料下的壁面及内部温度曲线
（a）硅砖；（b）高铝砖；（c）尖晶石砖；（d）黏土砖

2.4.2.2　格子砖蓄热曲线

对于格子砖的温度变化，蓄热的快慢以及格子砖壁面和内部的蓄热情况，尤其壁面的温度场也同样影响耐火材料的选择，因为格子砖表面最容易受到侵蚀。按照图 2-84 所示的位置取壁面及格子砖内部的三条曲线，曲线之间的间隔为 0.05m，以某企业七孔格子砖为例（见图 2-84）。

依次命名壁面的曲线，内部的三条曲线为曲线 1、曲线 2 和曲线 3。还是同样以相同的 0.7m 的高度上截取了 20 个点，表示不同的温度变化情况。由于各个砖型的温度趋势相同，这里以五孔格子砖为例。

通过相同砖型的格子砖在不同材料下蓄热能力的比较（见图 2-86），可以发现尖晶石的整体温度偏低，可它的三条温度曲线温度差最小，这说明尖晶石材料的蓄热是非常均匀的。硅砖的温度最高，但是三条曲线的温度差异也很大。硅砖是目前主流的耐火材料，其高温下的体积稳定性、线膨胀率和抗蠕变性能都很好，温差最大在0.05m内温差110℃，而尖晶石的0.05m的温差基本在30℃左右。然而，即便是硅砖有好的高温性能，耐火材料在长期高温下的形变也会大大降低其使用寿命。尖晶石有着良好的高温性能，加之本身热导率大，可以使传热均匀在相同条件下节省了耐火材料而延长热风炉的寿命。尖晶石材料的格子砖温度最低也说明了格子砖和流体之间的温度差距最大，有利于蓄热。

1200℃壁面时不同格子砖形状的温度比较如图2-87所示。

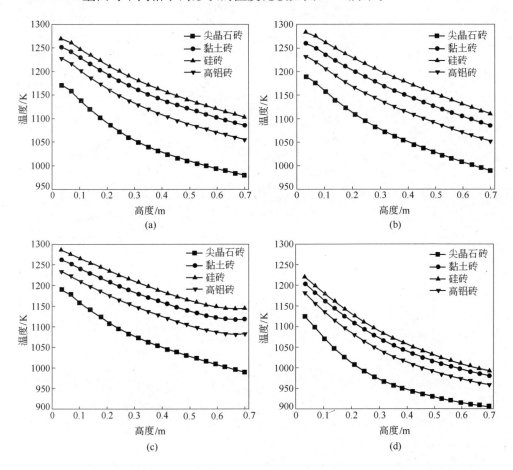

图2-87　1200℃壁面时不同格子砖形状的温度比较
（a）五孔格子砖；（b）七孔格子砖；（c）某企业七孔格子砖；（d）梅花形格子砖

高温区应用的耐火材料，上述温度曲线是考察的一方面，还需要从材料本身的热工性能来考虑，比如抗蠕变性、体积稳定性等，如图2-88所示。

耐火砖的变形率受温度影响很大，温度越高，变形越大。由图2-88可知，

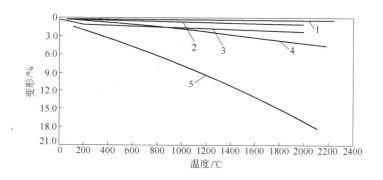

图 2-88　各种耐火砖的长时间蠕变性能

1—硅砖；2—高铝砖（Al_2O_3 70%，1300℃）；3—高铝砖（Al_2O_3 60%，1300℃）；

4—高铝砖（Al_2O_3 70%，1350℃）；5—黏土砖

硅砖是高温区比较合适的材料，硅砖在 760℃ 以上具有较好的热稳定性、线膨胀系数小；而在小于 760℃ 时由于相变，体积有较大的膨胀。高铝砖在高温下体积稳定、蠕变小，而且从图上分析，其高温温度曲线优于硅砖。黏土砖的耐火度低，高温下容易变形，线膨胀系数很大，即使高温温度曲线好也不宜采用。尖晶石是一种新型耐火材料，其优良的高温性能和良好的温度曲线都大大优于硅砖。不论是哪种形状的格子砖，其固体材料在壁面的温度是受材料的热容和热导率因素的综合影响，不能单独从某个因素来考虑。如尖晶石材料的热容和热导率都非常大，所以壁面温度最低，这种材料的壁面格子砖和气体之间保持着很大的温度梯度，所以初步判断是蓄热能力最好的，但是还要具体地从蓄热效率曲线上进行证实。取出口为 −0.7m 时的截面，来计算不同格子砖在不同材料和不同流体温度下的蓄热效率。计算结果为：蓄热效率从高到低分别为某企业七孔格子砖、梅花形格子砖、七孔格子砖、五孔格子砖（见图 2-87）。

2.4.2.3　小结

（1）在高铝砖、黏土砖、尖晶石砖和硅砖等材料中，尖晶石材料的蓄热系数最大，其蓄热能力最好。在相同条件下，尖晶石材料的蓄热量比高铝砖高 20%、比黏土砖高 30%、比硅砖高 39%。尖晶石材料的蓄热非常均匀，格子砖内部的温度梯度小，有利于延长耐火材料的寿命，并且其格子砖的整体温度较低，气体和固体之间的温度梯度大，有利于传热。虽然高铝砖和黏土砖的蓄热能力都比硅砖好，但在高温区硅砖以其优良的耐高温性能使其在热风炉中广泛应用。

尖晶石材料有很好的应用前景，其高温下的抗蠕变能力良好，热应力分布均匀，若能在生产实践中得到推广，可以有广阔的应用前景。

（2）通过相同砖型的格子砖在不同材料下蓄热性能的比较，可以发现尖晶石的整体温度偏低，尖晶石材料的蓄热非常均匀。硅砖是目前主流的耐火材料，

其高温下的体积稳定性、线膨胀率和抗蠕变性能都很好，但温差在0.05m内达110℃，而尖晶石砖的0.05m内温差基本在30℃左右。即使硅砖有优良的高温性能，在长期高温下的形变也会大大降低其使用寿命。

2.4.3 几何形状对格子砖温度场的影响

2.4.3.1 格子砖温度场模拟结果

为了清晰地反映流体、固体的平均温度变化和局部温度变化，从格子砖入口端纵向每隔0.1m截取一个平面，而后每隔0.15m截取1个平面。所有截取的高度都以0.7m为标准，共截取了包括入口平面在内的6个截面。分别计算出流体和固体截面的平均温度，并绘制曲线。图2-89所示为某企业七孔格子砖在烟气温度为1200℃时的温度场云图。

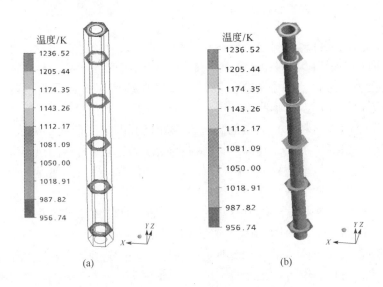

(a) (b)

图2-89 某企业七孔格子砖在烟气温度为1200℃时的温度场云图
(a) 整体透明视图；(b) 带有交界面视图

图2-89 (a) 显示6个截面温度场云图的颜色变化比较明显。入口端颜色较浅，温度高；下部颜色较深，温度低。由于在图2-89 (a) 的透明视图中看不到交界面，所以在图2-89 (b) 中设置了交界面颜色，更好地体现了固体域与交界面的关系，交界面的颜色与温度场无关，图中的温度场只对截面部分有注释作用，并且其温度场与图2-89 (a) 是相对应的。

图2-90所示为某企业梅花形格子砖在烟气温度为1200℃时的温度场云图。图2-90显示的温度场变化是非常明显的。该企业七孔格子砖比梅花形格子砖的温度场分布更加均匀。

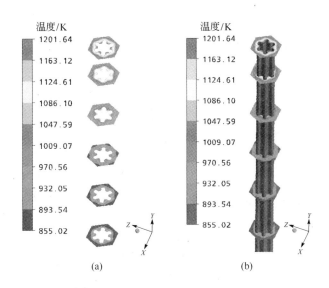

图2-90 某企业梅花形格子砖在烟气温度为1200℃时的温度场云图

(a) 整体透明视图；(b) 带有交界面实体图

2.4.3.2 几何形状对格子砖温度场的影响模拟结果

为了清晰地显示格子砖的温度变化，单独将固体域分出来，作出温度场云图（见图2-91）。

图2-91表明，五孔格子砖和七孔格子砖的温度变化大致相同，图例坐标的最低温度均为900K。对于五孔格子砖和七孔格子砖，在相同材料下，格子砖的平均温度越高，其蓄热量就越大。五孔格子砖温度多为深色，而七孔格子砖为浅色，这说明整体的温度场七孔格子砖要比五孔格子砖至少高50℃。梅花形格子砖的图例最低温度为850K，格子砖的温度底色大多为深色，因而梅花形格子砖的平均温度比前两种砖型都低。该企业七孔格子砖的图例最低温度为950K，七孔格子砖云图底色较浅，说明其温度比较高。在其他条件相同的情况下，不同格子砖的蓄热能力由强到弱依次为：该企业七孔格子砖、七孔格子砖、五孔格子砖、梅花形格子砖。

2.4.3.3 几何形状对格子砖温度场的影响分析

分别取不同砖型、相同截面高度的格子砖平均温度和烟气的平均温度进行比较，如图2-92所示。

图2-92反映出不同砖型格子砖在相同截面的最大温度差能达到100℃左右，因此在生产实践中不容忽视。黏土砖材料梅花形格子砖和该企业七孔格子砖温度场基本一致，而对于五孔格子砖和七孔格子砖，由于它们的流体温度偏高，因此蓄热效率没有梅花形格子砖和该企业七孔格子砖的高。

以黏土砖材料为基准，对于高铝砖、硅砖和尖晶石砖材料下的流体温度场，

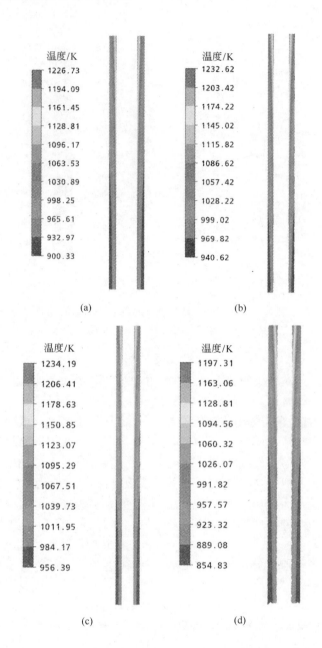

图 2-91 1200℃下不同砖型的格子砖温度云图
（a）五孔格子砖；（b）七孔格子砖；（c）某企业七孔格子砖；（d）梅花形格子砖

梅花形格子砖和该企业七孔格子砖出现波动。总体上是该企业七孔格子砖的流体温度较低，蓄热效率高。但是对于硅砖材料，其热容比黏土砖材料要小，但是热导率却大。该企业七孔格子砖在相同高度下的体积较小，而梅花形格子砖的体积

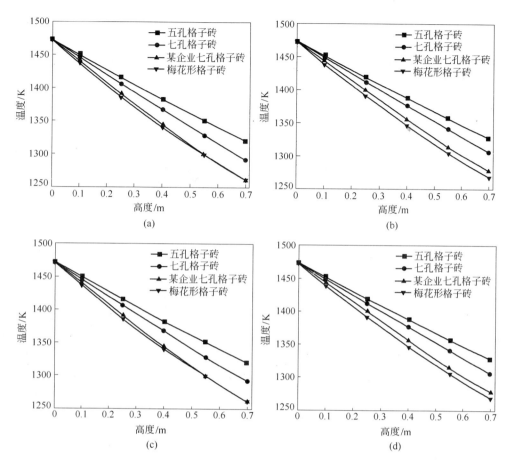

图 2-92 1200℃时，不同材料的各种砖型格子砖流体温度比较

（a）黏土砖；（b）高铝砖（Al_2O_3 70%）；（c）高铝砖（Al_2O_3 60%）；（d）尖晶石砖

大而且换热面积也大，造成热量传导快、积蓄慢的局面。

1200℃时，不同材料的各种砖型格子砖平均温度比较如图 2-93 所示。由图 2-93 的曲线变化趋势和温度差距可以得出如下的规律：对于同种材料，流体的温度降与换热面积成正比，格子砖的换热面积越大，温度降越大，因而梅花形格子砖和该企业七孔格子砖的流体温度最低。但是梅花形格子砖的热交换面积是最大的，却小于比它换热面积小的该企业七孔砖。这是由于该企业七孔砖是单个孔径砖型最小的，因此气体的流速最大，由于湍流作用加强而使换热效率大大提高。流体的换热效率除了与格子砖的换热面积，气体的流速有关外，通过几种不同材料的比较可以发现，格子砖的物理性能也同样影响气体的换热效率。四种不同砖型的格子砖，它们之间的温度差距由于材料的不同物理性质而加大，格子砖材料的热导率越大，导热越好，温度降越明显。曲线图表明，综合各种因素，硅砖的

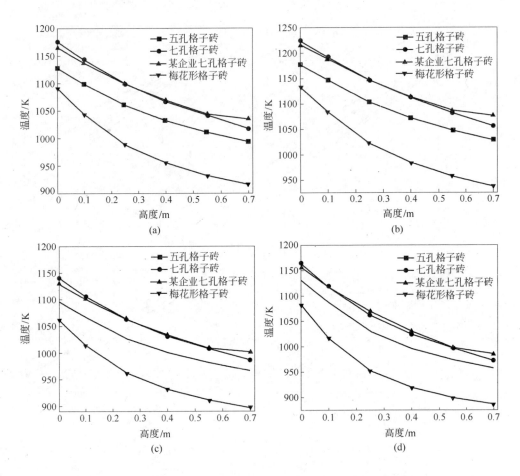

图 2-93 1200℃时，不同材料的各种砖型格子砖平均温度比较

（a）黏土砖；（b）硅砖；（c）高铝砖；（d）尖晶石砖

流体温度差别最明显。

从图 2-93 中可以看出，该企业七孔格子砖温度最高，与流体的温度降趋势相吻合，良好的蓄热能力也是保证该企业 2 号高炉热风炉风温达到 1280℃的重要保证。

图 2-94 所示为某企业七孔格子砖和梅花形格子砖在烟气温度为 900℃时的温度场云图。从图 2-94 可以看出，该企业七孔格子砖的温度场分布比较均匀，而梅花形格子砖的温度场存在一定的偏析现象。而且在梅花形格子砖的弧形圆的拐点处，温度梯度可达 40℃左右，耐火材料在这些区域承受了很大的热应力，容易造成耐火材料粉化。在生产实际中是非常严重的问题。由于耐火材料的粉化不但影响了格子砖的寿命，需要经常更换格子砖，而且还会堵塞煤气通道，影响蓄热效率，因此这种砖型的格子砖目前没有得到应用。

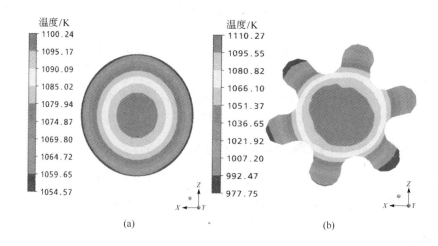

图 2-94 某企业七孔格子砖和梅花形格子砖的温度场云图

（a）七孔格子砖；（b）梅花形格子砖

综合以上各种因素，绘制各种砖型格子砖相同材料下的蓄热效率曲线（见图2-95）。

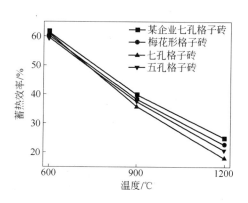

图 2-95 各种砖型的格子砖相同材料下的蓄热效率曲线

模拟所设的蓄热时间为5min，因而蓄热效率较低。目的是比较各种因素对格子砖蓄热的影响，由于在短时间内所有的蓄热反应都没有达到热平衡，因此截取的相同高度上对于不同体积和砖型的格子砖比较符合实际情况。

2.4.3.4 小结

本节讨论了格子砖的各种物性参数对蓄热效率的影响，重点讨论了格子砖形状对温度场的影响。通过对温度场和烟气的最大温降等因素的分析，可对本节的研究内容做如下小结：

（1）对于不同砖型的格子砖，蓄热效率从高到低分别为某企业七孔格子砖、梅花形格子砖、七孔格子砖、五孔格子砖。某企业七孔砖的格孔直径最小，换热效率高，蓄热量最大。

（2）新型梅花形格子砖的形状的改变使其蓄热面积大大增加。但是这种格子砖的整体温度较低，蓄热不均匀。由于在梅花形的弧形处温度梯度可达 40℃ 左右，耐火材料在这些区域承受很大的热应力，容易造成耐火材料粉化而影响格子砖的寿命，还会堵塞煤气通道，影响蓄热效率。

2.4.4　烟气性质对格子砖温度场影响的讨论

模拟烟气温度在 600℃、900℃、1200℃ 时对格子砖温度场的影响；讨论不同烟气速度下格子砖的蓄热情况；烟气速度变化范围从 8m/s 到 16m/s 时格子砖温度场的变化。此外，也讨论在低发热值和高发热值煤气烧炉引起的烟气成分变化对蓄热带来的影响。

2.4.4.1　流体温度对格子砖模拟结果及分析

某企业七孔格子砖和梅花形格子砖的流体截面温度场云图如图 2-96 所示。

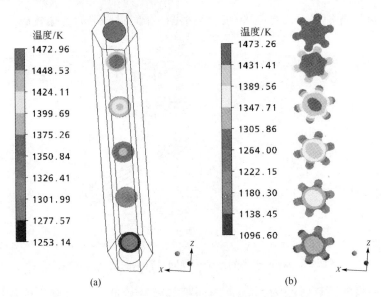

图 2-96　某企业七孔格子砖和梅花形格子砖的流体截面温度场云图
（a）某企业七孔格子砖；（b）梅花形格子砖

图 2-96 显示的烟气温度变化，比前文的格子砖温度云图颜色更加分明，说明温度差变大。每个截面云图的颜色都不同，流体的整体温度降与格子砖温度的升高是一个对应的关系。

本节介绍在不同烟气温度的作用下，五孔格子砖、七孔格子砖、某企业七孔格子砖和梅花形格子砖的蓄热能力差别。按照图 2-96 的六个截面，取每个面的平均温度，绘制曲线如图 2-97 所示。

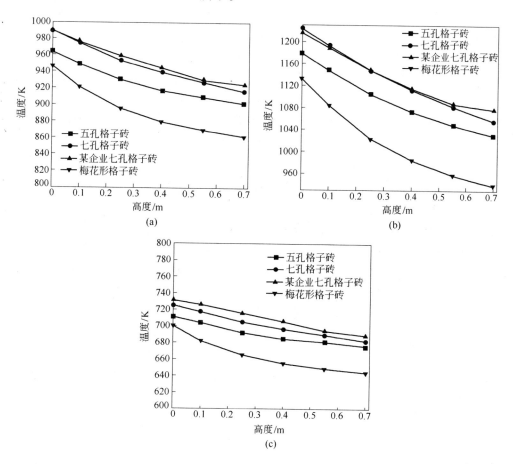

图 2-97　黏土砖材料下不同温度时的格子砖平均温度曲线
(a) 1200℃；(b) 900℃；(c) 600℃

图 2-97 的纵坐标的温度差均为 20℃，因而可以直观地反映不同温度下的蓄热能力差别。图 2-97 主要讨论了相同材料（黏土砖）下，烟气温度对格子砖蓄热能力的影响。

图 2-97（a）为烟气温度为 1200℃时的格子砖的平均温度曲线。不同砖型的格子砖最大温度差在 120～200℃之间，而图 2-97（b）在 900℃下格子砖温度的最大温度差为 70～100℃。图 2-97（c）的最大温度差为 30～50℃。图 2-97（a）的曲线倾斜程度比较大，温度梯度较图 2-97（b）曲线的整体斜率变小，图 2-97（c）温度差别最小，曲线的斜率最小，温度梯度也最小，曲线比较平缓。以某企业七孔格子砖为代表，当烟气温度为 1200℃时，温度降为 140℃；烟气温度为 900℃时，温度降为 73℃；烟气温度为 600℃时，温度降为 42℃。

　　当气体从拱顶进入格子砖时，烟气与格子砖的温度差异最大，对流换热系数也最大，因而格子砖的温度上升最快。曲线的斜率反映了换热的快慢，烟气温度越高，换热越快，格子砖的温度梯度越大，对于气体和格子砖以及格子砖内部的换热都有一定的加强作用。烟气温度为 1200℃ 时，实际对应了顶部格子砖的换热情况。当烟气从顶部格子砖进入中部格子砖时，由于顶部格子砖的热交换速度是随着时间的增加而降低的，因而到达中部格子砖的温度由低而高，但是烟气温度没有顶部的整体温度高，因而 900℃ 时的情况大体上对应了中部格子砖的换热情况。而烟气温度为 600℃ 大致反映了蓄热室下部的情况。

　　从不同的温度场曲线来看，随着温度场的整体偏移，流体温度越高，热交换系数越大，换热越快，整体的温度场越高。不同蓄热室位置的格子砖的温度差距也不同，比如在高温区的局部温差过大，耐火材料不能够承受。由于模型高度比较短，在实际生产中，这个差距会明显地增大很多，因而蓄热室不同区域耐火材料的选择至关重要。冶金工作者应充分重视高温区和中温区格子砖的蓄热，因为那里是烟气热量的主要聚集区。优良的耐火材料和砖体形状能使高温区蓄热效率高、温差小，这是对高温区的格子砖及耐火材料的整体要求。

2.4.4.2　烟气速度对格子砖温度场模拟结果及分析

　　黏土砖材料不同速度的壁面温度场曲线如图 2-98 所示。

　　从图 2-98 所示的几组曲线的变化趋势可以看出，随着速度增大，格子砖的温度场在整体上均有大幅度上升。速度增大可以增加格子砖和流体之间的热交换，增加热交换系数，增大蓄热量。在 8m/s 的速度下，壁面的温度曲线斜率很大；在较低速度下，格子砖的整体蓄热也非常不均匀。而随着速度的逐渐增大，壁面曲线的斜率逐渐减小，蓄热均匀，壁面的温度梯度减小，均匀蓄热有利于降低耐火材料的损耗，延长使用寿命。同样，不同砖型在相同速度下的变化规律和上一章所述一致，即该企业七孔格子砖温度最高，梅花形格子砖的温度最低。随着速度的不断增大，不同格子砖之间温度的差距也在逐渐增大。以某企业七孔格子砖和七孔格子砖为例，速度每增大 2m/s，在 −0.7m 截面上平均温差分别为 49℃、56℃、58℃、60℃、62℃，这种差距十分显著。生产中更加关心的是提高速度对于格子砖整体温度的影响，根据不同截面的平均温度求出格子砖在黏土砖材料下不同速度时的平均温度（见图 2-99）。

　　由图 2-99 可知，速度每提高 2m/s，格子砖的平均温度增加 11~17℃。热风炉的内部速度场实际是由温度场决定的，随着热风炉技术的不断发展，对高风温的要求越来越高，通过提高煤气和空气热值等方式来实现，一方面，空气和煤气的有效燃烧能够增加烟气的热值，提高送风期的热风温度；另一方面，温度场影响了速度场，烟气不仅热值提高了，速度也增大了，所以速度场和温度场是相互作用的。欧建平、萧泽强等的实验表明，速度提高对格子砖的温度提高效果十分

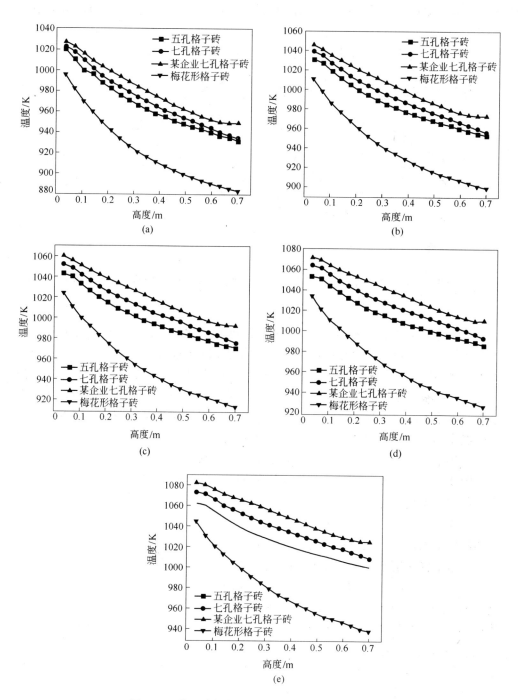

图 2-98　黏土砖材料不同速度的壁面温度场曲线

（a）8m/s；（b）10m/s；（c）12m/s；（d）14m/s；（e）16m/s

明显，但根据模拟发现在速度提高的前提条件下，出口烟气的温度和余热利用率更高[33]。

8m/s 时格子砖的流体平均温度如图 2-100 所示。

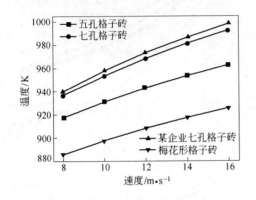

图 2-99　黏土砖材料下不同速度时的
平均温度曲线

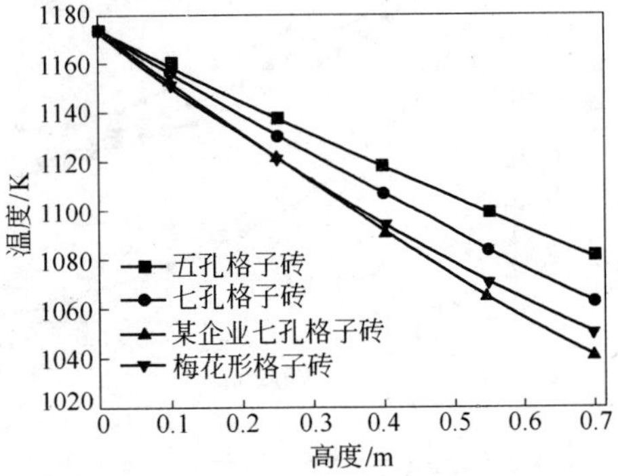

图 2-100　8m/s 时格子砖的流体平均温度

从流体的温降情况来看，该企业的烟气速度变化最大，与其格子砖的平均温度变化趋势是一致的。梅花形格子砖的流体温度降也很大，但是由于其换热面积大，壁面温度反而不高。这表明，在实际生产中单纯增大蓄热面积，不能提高格子砖的温度。对于烟气温度，不能采取比较相同截面的烟气温度高低和温降的大小来衡量格子砖的蓄热量，因为气体的速度越大，相同截面的烟气速度越高，气体的温度越高，热交换量越大（见图 2-100）。

蓄热量与总热量的比值随速度的变化如图 2-101 所示。

图 2-101 反映出随着速度的增加，蓄热量与总热量的比值越来越小。速度越大，蓄热效率越低。

同样，速度场对壁面和内部格子砖蓄热的影响的研究也是非常必要的。

通过不同速度下格子砖温度场的比较可以发现，当速度每升高 2m/s 时，格子砖的整体温度场有 20℃ 以上的整体偏移。从曲线的整体斜率情况看，随着速度的增大，曲线的倾斜程度也增加了，这说明速度增加使换热的速度提高了。并且随着速度的提高，不同曲线的温度差异在增大。尖晶石材料的热导率较小，其不同位置的速度曲线间的差异

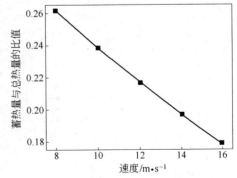

图 2-101　蓄热量与总热量的比值
随速度的变化曲线

是比较小的（见图2-102）。

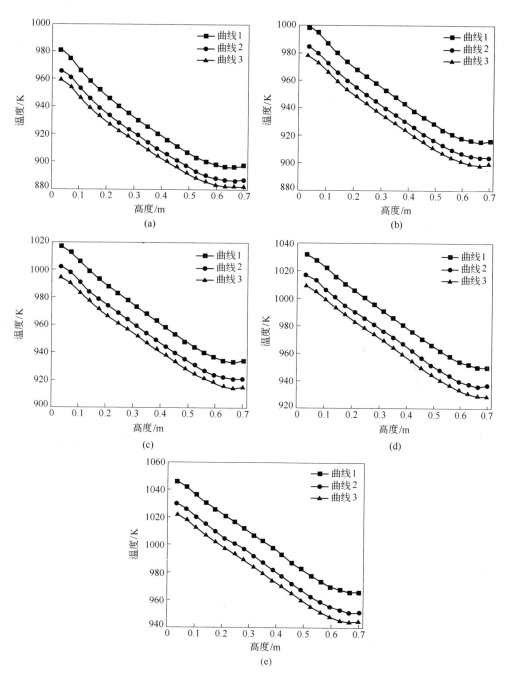

图 2-102 尖晶石材料下五孔格子砖在不同速度时的壁面及内部温度曲线

（a）8m/s；（b）10m/s；（c）12m/s；（d）14m/s；（e）16m/s

虽然是不同的格子砖形状，但是速度增加对格子砖蓄热影响的整体趋势是相同的。对于不同流速的气体，其温度曲线有较大差别，流速越高，烟气出口温度越高。这是因为高的流速增加了气体的质量流量，单位时间内带入体系的热量相应增加，而蓄热体的蓄热能力是一定的，烟气的热量来不及被充分吸收即随高速气流排出体系外，在实际中需要注意的问题是这样容易使余热回收率降低。因此，在实际应用过程中，要充分考虑气体流速对换热效果的影响，确定合理的燃烧制度，避免出现烟气出口温度过高和气体预热程度不够的现象。

2.4.4.3 烟气成分对格子砖蓄热模拟结果及分析

在不同的烟气成分下，格子砖蓄热体的平均温度和蓄热量的变化，以及烟气成分划分的界限，主要以高低发热值煤气燃烧后产生的烟气成分中 CO_2 的含量为衡量标志。一般情况下，煤气中 CO 含量在 23% ~ 28% 之间的称为低发热值煤气，CO 含量高于 28% 的称为高发热值煤气。经过计算可知，低发热值煤气的 CO_2 质量分数为 42.8%，高发热值煤气的 CO_2 最低要达到 45%。本小节中分别取 CO_2 含量为 42%、45%、47%、50% 和 53% 进行不同砖型、不同材料的温度场比对的仿真模拟实验（见图 2-103）。

从图 2-103 中可以看出，气体中 CO_2 的含量越高，出口气体温度有微小的提高。当然这种变化的幅度没有速度提高带来的影响明显，但是不能忽略这种影响。这是由于作为热风炉燃烧用的气体可能是高炉煤气，也可能是焦炉煤气，它们之间热值的差别不仅决定了燃烧提供的热量不同，而且由于 CO_2 含量的差别可以给蓄热带来变化[34]。而且从图 2-103 中可以看出，在格子砖的中部不同 CO_2 含量造成的差别比壁面处要大，温度差距在 5 ~ 10℃ 之间。通过对格子砖平均温度的比较发现，对于某企业七孔格子砖，CO_2 含量每增加 5%，格子砖整体温度上升 0.4 ~ 0.7℃。

不同砖型的格子砖在不同 CO_2 含量下的温度如图 2-104 所示。

图 2-104 说明 CO_2 含量的改变对不同砖型的作用不同。其中，对某企业七孔格子砖的温度影响最大，温差为 1.5℃；七孔格子砖次之，温差为 1.3℃；五孔格子砖的温差为 1℃；梅花形格子砖的温差最小，为 0.8℃。这说明气体成分的改变对格子直径小的格子砖比较敏感，而对格子直径较大的影响较小。

2.4.5 小结

（1）在形状和材料相同时，高温烟气作用下格子砖温降为 140℃；中温烟气作用下温降为 73℃；低温烟气作用下温降为 42℃。不同温度区的蓄热量变化差距很大，高温区比中温区的蓄热量高 91.7%，中温区比低温区的蓄热量高 73.8%。高温区承受的热应力要远远大于中温区和低温区，这也是选择耐火材料的重要依据。

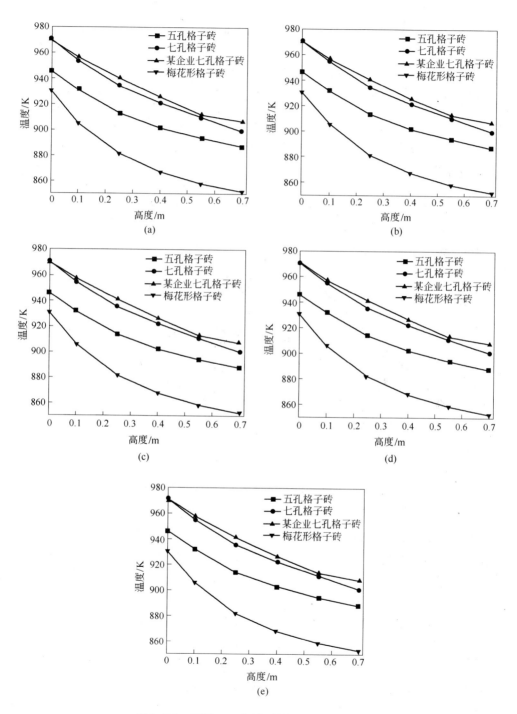

图 2-103 不同 CO_2 含量下的格子砖平均温度

(a) 42%；(b) 45%；(c) 47%；(d) 50%；(e) 53%

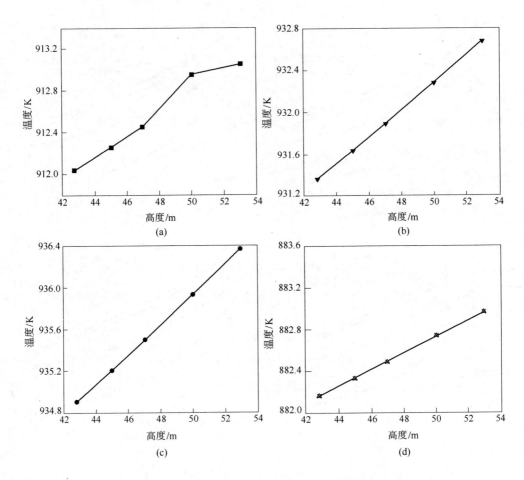

图 2-104　不同砖型的格子砖在不同 CO_2 含量下的温度

（a）五孔格子砖；（b）七孔格子砖；（c）某企业七孔格子砖；（d）梅花形格子砖

（2）烟气速度每提高 2m/s，格子砖的整体温度场上升 20℃。仿真模拟了烟气速度从 8m/s 变化到 16m/s，速度变化对不同砖型格子砖整体温度上升的影响很明显。但是，随着烟气速度的提高，格子砖的蓄热效率降低，因此要综合考虑烟气速度和蓄热效率的作用。

（3）对于不用的砖型和材料，速度的增加带来的蓄热量的变化也是不同的。当烟气速度为 8m/s 时，某企业七孔格子砖的蓄热量最大，相同高度段的格子砖的平均温度比七孔格子砖高 3.3℃，比五孔格子砖高 22℃，比梅花形格子砖高 54℃；当烟气速度为 16m/s 时，某企业七孔砖的平均温度比七孔格子砖高 6℃，比五孔格子砖高 36℃，比梅花形格子砖高 73℃。对于格子砖沿高度方向的蓄热曲线，随着速度的升高，其蓄热的速度较快，蓄热量增大，格子砖的壁面温度和格子砖的内部温度随着烟气速度的升高，其温差变化较大。

3 高风温热风炉控制专家系统

3.1 热风炉控制系统的研究与开发

热风炉的燃烧控制是一个非常复杂的过程，归纳起来具有以下特点：

（1）随机性大。如废气温度和拱顶温度测量值随机波动性大，测量值很难反映炉子瞬时状态。

（2）存在大量的非线性关系以及许多随机因素影响，造成燃烧过程复杂，因此难以建立准确的数学模型反映燃烧状态。

（3）热风炉系统是个时变系统，燃烧工作环境受工况条件影响不断变化。

（4）具有较大的滞后性，特别是在燃烧的中后期，煤气和助燃空气量调节的效果要经过一定的时间才能从废气和拱顶温度的变化中反映出来。

热风炉控制方式一直在不断地演变，主要有三个阶段[35]：

（1）热风炉传统控制方式。传统的热风炉燃烧控制方法中，有比例极值调节法、烟气氧含量串级比例控制法等。

（2）热风炉数学模型方式。以热风炉的全炉热平衡计算为基础建立符合生产实际的控制数学模型。

（3）热风炉人工智能方式。以专家、模糊等先进的智能控制理论，针对热风炉这种大滞后、非线性、慢时变特性的复杂对象，进行智能控制。

总的来看，热风炉控制系统正向着自动化的方向发展。新技术的引入不断提高热风炉的效率，但由于热风炉条件的复杂性、不确定性、非线性的特点，无论哪一种控制方法都有自身缺陷，需要深入研究，以达到更好的效果。

热风炉操作主要包括两大部分，即燃烧控制和自动换炉。由于高炉炉况等原因，造成煤气压力不稳定，煤气热值也往往存在波动，因而热风炉燃烧控制是热风炉的关键控制环节[36]。

热风炉燃烧控制的方法主要有：

（1）比例极值调节法、烟气氧含量串级比例控制法。由于热风炉的燃烧过程是一个连续的动态变化过程，控制时难以得到及时、准确的反馈信息，存在控制的滞后性以及控制作用强度过大[37]。

（2）数模法[38]。该方法选择合理的热工参数，能够及时地调整控制变量，达到节约能源的目的[39]，但其需要监控的热工参数较多，因而投资大，限制了数模法在国内的应用。

（3）智能控制最主要的特点是利用较少的检测点测量反映拱顶温度的变化，如利用模糊控制燃烧[40,41]、采用模糊神经网络控制拱顶温度[42]、利用案例与规则推理控制热风炉燃烧等[43]。智能控制系统能比较准确地推测热风炉温度变化趋势，但是很难得到最佳的燃烧条件。

综上所述，造成以上缺陷的主要原因是由于目前的燃烧控制中大多采用经验公式[44]来反映拱顶温度与控制参数的关系，而缺乏合理、准确的燃烧模型。理想的燃烧模型[45]可通过较少的燃烧监控参数，实施温度的跟踪计算，并实时地确定最佳煤气流量与空气流量。

国内大部分钢厂热风炉大都使用较简单的控制系统，即只有煤气总管压力控制和煤气及空气调节阀位自动控制，而阀位的设定值或开度由人工控制。由于人工控制难以在预热煤气和空气温度、高炉所需鼓风温度和流量、助燃空气压力等变化时，以及热风炉蓄热量还有富余时，及时修正热风炉加热的煤气和空气量，因而达不到节能和优化热风炉操作的目的。

如何有效地控制热风炉燃烧，使热风炉既能充分蓄热，达到最佳燃烧效率，以确保向高炉送风的温度和时间，又能最大限度地减少能源消耗，防止热风炉拱顶过烧，以延长热风炉寿命，是各大钢厂需要解决的重要问题之一。

3.1.1　热风炉传统控制系统

传统的热风炉燃烧控制方法中，有比例极值调节法、烟气氧含量串级比例控制法等[48]。

比例极值调节法是通过操作者的经验预先设定一个空燃比，然后根据拱顶温度的大小，不断改变助燃空气和煤气比例，使拱顶温度上升速率最快或使拱顶温度维持在一个合适的值。该方法检测点不多，但由于煤气热值不断变化，而人工操作难以及时改变空燃比，因此不容易实现热风炉的最佳燃烧。

烟气氧含量串级比例控制法如图3-1所示，实行两级对助燃空气和煤气量进行控制调节：将比例调节作为粗调，而以烟气中氧气含量反馈信息作为细调。通

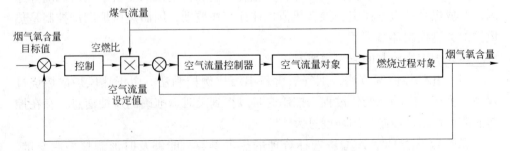

图 3-1　烟气氧含量串级比例控制法

过该方法，使烟气残氧量处于或接近依据经验预先确定好的目标值，可达到燃料最充分的利用。烟气氧含量串级比例控制法仪表正常时能够实现热风炉的合理燃烧，但由于测氧仪表寿命较短，长时间内应用效果不理想。

3.1.2 基于数学模型的热风炉控制系统

数模法科学、严密，能根据各燃烧阶段的不同特点，通过合理地调节助燃空气和煤气配比，对整个燃烧过程进行控制，而且能够控制燃烧速率，提高热风炉燃烧效率。日本于1974年申请了热风炉数模法控制的专利[49,50]，该法基于整个热风炉的精确热平衡计算，热风炉的热熔则采用半经验公式求出。由于该模型可实时反映炉子的热状态，故操作者可依据高炉生产的需要，使热风炉满足高炉对风温的要求。

1985年，宝钢投入使用日本新日铁钢铁公司的热风炉气体流量设定数学模型，引入该控制系统需要很多检测点，因此设备投资较大。在国内高炉装备水平较低、生产参数不够稳定的情况下，热风炉燃烧优化控制不容易实现，从而限制了模型方法的广泛应用。

以下为国外一些钢铁公司使用热风炉的燃烧优化系统数学模型：

（1）日本川崎钢铁公司千叶厂5号高炉热风炉的优化系统。该系统包括拱顶温度、废气温度、热水平管理和热风炉自动换炉优化管理。该方法核心技术是：按测得的废气温度计算出上升曲线，从曲线的外延趋势预测烟气最终温度（见图3-2）。如果未到换炉时间烟气温度超过最终烟气温度的上限，则采取改变煤气和助燃空气量使废气温度上升曲线减缓，保证在换炉时刻烟气实际温度与设定烟气最终温度相等[51]。

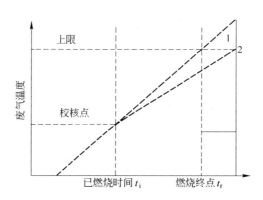

图3-2 变化煤气量以控制废气温度

1—不控制时预计温度；2—控制后预计温度

（2）日本新日铁钢铁公司采用热风炉气体流量设定数学模型[52]。该模型针对使用高炉煤气（BFG）、转炉煤气（LDG）和焦炉煤气（COG）混合煤气条件下的热风炉自动控制。模型包括热风炉燃烧状态管理和热风炉设备使用管理,并由3个子模型构成:拱顶温度控制模型、废气温度控制模型和气体流量计算模型。

　　(3)德国西门子公司的热风炉优化数学模型。模型原理是基于热风炉的热流量计算,该模型是首先把热风炉的全部热损失,包括换炉、表面和废气的损失计算出来,再列出热风炉工作循环的热量状态,最后求得每个循环的效率 η,由图 3-3 得出最佳数量的煤气。

　　(4)日本住友金属公司鹿岛钢铁厂 3 号高炉的热风炉优化模型[53]。该高炉采用热风炉动态模型,以保证送风温度和硅砖接缝温度不低于耐火砖相变点温度,将热风炉看作热并联,并赋予动态特性和利用积分式,以多变量控制法来控制热风炉热量,使在多种工况下都能合理地进行热量和温度控制。日本住友金属工业公司小仓钢铁厂 2 号高炉的热风炉优化数学模型,基于热平衡原理,根据周期内热风炉温度状态,将热风炉不同时期的温度状态分成 40 段进行管理控制。荷兰霍戈文斯钢铁厂的热风炉优化数学模型也是按热平衡原理,根据燃烧期送入的热量等于下次送风所需的热量进行控制。

　　热风炉效率曲线如图 3-3 所示。

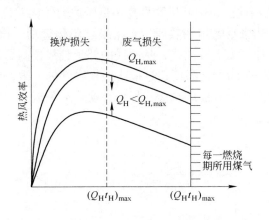

图 3-3　热风炉效率曲线

3.1.3　热风炉智能控制系统

　　热风炉燃烧智能控制系统采用的主要方法有神经网络控制、专家控制、模糊控制等[37,54]。

　　模糊控制器通过实际参数预先设计模糊规则库,根据规则库中的规则进行控制,如通常选用的规则为废气升温速率的快慢、拱顶温度是否合适、废气含氧量过高或过低等。这种方法在国内已有应用[42],但常规的模糊控制器由于模糊规则总比例因子和量化因子的不可变性、制定规则的局限性、查询表后所得的模糊控制量难以分辨最优性或次最优性,这是常规模糊控制器的缺点。目前,国内通过研究设计自适应模糊控制器[55]、神经—模糊控制器等方法[56]，对模糊控制器进行了改进。

自适应模糊控制器根据被控变量偏差的变化，相应地对量化因子、比例因子或模糊规则查询表进行改进、修改并完善，从而提高了控制系统适应条件多变的性能。比例因子可调的模糊控制器结构如图3-4所示。针对模糊控制缺乏在线学习和自调整的能力、不易自动生成或调整隶属函数的情况，重新调整模糊规则；利用神经网络适应环境的变化并有极强的自学习能力的特点，将神经网络自学习能力强和模糊控制理论的知识表达容易结合，从而开发了热风炉的神经—模糊控制器[57,58]。

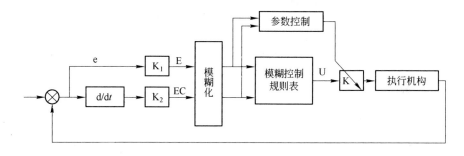

图3-4　比例因子可调的模糊控制器结构

日本川崎钢铁公司千叶厂6号高炉的热风炉燃烧模糊控制系统[59]，利用模糊控制对煤气流量设定，并管理格子砖温度分布从而保护设备的使用性，但是该控制系统缺乏足够精度的残热推断和温度分布的数学模型，因此控制系统不够完善。

日本川崎钢铁公司水岛厂3号高炉的热风炉模糊控制系统（见图3-5），以热

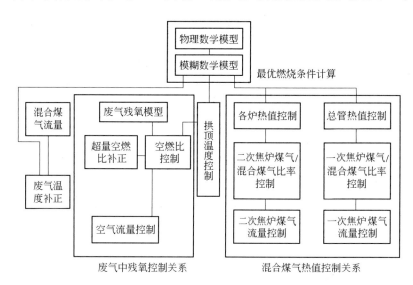

图3-5　水岛厂3号高炉的热风炉燃烧优化控制系统

平衡计算确定热风炉参数设定，模糊控制系统作用是依照热风炉送风末期的热量状况，对热风炉参数进行修正，计算下一周期所需要的热量[60]。

　　日本钢管公司京浜厂1号高炉的热风炉燃烧自动控制系统包括模糊控制器和热风炉仿真器，其原理如图3-6～图3-8所示，通过燃烧期热风炉所需混合煤气的热值设定煤气流量。

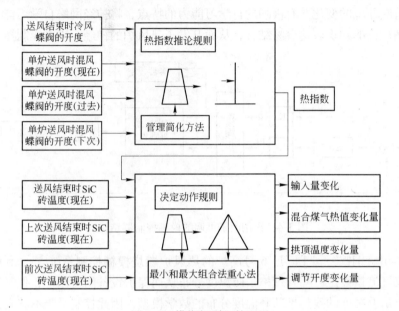

图 3-6　模糊规则组的配置

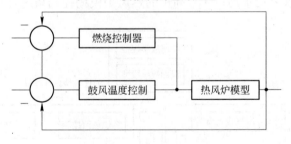

图 3-7　热风炉仿真器结构

　　由于热风炉具有不确定性和复杂性，其规则制定可能不够全面，但熟练的操作人员熟悉过程数据，并判断热风炉的热状态的优劣，实现良好的操作，这正是专家系统适用课题，其基本结构如图3-9所示[61]。

　　专家系统[62]是以知识和推理为基础的智能计算机程序，其核心技术是知识库中设定某个领域专家级水平的经验和知识，通过推理机将人类专家的知识和解决问题的方法用来处理该领域的问题。国内自主开发的热风炉专家系统实际应用的如鞍钢10号高炉热风炉的流量设定及控制专家系统[44]，根据专家系统在快速

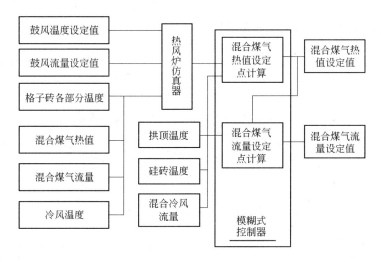

图 3-8 热风炉燃烧控制系统结构

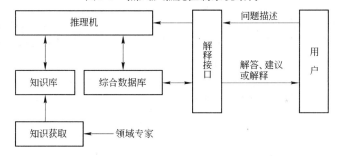

图 3-9 专家系统基本结构

加热期及拱顶温度管理期，按时间段设定所需的不同助燃空气流量和煤气流量；在烟气温度管理期，则根据燃烧剩余时间计算后的最终烟气温度的状况，决定助燃空气流量和煤气流量的增减。

3.2 热风炉拱顶温度控制模型

热风炉内的燃烧温度受多种因素影响，根据某钢厂 2 号高炉热风炉现场实际条件，假设影响拱顶温度的操作参数主要有空气预热温度、煤气流量、空燃比以及煤气成分（见表 3-1）。

表 3-1 某钢厂 2 号高炉热风炉操作参数假设

假设条件	1	2	3	4	5
空气预热温度/℃	400	500	600	700	—
煤气流量(标态)/m³·h⁻¹	60000	66000	74000	80000	88000
空燃比	0.56	0.60	0.64	0.68	0.72
煤气成分/%	20	22	24	26	28

3.2.1 操作参数对拱顶温度的影响

根据模拟输出结果，将计算所得的拱顶温度绘制成折线图，如图 3-10 ~ 图 3-13所示。

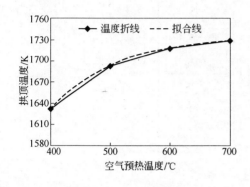

图 3-10　拱顶温度与空气
预热温度的关系

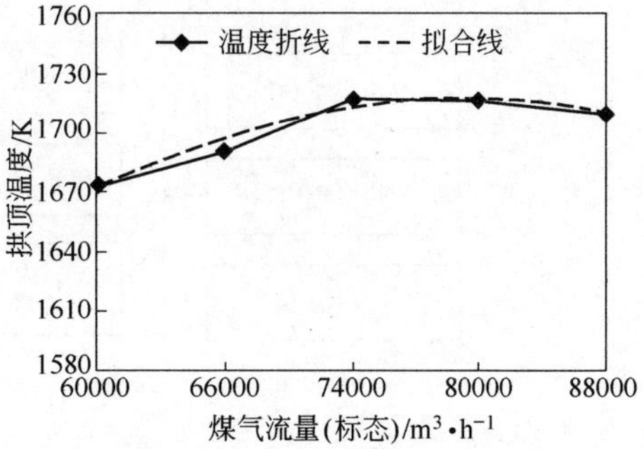

图 3-11　拱顶温度与煤气
流量的关系

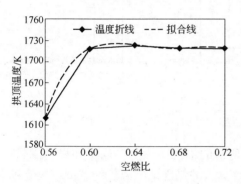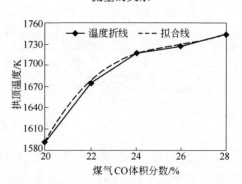

图 3-12　拱顶温度与空燃比的关系

图 3-13　拱顶温度与煤气 CO
体积分数的关系

从图 3-10 ~ 图 3-13 中可以看出，热风炉操作参数对拱顶温度影响规律有各自的特点：

（1）拱顶温度随空气预热温度以及煤气热值（即煤气 CO 体积分数）的增加而升高，但升高的幅度逐渐减小。

（2）煤气流量（标态）在 74000m³/h 左右时拱顶温度最高；当煤气流量（标态）超过80000m³/h 时，拱顶温度略有降低。

（3）当空燃比在 0.56 ~ 0.60 之间时，拱顶温度急剧上升；当空燃比超过0.60 时，拱顶温度基本保持不变。

3.2.2 操作参数对燃烧效率的影响

根据模拟输出结果，将计算所得的 CO 质量分数绘制成折线图，如图 3-14 ～图 3-17 所示。

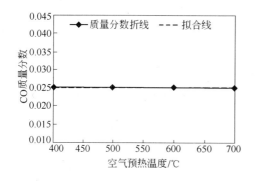

图 3-14　CO 质量分数与空气
预热温度的关系

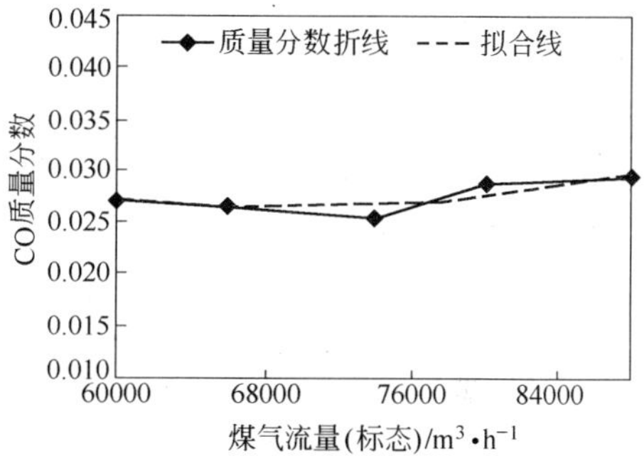

图 3-15　CO 质量分数与煤气
流量的关系

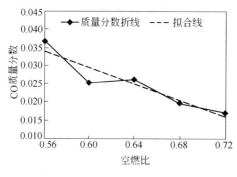

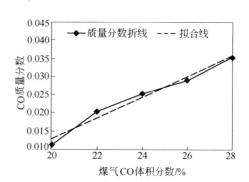

图 3-16　CO 质量分数与
空燃比的关系

图 3-17　CO 质量分数与煤气 CO
体积分数的关系

烟气中 CO 质量分数可以反映热风炉的燃烧效率，CO 质量分数越小，燃烧效率越高。图 3-14 ～ 图 3-17 中反映的热风炉操作参数对燃烧效率的影响规律如下：

（1）空气预热温度对燃烧效率没有影响；

（2）煤气流量和燃烧效率呈二次曲线关系，并在煤气流量（标态）74000m³/h 左右时燃烧效率最高；

（3）空燃比和煤气热值与燃烧效率呈线性关系，燃烧效率随空燃比的增加而减小，随煤气热值的提高而增加。

3.2.3　拱顶温度及燃烧效率回归模型

热风炉拱顶温度以及燃烧效率作为因变量 Φ，4 个自变量（空气预热温度、煤气流量、空燃比以及煤气成分）表示为 X_i，其公式为：

$$\Phi = f\left(\sum_{i=1}^{4} A_{ij} X_i^j\right) + B \tag{3-1}$$

3.2.3.1　拱顶温度回归方程

根据仿真结果的分析，由于 4 个自变量与拱顶温度的关系比较复杂，需要根据其变化趋势的特点分别做非线性回归，其回归曲线如图 3-10 所示，求得拱顶温度方程：

$$T = \left(\sum_{j=1}^{3} a_{1j} x_1^j\right) + \left(\sum_{j=1}^{2} a_{2j} x_2^j\right) + \left(\sum_{j=1}^{4} a_{3j} x_3^j\right) + \left(\sum_{j=1}^{3} a_{4j} x_4^j\right) + B \tag{3-2}$$

式中　a_{ij}——系数；

x_i——分别为空气预热温度、煤气流量、空燃比以及煤气成分，$i=1, 2, 3, 4$；

B——常数项。

3.2.3.2　燃烧效率空气预热温度

由于空气预热温度对燃烧效率没有影响，因此在燃烧效率方程中将该自变量去除，其回归曲线如图 3-14 所示，公式表达为：

$$\eta = \left(\sum_{j=1}^{2} \alpha_{2j} x_2^j\right) + (\alpha_3 x_3) + (\alpha_4 x_4) + \beta \tag{3-3}$$

式中　α_{ij}——系数；

α_i——分别为煤气流量、空燃比以及煤气成分，$i=2, 3, 4$；

β——常数项。

3.2.4　燃烧模型验证及分析

3.2.4.1　经验公式、拱顶温度模型以及实际值对比

某钢厂 2 号高炉热风炉一个燃烧期的实际操作参数见表 3-2。

表 3-2　某钢厂 2 号高炉热风炉一个燃烧期的实际操作参数

时　间	空气流量 (标态)/m³·h⁻¹	空气预热温度 /℃	煤气流量 (标态)/m³·h⁻¹	煤气预热温度 /℃	拱顶温度 /℃	CO 体积分数 /%
2009/9/27 4∶56	46230.21	582	72982.24	152	1339.21	24.3
2009/9/27 4∶57	48790.39	603	69378.41	157	1356.19	24.3
2009/9/27 4∶58	49317.39	615	69131.02	158	1365.28	24.3
2009/9/27 4∶59	46043.00	621	75723.94	158	1373.00	24.3
⋮	⋮	⋮	⋮	⋮	⋮	⋮
2009/9/27 6∶25	49142.43	648	75912.67	154	1395.26	23.8
2009/9/27 6∶26	47895.38	648	77884.30	154	1396.93	23.8
2009/9/27 6∶27	48669.36	648	77226.30	154	1396.93	23.8

经验公式如下：

$$T_g = \frac{Q_H + c_a T_a + c_f T_f}{V_n c_g} \qquad (3-4)$$

$$Q_H = 126.5CO + 108.1H_2 + 359.6CH_4 \qquad (3-5)$$

$$V_n = \frac{(1 - 0.23)V_a + V_f}{V_f} \qquad (3-6)$$

式中　　T_g——理论燃烧温度；

　　　　Q_H——煤气热值(标态), kJ/m^3；

　　　　V_n——单位燃料的烟气量，即烟气体积与煤气体积比；

c_a, c_f, c_g——分别为助燃空气、煤气、烟气平均比热容，$kJ/(m^3 \cdot ℃)$。

$$c_a = 1.302 + 0.000075t + 0.0595\left(\frac{t}{1000}\right)^2 \qquad (3-7)$$

$$c_f = 1.352 + 0.000075t \qquad (3-8)$$

$$c_g = 1.45 \qquad (3-9)$$

经验公式中 T_g 计算实际拱顶温度时，通常采用一个炉温系数 k，对于蓄热式热风炉 k 取 0.90~0.95，由于对该系数拱顶温度的变化趋势的影响不大，因此本节对炉温系数 k 不做讨论。经验公式、模型计算以及实际拱顶温度测量值与温度对比如图 3-18 所示。

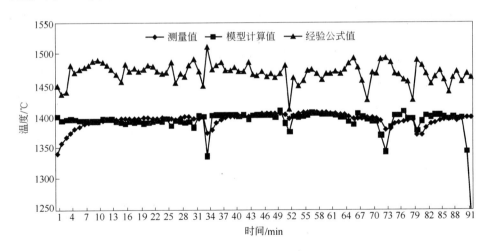

图 3-18　经验公式、模型计算值与实际拱顶温度对比

从图 3-18 中可以看出，根据模型计算的值比经验公式更加符合实际拱顶温度的变化：

(1) 经验公式是关于烟气热值与温度关系的方程，随着煤气成分、流量波动、拱顶温度值变化很大；

（2）经验公式中没有考虑燃烧效率以及空燃比对拱顶温度的影响，因此反映实际拱顶温度的变化效果并不理想；

（3）根据数值模拟结果建立的数学模型，综合考虑空气预热温度、煤气流量、空燃比以及煤气成分对拱顶温度的影响，计算拱顶温度更加符合实际状况。

此外，图 3-18 中第 34min、73min 和 80min 出现拱顶温度急剧下降的状况。这种状况的发生说明正是由于缺乏热风炉操作参数对拱顶温度影响的准确认识，当拱顶温度过高或者煤气热值、预热温度等因素变化时，不能够维持拱顶温度的稳定性。

从图 3-18 中可知，最初 10min 内实际值与模型计算值不符，其原因是烧炉初期热风炉处在热量积累期。为了到达拱顶温度约束值，通常采用的方法是强化燃烧，而模型所计算的值可以认为是拱顶温度的约束值；而 10min 后模型计算值准确地反映拱顶温度的波动，这说明模型中自变量空气预热温度、煤气流量、空燃比以及煤气成分准确地反映了拱顶温度的变化。

3.2.4.2 拱顶温度控制模型误差分析

拱顶温度控制模型计算值与实际值之间总存在一个绝对误差，造成该误差的原因主要有：

（1）仿真模型壁面假设为微导热状态，因此该拱顶温度模型忽略了散热对拱顶温度的影响；

（2）模型所计算的拱顶温度值是理想状态下的拱顶温度值，而实际每个炉子的炉况不同，造成计算值与实际值之间的偏差。

经修正后，计算值与实际值偏差为 6.7℃，炉温系数 k' 为 0.98。

3.2.5 热风炉燃烧优化

使用燃烧效率模型计算每 1min 各点的残余 CO 量，如图 3-19 所示。从图中可以看出，在该周期内热风炉的燃烧效率很不稳定，根据计算，残余 CO 质量分

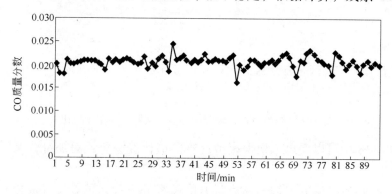

图 3-19 模型计算 CO 质量分数

数在 0.020 左右为良好的燃烧状态，但由于空气预热温度以及煤气热值的波动，导致需要改变煤气流量、助燃空气流量达到拱顶温度约束值。遇到此类炉况，一般采用加大煤气流量的措施解决，但是由于缺乏热风炉操作参数对拱顶温度影响的认识，操作容易造成以下负面影响：

（1）由于检测设备的滞后性，导致拱顶温度升得过高；

（2）燃烧效率下降，浪费资源。

表 3-3 为该周期内 1min 的操作参数以及优化后的操作参数（拱顶温度计算值为误差修正值）。

表 3-3 热风炉操作参数优化

参　数	空气流量（标态）/m³·h⁻¹	空气预热温度/℃	煤气流量（标态）/m³·h⁻¹	拱顶温度/℃	CO 体积分数/%	拱顶温度计算值/℃	CO 质量分数
实际数据	44400.3	635	74701.8	1396.9	24.1	1387.8	0.021
优化数据	47000.0	635	73000.0	1396.9	24.1	1395.3	0.019

从表 3-3 中可以看出，根据模型计算出该时间的实际燃烧状态并不理想，为了达到拱顶温度约束值 1396℃，其优化数据应当为增加空燃比，即适当减少煤气流量以及空气流量，操作参数优化后可节约煤气用量 2.2%，并达到拱顶温度的约束值。

3.2.6　小结

（1）采用数值模拟的方法求解出不同操作条件下的拱顶温度以及燃烧效率，通过分析归纳自变量空气预热温度、煤气流量、空燃比以及煤气成分与因变量拱顶温度、燃烧效率之间的关系，可建立热风炉燃烧控制模型，即拱顶温度模型以及燃烧效率模型。

（2）拱顶温度控制模型与经验公式相比，能够更加准确地反映实际拱顶温度的变化，计算值与实际值偏差为 6.7℃。

（3）通过燃烧效率模型优化热风炉操作参数，在确定拱顶温度约束值条件下，求解出最佳煤气流量和空燃比，节约煤气用量大约 2%。

3.3　热风炉烟气排放控制模型

废气温度太高导致热效率下降，格子砖支撑的金属也会被烧坏，因此废气温度达到上限就应进行温度管理。日本川崎钢铁公司千叶厂 5 号高炉热风炉的优化系统控制是：按测得的废气温度上升曲线，从其外延趋势看，如果未到换炉时间就已达到上限，就应改变燃料量使废气温度上升减缓而正好在换炉时刻达到燃烧终点。

本节研究主要目的是在提高风温的过程中，根据燃烧后的烟气状态，归纳出燃烧参数与烟气升温的内在关系，达到合理控制烟气升温速度、提高热风炉热效率、保护热风炉使用寿命的目的。

3.3.1 出口烟气温度假设

按照高风温条件下蓄热室温度分布结果，影响烟气出口温度的主要因素为烟气速度 $v_{烟气}$：

$$v_{烟气} = f(V_{煤气}, V_{空气}) \tag{3-10}$$

烟气速度与煤气流量和空气流量呈一定函数关系（见图3-20），煤气流量（标态）由 $60000 \mathrm{m^3/h}$ 提高到 $65000 \mathrm{m^3/h}$，导致速度变化 $0.5 \mathrm{m/s}$，烟气出口温度改变提高 $12.5 ℃$，烟气升温速率变化约 $0.2 ℃/\mathrm{min}$。

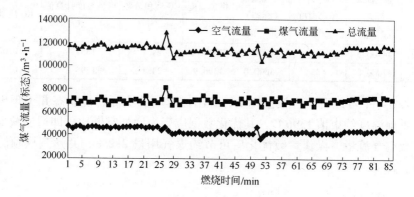

图3-20 热风炉流量关系

由图3-20可知，在整个燃烧期中煤气与空气流量除了在个别时间段有较大变化外，总体波动很小，一般在 $2000 \mathrm{m^3/h}$（标态）以下，并且从图中可以看出燃烧初期与燃烧末期总流量基本保持不变。烟气升温速率如图3-21所示。

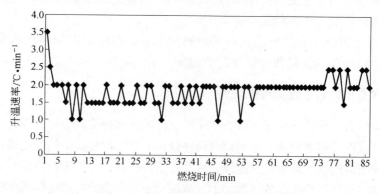

图3-21 烟气升温速率

由图 3-21 可知，燃烧末期烟气升温速率增加，即在煤气与空气流量比较稳定时，烟气升温率仍然会随时间的延长而提高。因此，采用整个燃烧期中煤气与空气流量无法精确计算烟气速率变化。此外，在燃烧初期强化燃烧时，烟气温度上升较快。本节在建立模型时不考虑燃烧末期烟气温度变化趋势，建模时初始时间为燃烧期的第四分钟。

综上所述，仅采用煤气和空气流量无法反映烟气升温速率，它与蓄热室其他状态参数也存在一定函数关系。

假定一个蓄热饱和度函数 H，在燃烧初期蓄热室未达到蓄热饱和，烟气升温速率主要由煤气和空气流量的大小决定；在燃烧末期蓄热室未达到蓄热饱和增大，在煤气流量和空气流量变化不大的情况下，烟气升温速率将增加。

由于温度、空气流量和煤气流量与燃烧气体总流量呈函数关系，在烟气排放控制回归方程中影响因子设定为：

$$T_{烟气} = f(V_{总}, H, t) \tag{3-11}$$

烟气出口温度变化如图 3-22 所示。

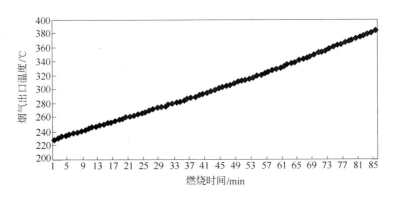

图 3-22　烟气出口温度变化

根据蓄热饱和度的定义，烟气出口温度与燃烧时间呈非线性关系。烟气出口温度随时间的增加，其升温速率增加；而烟气出口温度与 Y 轴的交接点正是烟气初始温度。这些均属于二次曲线的特征：

$$T_{烟气} = at^2 + bt + c \tag{3-12}$$

因此，烟气排放控制回归方程中设定的影响因子假设：

（1）常数项 c 为烟气初始温度；

（2）第二项 b 为燃烧气体总流量影响函数，烟气温度随时间呈线性变化；

（3）第一项 a 为蓄热饱和度函数，烟气温度随时间呈非线性变化。

3.3.2 烟气温度回归方程系数确定

根据假设,在燃烧初期蓄热饱和度对升温速率影响没有影响,由图3-22所示的烟气出口温度变化曲线求斜率,即为一定煤气和空气流量下烟气升温速率(见图3-23)。

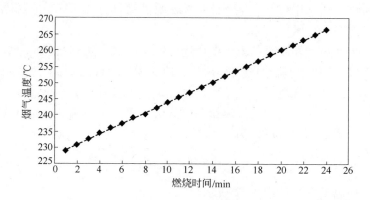

图3-23 烟气升温速率拟合

根据 2009 年 10 月出口烟气温度,求出在煤气流量(标态,下同)为 70000~75000m³/h,空气流量(标态,下同)为 43000~46000m³/h 时,即总流量为 113000~121000m³/h,烟气升温率为 1.6℃/min;煤气流量提高到 5000m³/h,总流量提高到 8250m³/h,烟气升温率提高 0.2℃/min。根据某钢厂 2 号高炉热风炉的实际情况,确定燃烧气体总流量影响函数 b 的值:

(1)总流量为 121000 ~ 130000m³/h,$b = 1.9$;

(2)总流量为 113000 ~ 121000m³/h,$b = 1.6$;

(3)总流量为 104000 ~ 113000m³/h,$b = 1.3$。

总流量为 104000~130000m³/h 为某钢厂 2 号高炉热风炉正常操作参数,即煤气流量最低为 65000m³/h,最高为 80000m³/h。

总流量影响函数的表示形式为:

$$b = 2.31 \times 10^{-5} V_{总} - 1.1 \tag{3-13}$$

根据 $T_{烟气} = at^2 + bt + c$ 中烟气最终温度、燃烧时间、燃烧气体总流量影响函数 b 和烟气初始温度 c,确定蓄热饱和度函数 H,即方程中的系数 a:

$$390 = 86 \times 86 \times a + 86 \times 1.6 + 225$$

所以 $$a = 0.0037$$

因此,烟气排放控制模型为:

$$T_{烟气} = at^2 + bt + c$$

其中，a 为 0.0037。总流量为 121000 ~ 130000m^3/h 时，$b = 1.9$；总流量为 113000 ~ 121000m^3/h 时，$b = 1.6$；总流量为 104000 ~ 113000m^3/h 时，$b = 1.3$，c 为烟气初始温度。

由于需要以烟气升温速率控制最终烟气温度温度，对方程求导即可得出烟气升温速率方程：

$$v_{烟气} = at + b \tag{3-14}$$

3.3.3 烟气排放控制模型验证

选取 2009 年 10 月某钢厂 2 号高炉热风炉一个燃烧期数据，将实际烟气出口温度和实际烟气升温速率与模型计算值对比，结果如图 3-24 和图 3-25 所示。

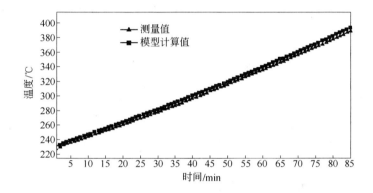

图 3-24 烟气出口温度实际值和计算值对比

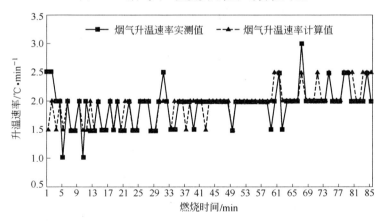

图 3-25 烟气升温速率对比

从图 3-24 中可以看出，烟气出口温度与模型计算值拟合较好，其偏差为 1.6℃。

从图 3-25 中可以看出，模型计算的烟气升温速率基本和实际烟气升温速率相同，其偏差为 0.1℃/min。

3.3.4 小结

（1）由于热风炉蓄热体随着热量的增加，其蓄热能力有所下降，在燃气流量变化不变时，烟气出口温度随时间的增加，其升温速率增加；经实际数据拟对，烟气出口温度与时间呈二次曲线函数关系。

（2）提出蓄热饱和度 H，并假设蓄热饱和度随时间的增加影响蓄热体吸收热量的作用越大。

（3）建立了烟气排放控制模型 $T_{烟气} = at^2 + bt + c$ ，并确定了方程中的由蓄热饱和度影响的系数 a，以及由流量影响的系数 b；经现场数据验证，烟气出口温度计算值与实际测量值偏差为 1.6℃，烟气升温速率计算值与实际测量值偏差为 0.1℃/min。

3.4 热风炉热平衡残热推断模型

热风炉的热平衡计算是测量热工特性和确定热效率等生产技术指标的重要方法[63]。宝钢、武钢和济钢等一些重点钢铁企业，曾对热风炉热收入项和热支出项进行测量计算，认为可通过利用系统余热来提高空气和煤气预热温度，以及通过提高燃烧效率来提高热风炉的热效率[64~66]。但从图 3-26 所示的热量分配示意图中可以看出[61]，在热风炉运行阶段中大量的残余热量留在炉中，而热平衡中所计算的仅仅是热风炉的有效热量。

目前，针对热风炉燃烧控制中每个燃烧期蓄积的总热量必须满足下一个送风期送风热量的需求，并维持热量收支平衡，其流量设定有两种方法：（1）根据烟气温度[67]、混风阀开度等参数[44]，决定原设定的煤气流量；（2）基于热风炉热平衡原理，采用数学模型计算蓄积热量和支出热量[68,69]，来决定合适的煤气流量。这两种方法分别从热风炉使用效率和热量收支平衡的角度进行流量控制，达到了良好的控制效果。

本节将残热引入热平衡计算中，建立了基于热平衡计算的热风炉残热推断模型，通过某钢厂 2 号高炉热风炉实际数据对模型进行了验证。结果证明该模型能够将热风炉使用效率和热量收支平衡相结合，并可计算出供下一周期利用的残余热量，求出最佳热收入和热支出，优化下一周期煤气总流量，达到指导热风炉有

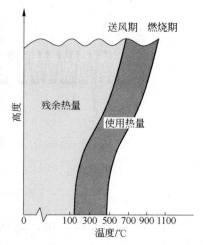

图 3-26 热风炉热量分配示意图

效地利用残热，提高热风炉热效率，延长热风炉使用寿命的目的。

3.4.1 残热推断模型构建

虽然热风炉在一个运行周期内热收入和热支出并不一定相等，但炉内总热量相同，现引入残热概念来表示炉内总热量平衡：

$$Q_{残热i} + Q_{热收入i} = Q'_{残热i} + Q'_{热支出i} \tag{3-15}$$

式中　$Q_{残热i}$——燃烧期末炉内残余热量，kJ；

　　　$Q_{热收入i}$——热风炉热收入，kJ；

　　　$Q'_{残热}$——送风期末炉内残余热量，kJ；

　　　$Q'_{热支出i}$——热风炉热支出，kJ；

　　　i——历史炉次。

由于燃烧末期炉内残余热量和送风末期炉内残余热量都是未知数，直接计算热风炉内残余热量绝对值十分困难。

假设 $Q_{最佳}$ 为单炉次最佳热收入热量，$Q'_{最佳}$ 为单炉次最佳热支出热量，将式（3-15）变换后，等式两边减去 $Q_{最佳}$：

$$Q_{热收入i} - Q_{最佳i} = (Q'_{热支出i} - Q_{最佳i}) + (Q'_{残热i} - Q_{残热i}) \tag{3-16}$$

假设参数 ΔQ_i：

$$\Delta Q_i = Q_{热收入i} - Q_{最佳i} = (Q'_{热支出i} - Q_{最佳i}) + (Q'_{残热i} - Q_{残热i}) \tag{3-17}$$

从热平衡角度讲，最佳热收入量与最佳热支出量相等：

$$\Delta Q_i = Q_{热收入i} - Q'_{最佳i}$$

$$= (Q'_{热支出i} - Q'_{最佳i}) + (Q'_{残热i} - Q_{残热i}) \tag{3-18}$$

式（3-18）右边意义为每炉实际热支出相对最佳热支出需要的额外热量（$Q'_{热支出i} - Q'_{最佳i}$）与炉内可利用残余热量（$Q'_{残热i} - Q_{残热i}$）之和。因此，ΔQ_i 意义为可供下一周期使用的炉内残余热量的相对值。

仅根据送风热量需求来决定下一周期燃烧热量，不能维持每一炉次内蓄积热量的稳定，因此将 ΔQ_i 看作残余热量引入模型中。由于高炉需要的风量和风温受炉况影响，每一周期需要热量不同，其热量需求可能不等于最佳送风热量 $Q'_{最佳}$，假设下一周期热支出项中送风热量为 $Q'_{热支出(i+1)}$：

$$Q'_{热支出(i+1)} = Q_{热收入(i+1)} + \Delta Q_i \tag{3-19}$$

下一周期内热风炉应蓄积的热量：

$$Q_{热收入(i+1)} = Q'_{热支出(i+1)} - \Delta Q_i \tag{3-20}$$

式（3-19）和式（3-20）为残热推断模型。

3.4.2　最佳热收入和最佳热支出的确定

残热推断模型中需要确定 $Q_{最佳i}$ 和 $Q'_{最佳i}$ ，对每一炉次的热收入项和热支出项进行计算，计算公式如下：

（1）热收入

$$Q_{热收入i} = Q_{1i} + Q_{2i} + Q_{3i} + Q_{4i} \tag{3-21}$$

其中

$$Q_{1i} = \int_1^\tau (Q_d \times V_{fi}) d\tau$$

$$Q_{2i} = \int_1^\tau (c_k \times V_{ki} \times \Delta t_{ki}) d\tau$$

$$Q_{3i} = \int_1^\tau (c_f \times V_{fi} \times \Delta t_{fi}) d\tau$$

$$Q_{4i} = \int_1^\tau (c_1 \times V_{1i} \times \Delta t_{1i}) d\tau$$

（2）热支出

$$Q_{热支出i} = Q'_{1i} + Q'_{2i} + Q'_{3i} \tag{3-22}$$

其中

$$Q'_{1i} = \int_1^\tau [V_{hi} \times (c_h t_{hi} - c_1 t_{1i})] d\tau$$

$$Q'_{2i} = \int_1^\tau (c_y \times V_{yi} \times \Delta t_{yi}) d\tau$$

$$Q'_{3i} = S \times Q_t$$

式中　Q_{1i}——化学燃烧热量，kJ；

Q_{2i}——助燃空气物理热量，kJ；

Q_{3i}——煤气物理热量，kJ；

Q_{4i}——冷风物理热量，kJ；

Q'_{1i}——送风热量 kJ；

Q'_{2i}——烟气热量，kJ；

Q'_{3i}——热风炉散热，kJ；

Q_d——低热值煤气发热值，kJ；

c——气体定压热容，kJ/（m³·℃）；

V——气体流量，m³/min；

Δt——气体温度与环境温度差，℃；

S——热风炉散热总面积，m^2；

Q_t——散热热通流量，W/m^2；

τ——积分时间，min；

k, f, l, h, y——分别表示空气，煤气，冷风，热风，烟气。

根据热平衡原理，长时间内热量收支平衡：

$$\sum_{i=1}^{n} \overline{Q_{热收入i}} = \sum_{i=1}^{n} \overline{Q'_{热支出i}} \tag{3-23}$$

在热平衡计算中，由于热工参数和仪表测量误差等问题存在，会导致热平衡误差 $\Delta Q'$，因此：

$$\Delta Q' = \sum_{i=1}^{n} \overline{Q_{热收入i}} - \sum_{i=1}^{n} \overline{Q'_{热支出i}} \tag{3-24}$$

$\sum_{i=1}^{n} \overline{Q_{热收入i}}$、$\sum_{i=1}^{n} \overline{Q'_{热支出i}}$ 意义为在一定送风要求下，能维持热风炉热平衡的热支出量和热收入量，即 $\sum_{i=1}^{n} \overline{Q_{热收入i}}$、$\sum_{i=1}^{n} \overline{Q'_{热支出i}}$ 满足送风要求，使热风炉热效率最大，又可维持热风炉热平衡。因此，$\sum_{i=1}^{n} \overline{Q_{热收入i}}$、$\sum_{i=1}^{n} \overline{Q'_{热支出i}}$ 为最佳热收入量和最佳热支出量。

将 $\sum_{i=1}^{n} \overline{Q_{热收入i}}$、$\sum_{i=1}^{n} \overline{Q'_{热支出i}}$ 看作 $Q_{最佳i}$、$Q'_{最佳i}$，代入残热推断模型。但由于热平衡存在误差，因此对式（3-19）修正：

$$Q_{热收入(i+1)} = Q'_{热支出(i+1)} - \Delta Q_i - \Delta Q' \tag{3-25}$$

经修正后的残热推断模型见式(3-26)~式(3-30)，即为基于热平衡计算的热风炉残热推断模型：

$$\Delta Q' = \sum_{i=1}^{n} \overline{Q_{热收入i}} - \sum_{i=1}^{n} \overline{Q'_{热支出i}} \tag{3-26}$$

$$\Delta Q_i = Q_{热收入i} - \sum_{i=1}^{n} \overline{Q_{热收入i}} \tag{3-27}$$

$$Q_{热收入(i+1)} = Q'_{热支出(i+1)} - \Delta Q_i - \Delta Q' \tag{3-28}$$

$$Q_{1i+1} = Q_{热收入(i+1)} - (Q_{2i+1} + Q_{3i+1} + Q_{4i+1}) \tag{3-29}$$

$$Q'_{1i+1} = Q_{热支出(i+1)} - (Q'_{2i+1} + Q'_{3i+1}) \tag{3-30}$$

3.4.3　热风炉数据采集

残热推断需要准确地计算热风炉实时的热状态。选取某钢厂 2 号高炉热风炉空气流量、空气预热温度、煤气流量和煤气预热温度等 47 个热工检测参数进行在线数据采集，主要监控参数及对应节点编号见表 3-4 ～ 表 3-6。

表 3-4　煤气成分及对应节点编号

煤气成分	节 点 编 号	煤气成分	节 点 编 号
CO_2	Lt2_PLCO20_403471	CH_4	Lt2_PLCO20_403474
CO	Lt2_PLCO20_403472	N_2	Lt2_PLCO20_403475
H_2	Lt2_PLCO20_403473		

表 3-5　送风参数及对应节点编号

热工参数	节 点 编 号	热 工 参 数	节 点 编 号
送风温度	Lt2_PLCO12_402316	冷风温度	Lt2_PLCO12_403217
高炉风量	Lt2_PLCO12_401664f		

表 3-6　热风炉参数及对应节点编号

项　目	节 点 编 号		
	1 号热风炉	2 号热风炉	3 号热风炉
空气流量	Lt2_PLCO12_401212f	Lt2_PLCO12_401232f	Lt2_PLCO12_401252f
空气预热温度	Lt2_PLCO12_403025	Lt2_PLCO12_403080	Lt2_PLCO12_403135
煤气流量	Lt2_PLCO12_401260f	Lt2_PLCO12_401264f	Lt2_PLCO12_401268f
煤气预热温度	Lt2_PLCO12_403012	Lt2_PLCO12_403067	Lt2_PLCO12_403122
拱顶温度	Lt2_PLCO12_403039 Lt2_PLCO12_401200f Lt2_PLCO12_403026 Lt2_PLCO12_401604f	Lt2_PLCO12_403094 Lt2_PLCO12_401220f Lt2_PLCO12_403081 Lt2_PLCO12_401618f	Lt2_PLCO12_403149 Lt2_PLCO12_401240f Lt2_PLCO12_403136 Lt2_PLCO12_401630f
烟气温度	Lt2_PLCO12_403024 Lt2_PLCO12_403023	Lt2_PLCO12_403079 Lt2_PLCO12_403078	Lt2_PLCO12_403134 Lt2_PLCO12_403133
残氧量	Lt2_PLCO12_401202f	Lt2_PLCO12_401222f	Lt2_PLCO12_401242f
未燃一氧化碳	Lt2_PLCO12_401600f	Lt2_PLCO12_401614f	Lt2_PLCO12_401626f Lt2_PLCO12_401626f
烧嘴温度	Lt2_PLCO12_401272f	Lt2_PLCO12_403084 Lt2_PLCO12_401274f	Lt2_PLCO12_403139 Lt2_PLCO12_401276f
格子砖温度	Lt2_PLCO12_403029f Lt2_PLCO12_401602f	Lt2_PLCO12_401616 Lt2_PLCO12_401616f	Lt2_PLCO12_401628 Lt2_PLCO12_401628f

数据直接从 PLC 节点中采集，使用 Microsoft SQL Server2005 进行数据管理。采集数据从 2009 年 9 月 20 日起截止到 2009 年 10 月 7 日，大约 100 炉次燃烧和送风热工参数。采集数据时间最小间隔为 1min，具体数据见表 3-7。

表 3-7　热风炉热工参数

时　间	1 号空气流量（标态）/m³·h⁻¹	1 号空气预热温度/℃	1 号煤气流量（标态）/m³·h⁻¹
2009/9/22 12:02	42104.61	610	75341.79
2009/9/22 12:03	42369.4	610	72253.43
2009/9/22 12:04	45594.48	610	68620.28
2009/9/22 12:05	46877.7	610	67014.09
2009/9/22 12:06	42337.14	610	71922.81
⋮	⋮	⋮	⋮

3.4.4　热平衡残热计算原理

由于数据较多计算量大，实际采用 VC ++ 编程处理，根据公式直接读取 SQL Server 数据库中数据进行计算。热风炉蓄热平衡的计算的原则为：

$$燃烧期燃烧的蓄热量 = 送风期冷风的吸热$$

即

$$Q_{蓄热} = Q_{送风}$$

（1）燃烧期蓄热量 $Q_{蓄热}$

$$Q_{蓄热} = Q_物 + Q_燃 - Q_烟 - Q_散 \tag{3-31}$$

1）$Q_物$ 表示空气和煤气带入的物理热量

$$Q_物 = Q_{2i} + Q_{3i} \tag{3-32}$$

计算各温度下的空气和煤气的热容，并代入公式编程语言如下：

$$Q_{2i} = (1.35072125) \times (Lt2\_PLCO12\_401232f/60) \times$$
$$(Lt2\_PLCO12\_403080 - 25)$$

$$Q_{3i} = (1.3644875) \times (Lt2\_PLCO12\_401264f/60) \times$$
$$(Lt2\_PLCO12\_403067 - 25)$$

2）$Q_燃$ 为燃烧产生的热量，即 Q_{1i}：

$$Q_d = 126.5CO + 108.1H_2 + 359.6CH_4 \tag{3-33}$$

式中，CO、H_2、CH_4 为煤气中成分的体积分数，%。

$$Q_燃 = (126.5 \times Lt2\_PLCO20\_403472f + 108.1 \times Lt2\_PLCO20\_403473f +$$
$$359.6 \times Lt2\_PLCO20\_403474f) \times (Lt2\_PLCO12\_401264f/60)$$

3）$Q_烟$ 为烟气带走的热量，即 Q'_{2i}

$$V_y = [V_k \times (1 - O_2\%) + V_g]/(1 - O_2\%_烟) \tag{3-34}$$

式中 $O_2\%$——空气中的氧气体积分数；

$O_2\%_烟$——烟气中的氧气体积分数。

烟气体积由式（3-34）求出，烟气热量编程语言如下：

$Q_烟 = [($Lt2_PLCO12_401232f$/60) \times (1 - 0.21) + ($Lt2_PLCO12_401264f$/60)]/$

$(1 - $Lt2_PLCO12_401222f$) \times 1.45 \times [($Lt2_PLCO12_403079 +$

$Lt2_PLCO12_403078)/2 - 25]$

4）$Q_散$ 为散失热量，即 Q'_{3i}

$$Q_t = 1244 \tag{3-35}$$

根据工业炉设计，以热通流量计算散热，计算值为 15518950.75kJ。最后将炉体散热作为定值进行热平衡计算。

（2）送风期 $Q_{送风}$，即 Q'_{1i}

$Q_{送风} = $Lt2_PLCO12_401664f$(1.4328 \times $Lt2_PLCO12_402316$ - 1.3071 -$

$1.3071 \times $Lt2_PLCO12_403217$)$

3.4.5 热平衡残热计算结果及分析

表 3-8 为热平衡残热计算结果，可能由于原始异常数据存在，导致计算结果不准确。因此，必须进行数据筛选，排除异常因素的干扰。

表 3-8 热平衡残热计算结果　　　　　　　　（kJ）

时 间	炉号	Q_{1i}	Q_{2i}	Q_{3i}	Q_{4i}	Q'_{1i}	Q'_{2i}	Q'_{3i}
2009/9/27 2:47	3	0	0	0	4.01E+07	4.02E+08	0	1.55 E+07
2009/9/27 3:33	2	3.92E+08	2.00E+07	6.15E+07	0	0	7.05E+07	1.55E+07
2009/9/27 3:40	3	1.89E+08	9.41E+06	3.06E+07	0	0	3.66E+07	1.55E+07
2009/9/27 3:47	1	0	0	0	4.21E+07	4.33E+08	0	1.55E+07
2009/9/27 4:50	2	0	0	0	4.42E+07	4.63E+08	0	1.55E+07
2009/9/27 5:30	1	3.68E+08	1.99E+07	5.72E+07	0	0	6.52E+07	1.55E+07
⋮	⋮	⋮	⋮	⋮	⋮	⋮	⋮	⋮
2009/10/3 5:52	3	0	0	0	4.11E+07	4.32E+08	0	1.55E+07
2009/10/3 6:38	2	3.66E+08	1.87E+07	5.86E+07	0	0	6.63E+07	1.55E+07
2009/10/3 6:52	1	0	0	0	4.18E+07	4.33E+08	0	1.55E+07
2009/10/4 0:01	1	3.69E+09	2.05E+08	5.68E+08	0	0	4.79E+08	1.55E+07
2009/10/4 0:01	2	0	0	0	7.28E+08	7.42E+09	0	1.55E+07
2009/10/4 0:01	3	4.02E+09	2.27E+08	6.87E+08	0	0	1.03E+09	1.55E+07.
⋮	⋮	⋮	⋮	⋮	⋮	⋮	⋮	⋮

从表3-8中可以看出，黑体数据均为异常数据，导致异常数据产生主要有以下两个原因：（1）监控节点信号为空值，导致热风炉炉号顺序混乱；（2）信号输出中断，导致残热推断数据明显偏大或变小。为了热平衡计算结果误差，必须对数据进行筛选，以排除异常因素的干扰。具体方法：相同炉号间隔小于3，以及Q_{4i}和Q'_{1i}项数值大于1×10^9或小于2×10^7的数值删除。

以3号炉为例，对除去异常数据后分别对每一单炉次热量收入和热量支出求和后，将87炉次的热量收入和热量支出均值求差：

$$\Delta Q' = \overline{\sum_{i=1}^{87} Q_{热收入i}} - \overline{\sum_{i=1}^{87} Q'_{热支出i}} = (3.89 - 4.10) \times 10^8 = -2.12 \times 10^7 \text{kJ}$$

将$\overline{\sum_{i=1}^{87} Q_{热收入i}}$或者消除误差后的$\overline{\sum_{i=1}^{87} Q'_{热支出i}}$作为最佳热支出和最佳热收入，对每一炉次的热收入项求差，公式如下：

$$\Delta Q_i = Q_{热收入i} - \overline{\sum_{i=1}^{87} Q_{热收入i}} = Q_{热收入i} - (\overline{\sum_{i=1}^{87} Q_{热支出i}} + \Delta Q')$$

将计算所得的87炉次ΔQ_i绘制成曲线，如图3-27所示。

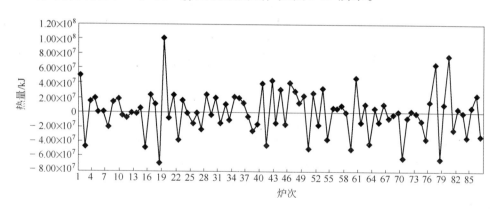

图 3-27　3 号炉内热量波动

从图 3-27 中可以看出，3 号热风炉每一周期炉内的残热变化有以下两大特点：

（1）当热风炉内供下一周期使用的残余热量高于零基准时，说明该周期燃烧，热量过多，热风炉热效率降低；

（2）当热风炉内供下一周期使用的残余热量低于零基准时，即燃烧热量不足，下一周期应增加煤气燃烧量，补充炉内残热，满足其送风热量需求。

此外，从图 3-27 中还可知，3 号热风炉每一炉次炉内热量不能收支平衡时，其热量差值最高达到 1.8×10^8 kJ，约占燃烧期热量的 45%，引起蓄热室格子砖整体温度场波动 25℃，这将会导致格子砖因温度变化而产生的热应力表现更为突出，对热风炉使用寿命极为不利。

根据 3 号热风炉热量收支状况，假设每次预计下周期热支出与实际相差 5%，利用残热推断模型针对 51~87 炉次优化热量收入项，如图 3-28 所示。从图 3-28 中可以看出，利用残热推断模型优化 51~87 炉次热量收入项后，与前 50 炉次相比，其炉内可利用残热减少，并且波动很小，说明采用基于热平衡计算的残热推断模型能够充分利用炉内残余热量，提高热风炉使用效率。

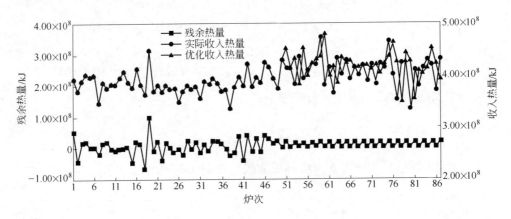

图 3-28　3 号热风炉优化参数后热量变化

3.4.6　小结

实际运行过程中炉内存在大量残余热量，本节引入残热概念并推导出基于热平衡计算的残热推断模型，该模型的具体意义如下：

（1）在热风炉热平衡计算中引入残余热量。利用积分方法计算每一炉次的热收入和热支出，计算适合风温要求的最佳热支出量 $\sum\limits_{i=1}^{n} Q_{热收入i}$。

（2）提高热风炉使用效率。根据炉内残余热量的变化，优化出下一周期热风炉燃烧热量 $Q_{热收入(i+1)}$。当炉内残热为正时，下一周期燃烧热量应低于预计送风热量；当炉内残热为负时，下一周期燃烧热量应高于预计送风热量。使热风炉可利用残热尽可能接近于零，达到有效地利用炉内残热、提高热风炉使用效率的目的。

（3）维持炉内热量收支平衡。利用计算出的优化燃烧热量和预计的送风热量平衡炉内的残余热量，减小每一炉次热风炉蓄热室实际残热的波动，稳定蓄热室格子砖整体温度场，减小格子砖内部的热应力，延长热风炉使用寿命。

3.5 热风炉专家控制系统

3.5.1 热风炉专家控制系统结构设计

热风炉专家控制系统模仿操作者的思维，结合热风炉数学模型，通过控制拱顶温度和烟道温度来动态调节煤气流量和助燃空气流量，如图3-29所示。

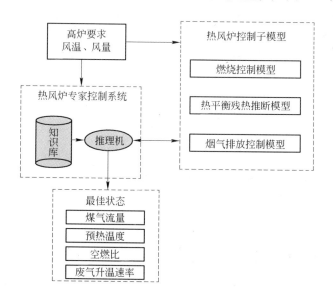

图 3-29 热风炉专家控制系统结构

热风炉专家控制系统模型结构如下：

（1）燃烧控制模型。按拱顶温度允许范围，自动计算煤气和助燃空气混合比，优化热风炉的操作，同时避免拱顶温度过高。

（2）烟气排放控制模型。计算并检测燃烧期的烟气温度，并将烟气温度控制在合理的范围内。

（3）热平衡残热推断模型。动态地计算蓄热室温度场及热量蓄积状况，尤其是炉内残热的变化状态，指导热风炉烧炉操作。

（4）最佳燃烧状态控制专家系统。由高炉要求的合理高风温自动选定拱顶温度范围，并控制烟道废气温度，按操作的知识与经验构成知识库，动态调节煤气量、助燃空气量，并指导预热系统操作，达到燃烧期和送风期最佳燃烧和合理送风，节约能源并达到最高风温。

3.5.2 专家控制模型燃烧制度设计

根据3.2~3.4节推导出的燃烧控制模型、烟气排放控制模型和热平衡残热推断模型构建专家控制模型燃烧制度，如图 3-30 所示。

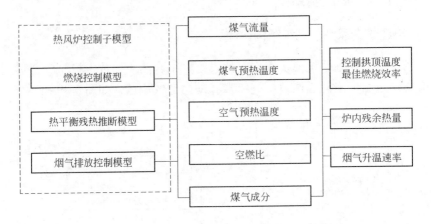

图 3-30　专家控制模型燃烧制度

3.5.2.1　专家控制模型燃烧制度的构建

从图 3-30 中可以看出，通过煤气流量、煤气预热温度、空气预热温度、空燃比和煤气成分 5 个基本参量可控制拱顶温度、炉内残余热量、烟气升温速率以及实现最佳燃烧效率：

（1）燃烧控制模型中，自变量有空气预热温度、煤气流量、煤气预热温度、空燃以及煤气成分，由于控制参数过多，不易实现自动控制，根据参数对拱顶温度及燃烧效率作用的大小，选择主要控制参数。因此，选择拱顶温度的主要调节参数煤气流量和空燃比作为控制参数，空气预热温度、煤气预热温度、煤气成分由现场数据作为固定参数代入模型。由于方程中未知数为煤气流量和空燃比，单个方程无法求解，需要经过计算由专家制定优化参数。

（2）烟气排放控制模型中，当烟气升温速率过高时，通过减小煤气总流量实现，即增加空燃比；当烟气升温速率过低时，由燃烧模型计算煤气流量应增加时，通过专家制定规则，满足烟气排放温度与拱顶温度的煤气流量。

（3）热平衡残热推断模型中，有效利用炉内残热，优化下一周期燃烧总热量，由燃烧总热量根据燃烧时间可优化瞬时煤气流量。但是，由于拱顶温度的限制，该模型不易实现煤气流量控制。另一种控制方法是由优化后的总煤气流量求出燃烧时间。本节专家控制系统中利用残热模型实现燃烧时间的控制。

3.5.2.2　专家控制模型燃烧制度的参数控制结构

由专家控制模型燃烧制度及三个模型之间的关系进行燃烧制度参数控制：

（1）根据热风炉使用情况假设下一周期送风时间，由热平衡残热推断模型计算下一周期煤气总流量和燃烧时间。

（2）在燃烧控制中煤气预热温度、空气预热温度和煤气成分波动较小，作为已知变量代入方程。瞬时拱顶温度、燃烧效率主要通过瞬时煤气流量、空燃比调节控制。

（3）烟气排放控制模型烟气温度饱和度为定值代入，烟气升温速率由煤气流量控制。

（4）方程中煤气流量、空燃比隐性关系和各模型设定参数之间的冲突，需要通过专家系统制定规则表达（见图3-31）。

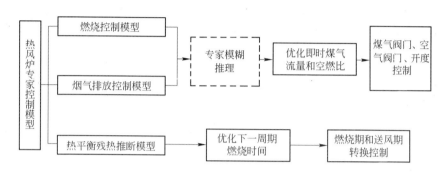

图3-31　专家控制模型燃烧制度参数控制结构

原有热风炉的手动调节原则上以煤气流量为参考，以调节空气量和煤气量为手段，达到炉顶温度上升的目的：

（1）开始燃烧时，根据高炉所需要的风温高低来决定燃烧操作。一般应在保证完全燃烧的情况下，尽量加大空气量和煤气量。

（2）炉顶温度达到技术指标时，应加大空气量来保持炉顶温度不超标。

（3）如果炉顶温度、烟道温度同时达到指标，应采取换炉通风的办法，而不应该减烧。

（4）如果高炉不正常，要求较低的风温在4h以上时，应采取减烧或并联措施，预热炉采用停用或降温的措施。

专家控制模型燃烧制度克服了原有热风炉手动调节的弊病，采用更科学的方法调节煤气流量和空燃比，达到优化燃烧的目的。

3.5.3　热风炉操作工艺程序

热风炉操作工艺程序主要包括热风炉换炉操作工艺程序以及紧急状况应对措施：

（1）在高炉全风量、高风温状态下，采用自动方式进行燃烧、换炉操作，工作状态为二烧一送，预计每90min换炉一次，换炉时间不大于15min。

（2）换炉操作：

1）燃烧状态→送风状态。选择好正确的炉号→关闭煤气调节阀→关闭空气调节阀→关闭煤气切断阀→关闭煤气燃烧阀（同时打开煤气小放散阀）→关闭空气切断阀→关闭两台烟道阀和烟采阀→开启冷风均压阀（为热风炉均压），待均压完毕后，开启冷风阀→开启热风阀→关闭冷风均压阀→用混风调节阀调节入炉风温。

2）送风状态→燃烧状态。选择好正确的炉号→关闭冷风阀→关闭热风阀→开启废风均压阀→待炉内风放净后，开启两台烟道阀和烟采阀→关闭废风均压阀→开启空气阀→开启燃烧阀（煤气），关闭支管煤气小放散阀→开启空气调节阀，调节到点火角度→开启煤气切断阀→开启煤气调节阀，点火→点着火后，调节煤气和空气的配比量，保证供应风温所需要的最佳燃烧量。

3）燃烧→隔断。选择好正确的炉号→关闭煤气调节阀→关闭空气调节阀→关闭煤气切断阀→关闭煤气燃烧阀（同时打开煤气小放散阀）→关闭空气切断阀→保持烟道阀和烟采阀开启位置。

4）送风→隔断。选择好正确的炉号→关闭冷风阀→关闭热风阀→开启废风均压阀→待炉内风放净后，开启两台烟道阀和烟采阀→关闭废风均压阀→保持烟道阀和烟采阀开启位置。

5）隔断→燃烧。开启空气阀→开启燃烧阀（煤气），关闭支管煤气小放散阀→开启空气调节阀，调节到点火角度→开启煤气切断阀→开启煤气调节阀，点火→点着火后，调节煤气和空气的配比量，保证供应风温所需要的最佳燃烧量。

6）隔断→送风。关闭两台烟道阀和烟采阀→开启冷风均压阀（为热风炉均压），待均压完毕后，开启冷风阀→开启热风阀→关闭冷风均压阀→用混风调节阀调节入炉风温。

（3）紧急状况应对措施：

1）紧急停风操作。关闭混风切断阀→关闭通风炉热风阀及冷风阀（自动程序走"送风→隔断"程序）→燃烧炉全部停烧→打开通风炉烟道阀→如高炉风机停机或风压下降过急时，应将通风炉冷风阀打开→联系停风的原因及时间长短，做好恢复生产的准备工作。

2）紧急停电操作。关闭混风切断阀（先停止使用富化煤气）→关闭燃烧炉煤气切断阀→如煤气压力断绝，打开煤气管道所有吹扫蒸汽，并与煤气调度联系，待 V 形水封到规定水位后打开总放散阀→关闭通风炉的热风阀，打开烟道阀→关闭燃烧炉煤气燃烧阀 →收到倒流回压的指令后，打开倒流休风阀→关闭煤气燃烧阀、空气燃烧阀。

3.5.4 模糊推理专家系统规则设计

模糊推理专家系统是一种基于专家知识，蕴含着人类智能、推理和决策的智能控制方式。本节以数学模型计算结果结合专家或操作人员的经验和知识，制定热风炉燃烧控制数据库，实现热风炉自动控制。模糊推理系统结构如图 3-32 所示。

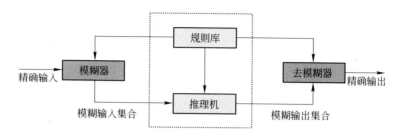

图 3-32　模糊推理系统结构

　　对于单个变量的隶属函数的选择，形状可选择图 3-33 所示的三角形、梯形、高斯形、钟形。本节对控制参数要求在一定区间内的，拱顶温度梯形选用梯形。隶属函数叠加如图 3-34 所示，通过图 3-34 所示的隶属函数可以将论域的变量模糊化。

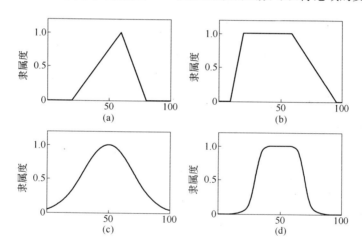

图 3-33　隶属函数形状

（a）三角形；（b）梯形；（c）高斯形（d）钟形

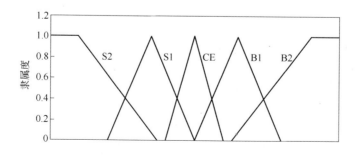

图 3-34　变量模糊化的隶属函数

向量模糊集合，x 为向量，p 是 x 的维数，则模糊集合 A_x 可表示为：

$$\mu_{A_x}(x) = \mu_{A_{x_1}}(x_1)\cdots\mu_{A_{x_p}}(x_p)$$

3.5.4.1　规则库

根据专家的经验确定推理的规则，规则 R^l 可表示为：

$$R^l:\text{if } u_1 \text{ is } A_1^l, u_2 \text{ is } A_2^l, \cdots, u_p \text{ is } A_p^l, \text{then } v \text{ is } G^l$$

例如，实际水龙头开度与出水量：

（1）如果水龙头开度大，则出水量多；

（2）如果水龙头适中，则出水量合适；

（3）如果水龙头开度小，则出水量小。

这里"多"、"合适"、"适中"、"小"、"开度大"、"开度小"都是精确数据通过模糊隶属函数得到的模糊量。

同样的道理，在热风炉拱顶温度模糊推理中也采用类似的规则（见表3-9）。

表 3-9　拱顶温度变化规则

煤气流量	空气预热温度	空燃比	煤气 CO 含量	拱顶温度
增加	不变	不变	不变	提高
不变	增加	不变	不变	提高
不变	不变	增加	不变	降低
不变	不变	不变	增加	提高
增加	增加	不变	不变	提高很大
增加	不变	增加	不变	可能提高
增加	不变	不变	增加	提高
增加	增加	增加	不变	可能提高
增加	增加	增加	增加	可能提高
⋮	⋮	⋮	⋮	⋮

在热风炉模糊专家系统推理中，根据现场参数变化范围以及数学模型计算变化范围进行模糊的等级分类：

（1）煤气流量：极高，较高，高，适中，低，较低，极低。

（2）烟气升温速率：较高，高，适中，低，较低。

（3）拱顶温度：极高，较高，高，适中，低，较低，极低。

（4）燃烧效率：较高，高，适中，低，较低。

（5）空燃比：极高，较高，高，适中，低，较低，极低。

（6）空气预热温度：较高，高，适中，低，较低。

（7）煤气 CO 含量：较高，高，适中，低，较低。

（8）煤气流量调节量（标态）：极高 3000m³/h，较高 2000m³/h，高 1000m³/h，适中 0，低 -1000m³/h，较低 -2000m³/h，极低 -3000m³/h。

（9）空燃比调节量：极高 0.3，较高 0.2，高 0.1，适中 0，低 -0.1，较低 -0.2，极低 -0.3。

在 3.2～3.4 节中分别建立的燃烧控制模型、烟气排放模型和热平衡残热模型，对实测的拱顶温度温度、空气预热温度、煤气 CO 含量、煤气流量和空燃比，可根据数学模型计算对煤气流量调节量和空燃比调节量制定规则：

（1）根据采用拱顶温度控制模型，设定煤气流量和空燃比控制，规则如下：

1）拱顶温度高，煤气流量较低，空燃比适中，空气预热温度高，煤气 CO 含量高，则煤气流量调节量较低，空燃比调节量适中；

2）拱顶温度高，煤气流量适中，空燃比适中，空气预热温度低，煤气 CO 含量低，则煤气流量调节量适中，空燃比调节量适中；

3）拱顶温度高，煤气流量适中，空燃比适中，空气预热温度高，煤气 CO 含量低，则煤气流量调节量低，空燃比调节量高；

4）拱顶温度高，煤气流量适中，空燃比适中，空气预热温度低，煤气 CO 含量高，则煤气流量调节量低，空燃比调节量低；

5）拱顶温度适中，煤气流量适中，空燃比适中，空气预热温度适中，煤气 CO 含量适中，则煤气流量调节量适中，空燃比调节量高；

6）拱顶温度适中，煤气流量适中，空燃比适中，空气预热温度适中，煤气 CO 含量高，则煤气流量调节量适中，空燃比调节量高；

7）拱顶温度适中，煤气流量适中，空燃比适中，空气预热温度高，煤气 CO 含量适中；则煤气流量调节量适中，空燃比调节量适中；

8）拱顶温度适中，煤气流量适中，空燃比适中，空气预热温度高，煤气 CO 含量高；则煤气流量调节量低，空燃比调节量高；

……

（2）根据采用燃烧效率模型，设定煤气流量和空燃比（其中燃烧效率为计算值），规则如下：

1）燃烧效率高，煤气流量适中，空燃比适中，煤气 CO 含量高，则煤气流量调节量低，空燃比调节量高；

2）燃烧效率适中，煤气流量适中，空燃比低，煤气 CO 含量高，则煤气流量调节量中，空燃比调节量适中；

3）燃烧效率适中，煤气流量适中，空燃比适中，煤气 CO 含量高，则煤气流量调节量高，空燃比调节量适中；

4）燃烧效率低，煤气流量适中，空燃比适中，煤气 CO 含量适中，则煤气流量调节量高，空燃比调节量适中；

　　5）燃烧效率高，煤气流量适中，空燃比低，煤气 CO 含量高；则煤气流量调节量低，空燃比调节量适中；

　　6）燃烧效率高，煤气流量适中，空燃比适中，煤气 CO 含量高，则煤气流量调节量低，空燃比调节量高；

　　7）燃烧效率适中，煤气流量适中，空燃比适中，煤气 CO 含量适中，则煤气流量调节量高，空燃比调节量高；

　　⋮

　　（3）根据烟气排放模型，设定煤气流量：

　　1）烟气最终温度高，煤气流量适中，空燃比适中，则煤气流量调节量高；

　　2）烟气最终温度低，煤气流量适中，空燃比适中，则煤气流量调节量适中；

　　3）烟气最终温度高，煤气流量适中，空燃比低，则煤气流量调节量适中；

　　4）烟气最终温度高，煤气流量适中，空燃比适中，则煤气流量调节量低；

　　5）烟气最终温度适中，煤气流量适中，空燃比适中，则煤气流量调节量适中；

　　6）烟气最终温度适中，煤气流量低，空燃比适中，则煤气流量调节量适中；

　　⋮

　　（4）根据采用热平衡残热推断模型，设定下一周期燃烧时间：

　　1）残热高，则燃烧时间低；

　　2）残热适中，则燃烧时间中；

　　3）残热低，则燃烧时间高。

　　多维模糊控制器中的多输入单输出模糊控制器的模糊规则的一般形式为：

$$R_1 : \text{if } X_1 \text{ is } A_{11} \text{ and} \cdots \text{and } X_m \text{ is } A_{m1}, \text{then } Y \text{ is } B_1$$

$$R_2 : \text{if } X_1 \text{ is } A_{12} \text{ and} \cdots \text{and } X_m \text{ is } A_{m2}, \text{then } Y \text{ is } B_2$$

$$\vdots$$

$$R_n : \text{if } X_1 \text{ is } A_{1n} \text{ and} \cdots \text{and } X_m \text{ is } A_{mn}, \text{then } Y \text{ is } B_n$$

其中，A_{11}，A_{12}，$\cdots$，A_{1n}，$\cdots$，A_{m1}，A_{m2}，$\cdots$，A_{mn} 和 B_1，B_2，$\cdots$，B_n 均为输入输出论域上的模糊子集。对于上述多重模糊推理语句，其总的模糊控制规则为：

$$R = \bigcup_{i=1}^{n} R_i = \bigcup_{i=1}^{n} \left[(A_{1i} \times \cdots \times A_{mi}) \rightarrow B \right]$$

$$= \bigcup_{i=1}^{n} (A_{1i} \times \cdots \times A_{mi}) \times B_i$$

3.5.4.2　推理机

　　规则推理：已知多维模糊器的总的控制规则为上式，又已知前提 X_1 is A_1^* and$\cdots$and X_m is A_m^*，则

$$
\begin{aligned}
\boldsymbol{B}^{*} &= (\boldsymbol{A}_1^{*} \times \boldsymbol{A}_2^{*} \times \cdots \times \boldsymbol{A}_m^{*})\boldsymbol{R} \\
&= (\boldsymbol{A}_1^{*} \times \boldsymbol{A}_2^{*} \times \cdots \times \boldsymbol{A}_m^{*})\bigcup_{i=1}^{n}\boldsymbol{R}_i \\
&= \bigcup_{i=1}^{n}\big[(\boldsymbol{A}_1^{*} \times \boldsymbol{A}_2^{*} \times \cdots \times \boldsymbol{A}_m^{*})\boldsymbol{R}_i\big] \\
&= \bigcup_{i=1}^{n}\big\{(\boldsymbol{A}_1^{*} \times \boldsymbol{A}_2^{*} \times \cdots \times \boldsymbol{A}_m^{*})\big[(\boldsymbol{A}_{1i} \times \cdots \times \boldsymbol{A}_{mi}) \to \boldsymbol{B}\big]\big\} \\
&= \bigcup_{i=1}^{n}\big\{\big[\boldsymbol{A}_1^{*}(\boldsymbol{A}_{1i} \to \boldsymbol{B}_i)\big] \cap \big[\boldsymbol{A}_2^{*}(\boldsymbol{A}_{2i} \to \boldsymbol{B}_i)\big] \cap \cdots \cap \big[\boldsymbol{A}_m^{*}(\boldsymbol{A}_{mi} \to \boldsymbol{B}_i)\big]\big\} \\
&= \bigcup_{i=1}^{n}\bigcap_{j=1}^{m}\big[\boldsymbol{A}_j^{*}(\boldsymbol{A}_{ji} \to \boldsymbol{B}_i)\big]
\end{aligned}
$$

3.5.4.3 去模糊器

模糊推理输出隶属函数的形式，使用面积中心去模糊法对模糊推理输出的隶属函数进行处理，见式（3-36）：

$$
\bar{y} = \frac{\int_s y\mu_y(y)\,\mathrm{d}y}{\int_s \mu_y(y)\,\mathrm{d}y} \tag{3-36}
$$

根据燃烧控制模型、烟气排放模型，选取以下变量作为推理的前置条件：拱顶温度、空气预热温度、煤气 CO 含量、煤气流量和空燃比，可根据数学模型计算值对煤气流量调节量和空燃比调节量制定规则。

3.5.4.4 规则推理的实现

推理的过程分为三个步骤：对单条规则进行计算、处理规则之间的运算、面积中心法进行去模糊运算。本节研究推理的规则相对应的模糊隶属函数和推理的规则的实现不做讨论。

3.5.5 小结

通过三个模型之间的关联和模糊专家控制系统规则的制定，可实现燃烧过程中出现助燃空气预热温度、煤气预热温度、煤气热值波动时的流量自动调节和补给，保持炉顶温度的高水平恒定；实现燃烧过程中的快速判断与微量调节，使助燃空气和煤气的配比更加精确合理，达到应用最小的空气过剩系数获得最高的燃烧温度；实现在高炉使用风温稳定情况下，热风炉在燃烧过程中不用频繁进行人工调节操作，完全自动调节。

3.6 结论

（1）采用数值模拟的方法求解出不同空气预热温度、煤气流量、空燃比以及煤气成分操作条件下拱顶温度以及燃烧效率，并建立热风炉燃烧控制模型，即拱顶温度模型以及燃烧效率模型，计算值与实际值偏差为 6.7℃；通过燃烧效率模型优化热风炉操作参数，在确定拱顶温度约束值条件下，求解出最佳煤气流量和空燃比，节约煤气用量大约 2%。

（2）实际运行过程中，热风炉内存在大量残余热量，在热风炉热平衡计算中引入残余热量，建立热平衡计算的残热推断模型，利用积分方法计算每一炉次的热收入和热支出，计算适合风温要求的最佳热收入 $\sum\limits_{i=1}^{n} Q_{热收入i}$，根据炉内残余热量的变化，优化出下一周期热风炉收入热量 $Q_{热收入(i+1)}$；使热风炉可利用残热尽可能接近于零，达到有效地利用炉内残热，减小每一炉次热风炉蓄热室实际残热的波动，稳定蓄热室格子砖整体温度场，减小格子砖内部的热应力，延长热风炉使用寿命。

（3）由于热风炉蓄热体随着热量的增加，其蓄热能力有所下降，在燃气流量不变时，烟气出口温度随时间的增加，其升温速率增加；建立了烟气排放控制模型 $T_{烟气} = at^2 + bt + c$，提出蓄热饱和度函数 H，假设蓄热饱和度随时间的增加影响蓄热体吸收热量的作用越大，并确定了方程中的由蓄热饱和度函数影响的系数 a，由流量影响的系数 b；经现场数据验证，烟气出口温度计算值与实际测量值偏差为 1.6℃，烟气升温速率计算值与实际测量值偏差为 0.1℃/min。

4 由低发热值煤气获得热风炉高风温的途径

4.1 低发热值煤气高效利用的现状

4.1.1 钢铁企业的煤气资源

国内某大型钢铁企业的副产煤气为高炉煤气（BFG）、焦炉煤气（COG）和转炉煤气（LDG），约占企业燃煤消耗总量的34%。该企业副产煤气的主要成分、含量、产率及特性见表4-1。由于煤气利用水平的限制，煤气资源存在或多或少的放散。高炉煤气产率最高，但发热值最低，放散率最高，该企业的高炉煤气放散率为20%以上。

表 4-1 某企业副产煤气的主要成分、含量、产率及特性

种 类	主要成分及含量	低发热值 /kJ·m^{-3}	产率 /m^3·t^{-1}	特 性
COG （焦炉煤气）	H_2 69.7%，CO_2 2.8%，CO 9.2% CH_4 12.38%，C_nH_m 1.4%， N_2 3.28%，O_2 1.2%	16800	400	毒性小，发热值高，可作燃料化工原料
BFG （高炉煤气）	CO_2 24.1%，CO 23.8%，N_2 48.2%	3192	1450	毒性高，发热值低，可作燃料及化工原料
LDG （转炉煤气）	CO_2 19.92%，CO 38.46%， N_2 38.2%，O_2 3.42%	6300	85	毒性高，发热值中等，可作燃料及化工原料

4.1.2 低发热值煤气利用技术

为实现高风温，各种热风炉余热回收预热助燃空气和煤气的技术相继得到开发和应用[70~76]。目前，国内外主要有掺烧高发热值煤气技术、烟气预热助燃空气和煤气技术、热风炉自身预热技术、附加燃烧预热的空气煤气"双预热"技术等。

4.1.2.1 掺烧高发热值煤气技术

主要对低发热值煤气（如高炉煤气）采取掺烧天然气、焦炉煤气和转炉煤

气等高发热值煤气。如宝钢3号高炉外燃式热风炉采用转炉煤气烧炉。但是我国大多数钢铁企业普遍缺乏高发热值煤气，价格也很难满足炼铁生产降低生产成本的要求，如国内某些大型钢铁企业没有焦炉，不具备使用焦炉煤气的条件。

4.1.2.2　烟气预热助燃空气和煤气技术

烟气预热助燃空气和煤气技术主要采用金属换热器预热煤气和助燃空气。国内普遍采用热管换热器预热空气或煤气，由于受烟气温度较低的限制，预热温度不高，一般在200℃以内。若没有其他措施，只使用这项技术，并全烧高炉煤气，风温很难达到1200℃[77~81]。

在热风炉烟气预热煤气和空气技术中，分离式热管换热器应用较为普及。分离式热管换热器的工作原理是：当高温气体通过蒸发器时，管内工质被加热管加热并蒸发汇集于上联箱，自行分配后，经蒸汽联络管到达冷凝器上联管，再一次分配到各冷却管内。蒸汽放热凝结为液体后在重力作用下汇集于冷凝器的下联箱，再经液体联络管返回蒸发器的下联箱，从而完成一次工质循环。纯水作为热循环媒质的热管换热技术流程图如图4-1所示。

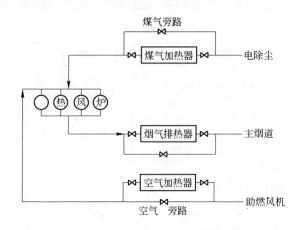

图4-1　纯水作为热循环媒质的热管换热技术流程

热管换热器的热管内热循环媒质主要为纯水、热煤油等。目前，国内大多数厂家采用纯水作为热循环媒质的热管换热器，其设备工作寿命较短，在使用2~3年后即开始出现工作效率逐步降低的情况，使用5~8年后基本失效。而采用热煤油作为热循环媒质的热管换热器，由于需配置储油罐、膨胀罐、供油泵、循环泵及调节阀等设施，系统较复杂，由于供油泵及循环泵密封垫老化，容易引起热煤油泄漏，导致检修和维护工作量较大，而且投资较以纯水为热循环媒质的热管换热器高。邯钢1260m³高炉及莱钢750m³高炉均采用了热煤油作为热循环媒质的热管换热技术。热煤油作为热循环媒质的热管换热技术流程如图4-2所示。

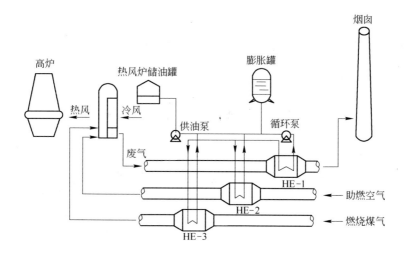

图 4-2　热煤油作为热循环媒质的热管换热技术流程

4.1.2.3　热风炉自身预热技术[82~85]

在原有的热风炉增加一些管道和阀门，利用热风炉给高炉送风后的余热来预热助燃空气，供给其他热风炉燃烧用。

热风炉自身预热技术因其操作和控制受其他热风炉的限制，对于预热助燃空气热风炉显得过大，能力不相匹配，因此预热温度不高，一般在 600℃ 以内。如果同时采用热管换热器预热煤气到 200℃，在全烧高炉煤气时，可以满足风温达到 1250℃ 的要求[50,86]。目前，国内使用这项技术的企业很少，主要原因是需要建设四座热风炉，热风炉的换炉操作、维护比较繁琐，热风炉的自动控制要求高。鞍钢 10 号高炉（2580m³）采用了热风炉自身预热技术，在助燃空气预热到 600℃、煤气低温预热到 150℃ 的情况下，热风温度达到 1200℃。热风炉自身预热技术流程如图 4-3 所示。

4.1.2.4　附加燃烧预热的空气煤气"双预热"技术[87]

A　加燃烧炉的管式换热器技术

为提高烟气温度，加燃烧炉的管式换热器技术在管式换热器预热基础上增加高炉煤气燃烧炉，燃烧炉产生的高温烟气与热风炉产生的烟气进行混合，使混合烟气的温度达到 600℃。高温烟气进入管式换热器的管束中自上而下流动时，与需要预热的自下而上的助燃空气、煤气进行热交换，将助燃空气、煤气预热到 300℃。采用燃烧炉加管式换热器的预热技术，基本能够达到风温 1250℃ 的需要。采用此技术需配置高温引风机、燃烧炉、助燃风机及管式换热器等设施，要求设备在高温下运行可靠。对管式换热器内的热管必须进行渗铝处理，使钢管能够承受 600℃ 以上的高温，而且需考虑热管的膨胀性。采用该技术，系统较复杂，设

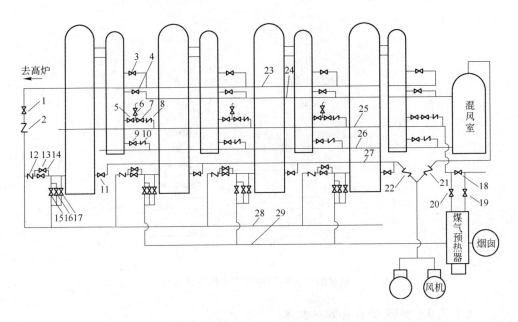

图 4-3 热风炉自身预热技术流程

备的可靠性要求较高。目前，太钢 4 号高炉（1650m³）及梅山 2 号高炉（1280m³）等采用了燃烧炉加管式换热器的预热技术。燃烧炉加管式换热器预热技术流程如图 4-4 所示。

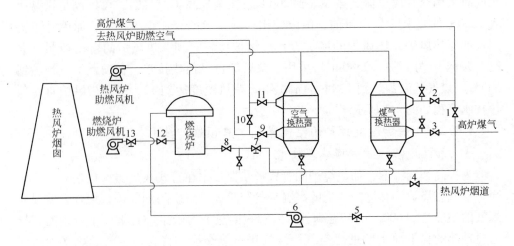

图 4-4 燃烧炉加管式换热器预热技术流程

B 助燃空气高温预热技术

设置助燃空气高温预热炉，通过燃烧低发热值的高炉煤气将预热炉加热后，再用来预热热风炉使用的助燃空气，同时低温烟气通过热管换热器预热煤气。

助燃空气高温预热技术克服了现有的提高热风温度的各项技术的缺陷和不足，从而提供了一种能够满足热风温度大于1250℃，且工艺简单、工作可靠、适应各种形式的热风炉使用的新技术和配套装置[85]。

助燃空气高温预热炉燃烧温度在1000℃以上，助燃空气可以被预热到600℃以上。根据计算，助燃空气温度在600℃时，可提高热风炉理论燃烧温度210℃，相应提高热风温度180℃。同时，利用热风炉烟气预热高炉煤气到200℃，使采用全烧高炉煤气的热风炉风温都可达到1250℃以上。助燃空气高温预热技术流程如图4-5所示。

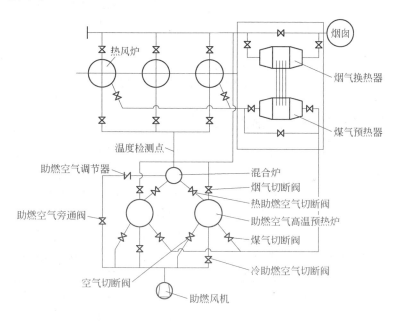

图4-5 助燃空气高温预热技术流程

助燃空气高温预热技术最早在某企业2号高炉（1780m³）采用，新建3座内燃式热风炉，对原有的两座旧热风炉稍做改造作为空气预热炉。这一方案既可以做到节约投资，又因热空气单独供给热风炉，热风炉燃烧器的工况十分稳定，使其寿命得到根本保证。另外，由于单独加热助燃空气，热风炉的换炉时间比自身预热法缩短且操作简化，从而保障了高温热风炉充分地快速蓄热。利用旧热风炉高温预热助燃空气不受旧炉子炉型、场地和新炉子管道排列困难的限制。比较自身预热法和利用旧热风炉独立预热助燃空气，不难得出结论，后者是一种迅速解决低发热值煤气获得高风温的经济有效的方法。某企业2号高炉热风炉助燃空气预热系统改造示意图如图4-6所示。

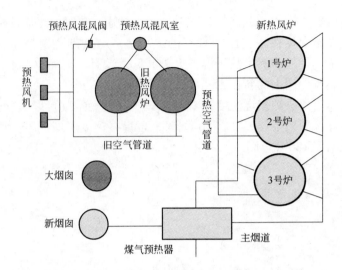

图 4-6 某企业 2 号高炉热风炉助燃空气预热系统改造示意图

4.2 低发热值煤气在高风温热风炉的应用

以某企业高炉热风炉系统助燃空气高温预热技术应用为实例。为有效利用高炉煤气资源、减少高炉煤气放散、降低生产成本，该企业 2 号高炉（2650m³）热风炉采取全烧高炉煤气烧炉。近年来，随着高炉操作水平的提升，煤气利用率提高，高炉煤气发热值进一步降低（低于 3000kJ/m³ 以下），其理论燃烧温度低于 1200℃ 以下，风温仅为 1050℃ 左右。为实现 1280℃ 以上高风温，需预热助燃空气、煤气，提高理论燃烧温度。其中，需预热助燃空气到 600℃ 左右，而常规的金属换热器技术无法实现，采用自身预热法可以实现 1280℃ 以上风温，但投资成本较高。因此，2 号和 3 号高炉热风炉系统采用附加燃烧预热的空气煤气"双预热"技术，即利用过剩的高炉煤气，建造一座或两座燃烧高炉煤气的燃烧炉来产生烟气，并把燃烧烟气与热风炉废气混合后分别对助燃空气和煤气进行预热，提高助燃空气和煤气带入的物理热。

4.2.1 大型高炉热风炉的助燃空气高温预热技术

4.2.1.1 2 号高炉热风炉系统助燃空气高温预热技术

根据该企业 2 号高炉的实际情况，采用 3 座荷兰内燃式热风炉和 2 座自研制顶燃式预热炉"3 + 2"的配置和 1 座混风炉。采用废烟气预热煤气温度到 180℃ 左右，空气预热至 1000℃ 以上后与冷助燃风混合，混风温度为 600℃ 左右（最高为 700℃），有效地提高了热风炉的燃烧温度，实现了高风温。2 号高炉热风炉系统助燃空气高温预热技术流程如图 4-7 所示。2 号高炉热风炉系统设计主要工艺参数见表 4-2。

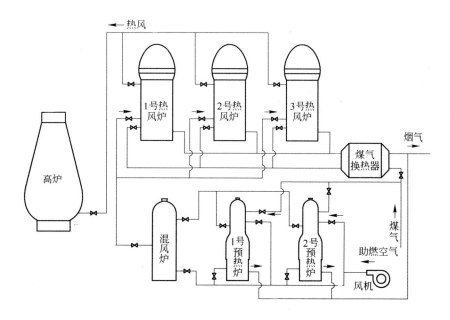

图4-7 2号高炉热风炉系统助燃空气高温预热技术流程

表4-2 2号高炉热风炉系统设计主要工艺参数

名 称	预热热风炉	内燃式热风炉
形 式	顶燃式	内燃式
座 数	2	3
操作方式	一烧一送	二烧一送
送风时间/min	60	45
燃烧时间/min	45	75
换炉时间/min	15	15
炉壳直径/mm	8940	10200
蓄热室断面积/m²	34.11	44
蓄热室格子砖段数	2	3
拱顶温度/℃	1270	1450
热风温度/℃	1050	1250
冷风温度/℃	20	210
助燃空气温度/℃	20	600
煤气温度/℃	45	180

4.2.1.2 3号高炉热风炉系统助燃空气高温预热技术

根据该企业3号高炉的实际情况，采用4座荷兰内燃式热风炉和2座自研制顶燃式预热炉"4+2"的配置和1座混风炉。采用废烟气预热煤气温度到180℃以上，空气预热至1050℃以上后与冷助燃风混合，混风温度为600℃左右（最高为700℃），有效地提高了热风炉的燃烧温度，将设计风温提高到1280℃，并有达到1300℃的能力。3号高炉热风炉系统助燃空气高温预热技术流程如图4-8所示。3号高炉热风炉系统设计主要工艺参数见表4-3。

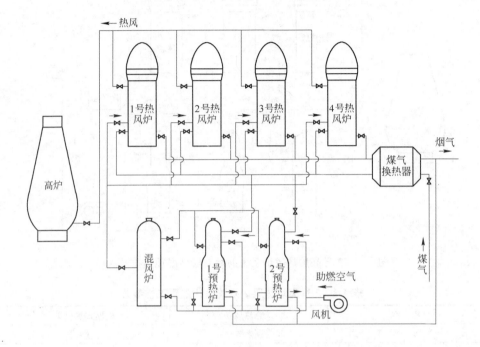

图4-8　3号高炉热风炉系统助燃空气高温预热技术流程

表4-3　3号高炉热风炉系统设计主要工艺参数

名　称	预热热风炉	内燃式热风炉
形　式	顶燃式	内燃式
座　数	2	4
操作方式	一烧一送	二烧二送
送风时间/min	60	60
燃烧时间/min	48	45
换炉时间/min	12	15
炉壳直径/mm	8940	10600
蓄热室断面积/m²	34.11	39.1
蓄热室格子砖段数	2	4
拱顶温度/℃	1330	1450，最大1480
热风温度/℃	1100	1280
冷风温度/℃	20	220
助燃空气温度/℃	20	600，最大700
煤气温度/℃	180	180，最大200

4.2.2 高风温合理操作参数研究

4.2.2.1 合适助燃空气预热温度的研究

目前，提高风温的关键问题是如何用 $3000kJ/m^3$ 左右的低发热值高炉煤气，使用合适煤气和助燃空气预热技术将送风温提高到 1280℃。

按该企业 2 号 $2650m^3$ 高炉热风炉现有的条件，煤气预热温度达到 180℃后基本没有上升的空间，助燃空气由预热炉预热，预热温度可达 1050℃左右，但受空气支管耐火材料限制，空气预热温度应控制在 700℃以下。该企业 2 号高炉热风炉生产条件如下：

（1）助燃空气预热温度分别取 400℃、500℃、600℃ 和 700℃；

（2）煤气流量（标态）$74000m^3/h$，空气和煤气体积比值为 0.60；

（3）假设炉内为非预混燃烧，燃烧火焰为扩散式火焰。

根据该企业 2 号高炉热风炉生产条件，选用 Eddy Dissipation 燃烧模型，模拟计算了热风炉炉内燃烧情况，取得了满意的效果，见图 4-9 和表 4-4。

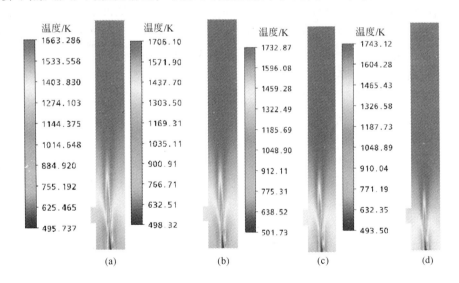

图 4-9 不同助燃空气预热温度下燃烧室温度场分布

（a）400℃；（b）500℃；（c）600℃；（d）700℃

表 4-4 不同助燃空气预热温度下的燃烧室拱顶温度和 CO 质量分数

助燃空气预热温度/℃	400	500	600	700
拱顶温度/K	1631.39	1692.44	1717.47	1728.76
CO 质量分数/%	2.5	2.5	2.5	2.4

A　助燃空气预热温度对拱顶温度及送风温度的影响

根据上述模拟计算和理论分析，送风温度随助燃空气预热温度的变化趋势体现在：

（1）当助燃空气预热温度为400℃时，拱顶温度为1358℃，可能提供1200℃风温；

（2）当助燃空气预热温度为500℃时，拱顶温度为1419℃，可使送风温度达到1250℃；

（3）当助燃空气预热温度为600℃时，拱顶温度为1444℃，能够满足1280℃风温要求；

（4）当助燃空气预热温度为700℃时，拱顶温度可达1455℃，能够满足1295℃风温要求。

B　助燃空气预热温度对热风炉内温度场的影响

热风炉内高温区域由于受到预热空气温度以及燃烧气体速度变化的影响而向下扩展，炉内这种温度分布变化在工业试验中引起了充分的重视。内燃式热风炉火井与蓄热室隔墙两边热应力分布并不均匀，容易使炉壁局部应力过于集中而损坏。一般来讲，隔墙使用的耐火材料与对应的蓄热室格子砖材质相同，因此隔墙下部大多使用的是黏土砖，高温区向下扩展很可能使黏土砖产生破损。此外，应该避免拱顶炉壳晶间腐蚀的发生，一般最好控制拱顶温度不超过1430℃，而当助燃空气预热温度达到700℃时，其火焰温度已经接近1500℃，而拱顶温度有可能达到或超过1450℃。研究证明，对于该企业2号高炉热风炉，助燃空气预热温度不宜超过600℃，可保证工业试验的顺利进行。

C　助燃空气预热温度对燃烧效率的影响

从表4-4中可以看出，不同预热温度下燃烧室出口的CO含量基本相等，这说明提高助燃空气预热温度对燃烧效率没有明显影响，烟气温度主要是由于空气的物理热量的增加而提高。随着助燃空气预热温度的提高，燃烧出口的烟气温度增加的幅度逐渐减小，模拟计算和理论分析说明，采用700℃预热温度仅能提高风温15℃左右。

研究证明，助燃空气预热温度应该在550～600℃之间，这样不仅能满足1280℃送风温度的要求，也能采用适当操作技术控制拱顶温度不超过1430℃，避免热风炉拱顶炉壳晶间腐蚀的发生。

4.2.2.2　最佳煤气流量的研究

助燃空气预热温度提高后，煤气燃烧温度和拱顶温度达到了热风炉耐火材料使用温度的上限，需研究控制适当的煤气流量，控制火焰温度在1500℃以下，拱顶温度不超过1430℃，才能保证热风炉工作稳定和长寿。

该企业2号高炉内燃式热风炉燃烧器的额定燃烧煤气流量(标态)在40000～

90000m³/h 之间，未提高风温前煤气流量（标态）一般在 60000～70000m³/h 之间。该企业 2 号高炉热风炉生产条件如下：

（1）煤气流量（标态）分别取 66000m³/h、70000m³/h、74000m³/h、80000m³/h 和 88000m³/h；

（2）空气和煤气体积比值为 0.60；

（3）空气煤气预热温度分别为 180℃和 600℃。

根据该企业 2 号高炉热风炉生产条件，选用 Eddy Dissipation 燃烧模型，模拟计算了热风炉最佳煤气流量的范围，取得了满意的效果，见图 4-10 和表 4-5。

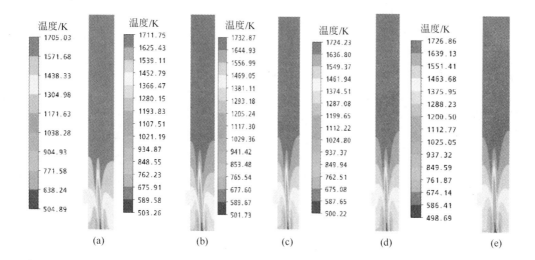

图 4-10　不同煤气流量燃烧室温度场分布

（a）66000m³/h；（b）70000m³/h；（c）74000m³/h；（d）80000m³/h（e）88000m³/h

表 4-5　不同煤气流量下的燃烧室拱顶温度和 CO 质量分数

工　况	工况 1	工况 2	工况 3	工况 4	工况 5
煤气流量（标态）/m³·h⁻¹	60000	66000	74000	80000	88000
拱顶温度/K	1673.12	1690.49	1717.47	1716.76	1709.9
CO 质量分数/%	2.7	2.6	2.5	2.8	2.9

A　煤气流量对拱顶温度的影响

煤气流量变化对拱顶温度影响是热风炉操作中所关注的问题，研究煤气流量与拱顶温度之间的关系（见表 4-5）：

（1）当煤气流量（标态）由 60000m³/h 提高到 74000m³/h 时，热风炉燃烧室出口的平均温度由 1400℃提高到 1445℃，温度提高了 45℃，在该流量范围内可通过增加煤气量迅速提高拱顶温度。

（2）当煤气流量（标态）在 74000~80000m³/h 之间时，燃烧室出口的平均温度基本保持不变，维持在 1440℃ 左右。研究证实，在该流量范围内增加煤气量对提高拱顶温度作用不大。

（3）当煤气流量（标态）继续增加到 88000m³/h 时，燃烧室出口的平均温度反而可能降低 7℃。

B 煤气流量对热风炉炉内温度场的影响

（1）煤气流量（标态）在 60000~88000m³/h 时，热风炉内燃烧室高温区的位置变化不大，炉内最高燃烧温度在 1432~1459℃ 之间。

（2）煤气流量（标态）为 74000m³/h 时，燃烧温度最高。

在热风炉操作中通常以煤气流量来控制炉内温度。研究表明，煤气流量控制燃烧温度范围很小，大约仅 30℃。流量（标态）达到 80000m³/h 以后，虽然热通量增加，但由于燃烧效率的降低，燃烧温度没有增加反而略有降低。

C 煤气流量对燃烧效率的影响

从表 4-5 中可以看出，热风炉内燃烧效率的次序为：工况 3 > 工况 2 > 工况 1 > 工况 4 > 工况 5。当煤气流量（标态）为 74000m³/h 时，燃烧室 CO 平均质量分数最小，煤气和助燃空气流量过小或者过大都会引起燃烧不完全的情况发生。研究说明，其原因是热风炉内煤气流量增加，虽然有利于煤气和助燃空气的混合、燃烧，但流量过大时燃烧室混合空间不足，以至于不完全混合，造成燃烧效率下降，当流量过大时应当适当增加助燃空气量来提高煤气的燃烧效率。

上述研究说明，实际操作中为了有效地提高风温，煤气流量（标态）应在 66000m³/h 以上，由于煤气利用效率的限制，煤气流量（标态）不应超过 88000m³/h，以免降低煤气燃烧效率；此外，由于热风炉的拱顶温度要求在 1430℃ 以下，以避免晶间腐蚀的发生，最好控制煤气流量（标态）不超过 74000m³/h。因此，合适的煤气流量（标态）应在 66000~74000m³/h 之间，才能很好地控制炉内温度，避免晶间腐蚀，达到热风炉长寿的目的。

4.2.2.3 小结

提高预热温度是提高高炉热风炉风温的重要手段，通过模拟助燃空气预热温度从 400℃ 提高到 700℃，可得到以下结论：

（1）提高助燃空气预热温度可使燃烧室内的速度场更加均匀，煤气和助燃空气更容易混合，燃烧室燃烧火焰减短，高温区向下扩展。

（2）提高预热助燃空气温度对燃烧效率没有影响，烟气温度仅由于物理热量的增加而提高。

（3）当空气预热温度为 600℃ 时，可满足 1280℃ 送风温度要求。

对 2 号高炉热风炉在 0.60 空燃比条件下，仿真模拟煤气流量（标态）60000m³/h 到 88000m³/h 时的燃烧状态，并讨论了流量与燃烧效率之间的关系，得到以下结论：

（1）当煤气流量（标态）在 74000m³/h 以下时，可通过增加煤气量迅速提高拱顶温度；当煤气流量（标态）超过 80000m³/h 以后，增加煤气量对提高拱顶温度作用不明显。

（2）煤气流量（标态）在 66000～74000m³/h 之间时，可以获得较高燃烧温度、较好的燃烧效率，有利于提高风温，保护热风炉使用寿命。

4.3 干法除尘技术

4.3.1 干法除尘技术概述

高炉煤气采用干法除尘是炼铁技术发展的方向。国内外近 30 年来进行了电除尘、反吹风大布袋除尘、低压脉冲布袋除尘等各种探索和实践。

煤气除尘净化在炼铁生产中有重要的作用，每吨铁产出的高炉煤气为 1400～1800m³，它是钢铁厂重要的二次能源。因为高炉煤气含尘量高，必须净化，使含尘量从 6～12g/m³ 净化到 10mg/m³ 以下才能使用。高炉煤气湿法除尘是大、中、小高炉使用的传统方法，但从现代科学技术观点来看却有很多弊病，主要在于耗水量大、有污染、能耗大、运行费高。湿法净化煤气含水量高，降低高炉煤气发热值，从而影响热风温度，煤气含尘还对热风炉的耐火材料寿命有不利影响。

我国是采用煤气布袋除尘最早的国家，已有 30 多年的历史，大致分两个阶段：20 世纪 70～90 年代采用的是反吹风大布袋除尘，约百余座 200～300m³ 高炉和上千座小高炉使用这种方法；90 年代中期至今则采用了第二代的低压脉冲布袋除尘，如今在 300～500m³ 高炉迅速推广使用，数量近 100 座，2008 年已经用于京唐 5500m³ 高炉。干法除尘可以省掉几乎全部水电，所以运营费很低。干法除尘煤气含水少、发热值高，可以获得更高的风温，这也是重要的节能方向。

高炉煤气采用全干式低压脉冲布袋除尘技术，TRT 出力增加，可以多发电；煤气发热值提高可使热风炉风温提高，降低焦比，节约焦炭；另外，还可以省去污泥、污水处理费，免除环保罚款等。

从社会效益来看，干法除尘节能、节水、环保，附带的经济效益也很大。

某企业自主研发的高炉干法除尘技术解决了我国高炉炼铁传统的湿法除尘所带来的水耗高、能耗大、污染重、能源利用差、运行成本高等一系列问题。在新流程、新技术、新装备、新功能、新一代钢铁产品制造，节约资源、能源，保护环境，实施循环经济，走可持续发展和新型工业化道路等方面进行研究和开发，通过立足原始创新，推进集成创新，强化引进，消化吸收再创新，开发出以下新技术，最终形成自身拥有的专有技术和自主知识产权，促进企业技术进步，实现工艺技术的全面升级，实现资源优化、环境友好、可持续发展的良性循环。这些新开发的技术装置如下：

（1）煤气加压脉冲反吹稳压气源装置；
（2）高炉煤气加热用热管升温装置；
（3）高炉煤气干法除尘降温装置；
（4）高炉煤气干法除尘罐车输灰装置；
（5）高炉煤气低压脉冲布袋除尘器；
（6）大型高炉煤气干法除尘含尘量在线监测装置。

4.3.2　大型高炉干法除尘技术

4.3.2.1　2号高炉干法除尘技术

A　干法除尘技术与湿法除尘技术的比较

湿法除尘技术与干法除尘技术的比较见表4-6，其经济性比较见表4-7。

表4-6　湿法除尘技术与干法除尘技术比较

项　目	湿法除尘技术	干法除尘技术
投资/万元	4723.25	6980
主要工艺装备	串联二级文氏管、脱水器、煤气洗涤水处理设施（包括 ϕ32m 辐射沉淀池 2 个、污水冷却塔、水泵房、污泥处理设施等）	ϕ4.6m 低压脉冲除尘器 14 台、煤气温度调节装置、输灰系统及大灰仓、脉冲气源与稳压气源装置等
电力设施/kW	水泵总容量2518，运行总容量1717.5	电动阀门
生产用水量/$m^3 \cdot h^{-1}$	循环水量2000，补充新水143	清扫用水
TRT 装机容量/kW	9230（计算值）	12000（比湿法多30%）

表4-7　湿法除尘技术与干法除尘技术经济性比较

项　目		湿法除尘技术	干法除尘技术
年水消耗/m^3	循环水	1704×10^4	
	新　水	122×10^4	
年用电量/kW·h		1463×10^4	10×10^4
TRT 发电量/kW·h		7078×10^4	9200×10^4
煤气质量	含尘量/mg·m^{-3}	<10	<5
	含水量/g·m^{-3}	80~100	<30
	煤气温度/℃	35~50	80~120
	煤气热值/kJ·m^{-3}	<2900	>3100
占地面积/m^2		10600	2450
岗位及定员	岗位	4	1
	定员	26	12
环境保护		有污水外排	无污水产生
热值提高的经济效益（按提高210kJ/m^3 计）/GJ·a^{-1}			78.68×10^4（相当于26884t 标煤）

B 主要设计参数

高炉容积/m³	2650
高炉煤气发生量/m³·h⁻¹	50×10^4
高炉煤气含尘量/g·m⁻³	8 ~ 10
炉顶压力/MPa	0.20 ~ 0.25
工况系数（165℃，0.20MPa）	0.535
布袋除尘入口温度/℃	120 ~ 220（瞬间 260）
净煤气含尘量/mg·m⁻³	≤5

C 工艺流程

来自重力除尘的煤气经荒煤气总管进入布袋除尘器箱体过滤净化，净煤气由各箱体支管汇入净煤气总管，经 TRT 或减压阀组减压后进入煤气管网输出。荒煤气管内壁有 50mm 厚的喷涂层以防止管道磨损和保温。

为了防止煤气温度过高或过低，在布袋箱体之前设有降温和升温装置，以调整煤气温度使之更适合过滤净化。

布袋积灰采用脉冲喷气反吹清灰，将灰吹落到箱体灰斗，然后通过气力输送将灰送至大灰仓集中储存，定期经加湿机加水润湿后装车运出。

干法除尘工艺流程如图 4-11 所示。

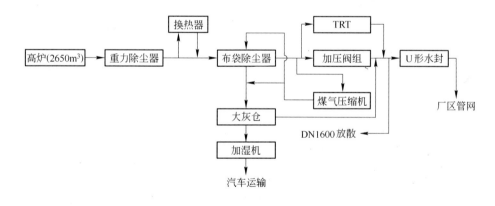

图 4-11 干法除尘工艺流程

除尘设备有完善的检测和控制系统，确保生产安全正常进行。

气力输送采用高压煤气为输送气源，大灰仓上部设有布袋除尘将输送气体净化后回收。为确保正常输灰，还设有氮气备用，若氮气输灰时尾气放散，不再回收。

为了防止氮气压力不足和减少氮气用量，降低生产费用，本系统增加一套煤气加压装置，将净煤气加压作为反吹和输灰的第二气源。

D 工艺设施

a 除尘系统

根据 2 号高炉参数确定采用直径 $\phi 4600mm$ 的除尘箱体 14 个,双排布置。正常生产可用 8~10 个,其余备用。紧急时刻可用 7 个维持生产。本系统留有较大富余能力,体现了"干—干"备用思想。

有关滤速等情况见表 4-8,并和首秦 1 号高炉进行比较。

表 4-8 某企业 2 号高炉与首秦 1 号高炉干法除尘方案对照

项 目		首秦 1 号高炉	某企业 2 号高炉
高炉容积/m³		1200	2650
煤气量/m³·h⁻¹		23×10^4	50×10^4
炉顶压力/MPa		0.17	0.2~0.25
温度/℃		140	165
箱体数		10	14
箱体直径/mm		4000	4600
滤袋条数		248	250
滤袋规格 ($\phi \times L$)		130×6	160×7
总面积/m²		6080	12250
面积/箱		608	875
工况滤速/m·min⁻¹		0.76(5 箱)	0.73(7 箱)
		0.55(7 箱)	0.51(10 箱)
含尘 /g·m⁻³	入 口	8	8
	出 口	≤5	≤5

b 温度控制系统

布袋除尘最适宜的煤气温度在 100~220℃ 范围内,瞬间温度允许到 260℃,正常生产时可以满足生产要求。若炉顶出现高温,如温度超过 300℃,应采用炉顶喷水降温以保护装料设备,同时给煤气降温。当偶发事故出现异常高温,靠喷水已经不能有效降温,布袋除尘入口煤气温度超过 260℃ 时,启动布袋除尘器前的热管换热器降温。换热器降温幅度为 50℃,换热元件为热管,操作由系统自动进行。当煤气温度过低时,换热器升温,防止结露。

c 输灰系统

各箱体积灰定期以风力输送的方法集中运到端头大灰仓储存。输灰气源为高压净煤气,同时以氮气补压,也可以完全使用氮气输灰。大灰仓的灰每班定期装车外运,每日灰量 80~90t。

d 综合管路系统

综合管路系统包括布袋除尘器和灰仓的蒸汽伴热管;脉冲喷吹、风力输送和吹扫置换用氮气管路;吹扫置换用普通压缩空气管路;气动阀门用无油、无水压缩空气管路;防毒风管路等。

e 自动化控制与检测

干法除尘自动化操作与控制均由一台 PLC 完成。所有操作可按程序自动进行,也可人工手动操作。所有检测数据均由彩色监视器显示,对温度、压力、流量等超标情况及时显示和声光报警。

为了充分保障煤气净化质量,在荒煤气和净煤气主管及各净煤气支管上都安装有含尘检测仪探头,在干法除尘值班室和高炉主控室统一显示煤气含尘情况。

4.3.2.2 3号高炉干法除尘技术

A 主要设计参数

高炉煤气发生量/$m^3 \cdot h^{-1}$	58×10^4(最大 68×10^4)
高炉煤气含尘量/$g \cdot m^{-3}$	$\leqslant 4$
炉顶压力/MPa	$0.25 \sim 0.28$
工况系数(165℃,0.25MPa)	0.458
布袋除尘入口温度/℃	$120 \sim 220$(瞬间 260)
净煤气含尘量/$mg \cdot m^{-3}$	$\leqslant 5$

B 工艺流程

工艺流程与该企业2号高炉干法除尘系统一致。

C 工艺设施

a 除尘系统

根据高炉参数确定采用直径 $\phi 6200mm$ 的除尘箱体 13 个,双排布置。正常生产可用 $7 \sim 8$ 个,其余备用。本系统留有很大富余能力,有一半的箱体可以备用。

有关滤速等情况见表 4-9 和表 4-10,并与该企业 2 号高炉进行比较。

表 4-9 3 号高炉和 2 号高炉干法除尘方案对照

项 目	3 号高炉	2 号高炉
高炉容积/m^3	4000	2650
煤气量/$m^3 \cdot h^{-1}$	68×10^4(最大)	50×10^4(最大)
炉顶压力/MPa	$0.25 \sim 0.28$	$0.2 \sim 0.25$
煤气温度/℃	165	165
箱体数/个	13	14
箱体直径/mm	6200	4600
滤袋条数/条	410	250
滤袋规格($\phi \times L$)/mm×m	160×7	160×7

项 目	3号高炉	2号高炉
总面积/m²	18746	12320
面积/m²·箱⁻¹	1442	880
工况滤速/m·min⁻¹	见表4-10	见表4-10
含尘入口/g·m⁻³	约4	8
含尘出口/mg·m⁻³	≤5	≤5

表4-10 3号高炉与2号高炉干法除尘过滤负荷对照

项 目	3号高炉		2号高炉	
顶压/MPa	0.25		0.2	
温度/℃	165		165	
工况滤速对比/m·min⁻¹	投入箱体数	滤 速	投入箱体数	滤 速
	7	0.515	10	0.506
	8	0.450	11	0.460
	9	0.400	12	0.422
	10	0.360	13	0.390
	11	0.328	14	0.362
	12	0.300		
	13	0.277		

从以上对比可以看出，7个直径6.2m的箱体和10个直径4.6m的箱体所取得的过滤效果相当。使用更大直径的箱体虽然制造难度加大，但是单箱过滤面积大，节省占地面积，减少了设备量。另外，箱体结构更为合理，内部空间更大，有利于荒煤气在箱体入口处的扩散和均匀分布。同时，更大的下部锥体空间增大了箱体存灰量。

b 温度控制系统

布袋除尘系统设有热管换热器进行超温时的降温。换热器降温幅度设计为50℃，操作由系统自动进行。换热器为三台并联，靠蝶阀接入或切断。换热器检修时靠密封式插板阀彻底切断。

c 输灰系统

各箱体积灰定期以气力输送的方法集中运到端头大灰仓储存。输灰气源为减压阀组前净煤气，同时以加压后净煤气或氮气补压，或者完全使用氮气输灰。采用净煤气输送，尾气净化并且回收进入低压煤气管网。若采用氮气输送，则净化后放散。

大灰仓的储存灰每班定期装车外运，每日灰量60~70t。

d 综合管路系统

综合管路系统包括布袋除尘器和灰仓的蒸汽伴热管；脉冲喷吹、风力输送和吹扫置换用氮气管路；吹扫置换用普通压缩空气管路；气动阀门驱动用无油、无水压缩空气管路；防毒风管路等。

e 自动化控制与检测

干法除尘自动化操作与控制均由一台 PLC 完成。所有的脉冲喷吹操作和蝶阀启闭可以按程序自动进行，也可以人工手动操作。放灰各阀门实行手动按钮操作。所有检测数据由彩色监视器显示，对温度、压力、流量等超标情况及时显示和声光报警。

为了充分保障煤气净化质量，在荒煤气和净煤气管上都安装有含尘检测仪探头，在干法除尘值班室和高炉主控室统一显示各箱体的煤气含尘情况。

4.3.3 小结

高炉煤气干法除尘新技术具有节能、节水、环保、除尘效果好、占地小、节约资金、定员少等优点。该技术在中小高炉已经普及，大型高炉也证明完全可行，目前正在推广中，如果顺利推广到所有高炉，将形成具有中国特色的、完全自主知识产权的炼铁新技术。

这项技术较好地显示了建设一个清洁型、环保型、节能型、循环型、紧凑型、高效型、经济型企业的技术方向，也必然带动更多技术向这一方向发展。

目前，高炉煤气干法除尘已经和干熄焦、转炉煤气干法除尘及 TRT 形成"三干一电"新工艺，被国家冶金行业协会列为大力推广的新技术。当然，在推广中也应当继续不断改进，使其更加完备、更加成熟。

4.4 结论

（1）通过国内外低发热值煤气利用技术研究表明：该企业自主研发的附加燃烧的助燃空气高温预热技术和热管换热器相结合的工艺流程，可以实现高温空气燃烧预热和煤气预热，满足高炉 1280℃ 以上风温要求，并在 2 号高炉和 3 号高炉上得到应用实施。

（2）干法除尘技术在 2 号高炉和 3 号高炉上的应用表明：高炉系统采用干法除尘技术已代替湿法除尘技术，有效地减少了煤气含水量，提高了煤气温度和发热值，进一步增加了 TRT 发电量，成为一项节能、节水、环保、节约资金的重点节能环保技术，实现了高炉的节能减排，并达到干法除尘技术的大型化和进一步推广应用的目的。

5 高风温热风炉耐火材料及晶间应力腐蚀研究

5.1 热风炉耐火材料研究

现代高炉采用蓄热式热风炉。热风炉使用的耐火材料性能直接决定热风炉承受高温、高压工作条件的能力和寿命。本节结合某企业热风炉两阶段研究改进予以说明。

5.1.1 第一阶段改进情况概述

5.1.1.1 耐火材料性能的改进

国内某大型钢铁企业自1990年以后，开始对耐火材料的性能提出了比较全面的、超过国家标准的要求。到1995年该企业的全部高炉均扩容改造完成后，这些被系统地提高的耐火材料性能指标成为改造的重要组成部分。该企业热风炉高温区主要耐火材料理化性能包括以下内容。

A 耐火砖

耐火砖（重质砖）的理化性能包括主要化学成分、耐火度、体积密度、显气孔率、荷重软化性能、永久线变化（重烧线变化）、常温耐压强度、蠕变率等。其中，高温区普遍采用的低蠕变高铝砖(莫来石-硅线石)的理化性能见表5-1。

表5-1 低蠕变高铝砖的理化性能

理化性能		数 值
化学成分/%	Al_2O_3	>65
	Fe_2O_3	<1.5
耐火度/℃		>1790
体积密度/g·cm^{-3}		>2.65
常温耐压强度/MPa		>80
荷重软化温度（0.2MPa）/℃		>1550
显气孔率/%		<21
蠕变率（1500℃×50h, 0.2MPa）/%		<0.8
重烧线变化（1500℃×3h）/%		-0.2~0.2

B 保温砖

保温砖（轻质砖）的理化性能包括主要化学成分、耐火度、体积密度、荷重软化性能、永久线变化（重烧线变化）、常温耐压强度、热导率等。

其中，高温区普遍采用的轻质高铝砖（泡沫型）的理化性能见表5-2。

表5-2 轻质高铝砖的理化性能

理化性能		数 值
化学成分/%	Al_2O_3	≥48
	Fe_2O_3	≤2.5
耐火度/℃		>1730
体积密度/g·cm^{-3}		≤0.6
常温耐压强度/MPa		≥2.5
软化温度(0.1MPa)/℃		>1100
热导率/W·(m·K)$^{-1}$		<0.8
重烧线变化(1350℃×12h)/%		<1

C 散状耐火材料

散状耐火材料的理化性能包括主要化学成分、耐火度、体积密度、使用温度、烧后线变化、常温耐压强度或抗折强度、热导率等。

其中，高温区普遍采用的轻质喷涂料的理化性能见表5-3。

表5-3 轻质喷涂料的理化性能

理化性能	数 值	理化性能	数 值
Al_2O_3/%	40~45	抗折强度（110℃）/MPa	≥1.5
使用温度/℃	1300	热导率/W·(m·K)$^{-1}$	0.25
体积密度/g·cm^{-3}	0.8	烧后线变化（1250℃×2h）/%	±2

炉墙和拱顶的膨胀缝采用填充硅酸铝耐火纤维来吸收膨胀。硅酸铝耐火纤维的理化性能见表5-4。

表5-4 硅酸铝耐火纤维的理化性能

理化性能		数 值
化学成分/%	Al_2O_3	≥50
	Fe_2O_3	≤1.2
最高使用温度/℃		1260
长期使用温度/℃		≤1050
体积密度/kg·cm^{-3}		1.28
耐火度/MPa		>1760
热导率(900℃)/W·(m·K)$^{-1}$		0.157

根据上述材料性能可以看出，当时该企业热风炉的耐火砖的蠕变率、重烧线变化和耐火度，保温材料的热导率、耐压强度、重烧线变化、体积密度等重要耐高温指标已达到国内最高水平，使耐火衬的设计温度达到1350～1400℃，可长期在使用温度为1300～1350℃下稳定工作。

5.1.1.2 耐火衬结构的改进

该企业高炉改造中普遍采用了顶燃式热风炉，热风炉为适应高温采用了将拱顶和大墙脱开的结构。拱顶的砖衬单独支撑于焊在炉壳拱脚部位的托砖圈上。拱顶砖和大墙砖之间设有用耐火纤维填充的迷宫式滑移缝，可以吸收大墙受热产生的膨胀，使大墙与拱顶可以自由胀缩。这种设计结构增强了拱顶的高温稳定性，减少了拱顶及拱顶各孔口砖衬的膨胀量，以及各孔口由于砖衬膨胀产生裂缝造成的漏风和窜风。

拱顶的孔口砖采用通行的上半环用一环或两环的带子母扣（锁扣）的简易组合砖结构，初步实现孔口砖自身的结构关联，提高了部分孔口环砖的稳定性，但没有形成与大墙间的结构关联，燃烧口部位存在整体稳定性不足的问题。

热风炉格子砖采用7孔蜂窝砖，格孔直径为 $\phi43mm$（平均），蓄热面积为 $38.1m^2/m^3$。采用低蠕变高铝砖后，格砖的蠕变、碎裂破损情况明显减少，蓄热能力较强，尤其有利于稳定风温。

5.1.2 第二阶段改进情况概述

自2002年该企业2号高炉大修改造后，热风炉在耐火材料设计上有了很大的改进。经过总结该企业2号高炉投产后的使用经验，在2003～2009年，对该企业1号、2号、3号高炉的热风炉系统在设计上又做了优化和提高。

5.1.2.1 耐火材料性能的改进

A 高温区耐火砖

高温区耐火砖（重质砖）主要采用硅砖和红柱石砖。硅砖和红柱石砖的理化性能见表5-5。从表5-5中可以看到，这两种材料在化学成分、显气孔率、荷重软化性能、永久线变化（重烧线变化）、蠕变率等指标上都要好于低蠕变高铝砖，而且因为密度相对较轻和蠕变小，高温稳定性更好，有利于延长热风炉的使用寿命。

B 保温砖

保温砖（轻质砖）主要采用轻质高铝砖和轻质黏土砖。其中，高温区采用的轻质高铝砖和轻质黏土砖的理化性能见表5-6。从表5-6中可以看到，这两种材料在主要化学成分、荷重软化性能、永久线变化（重烧线变化）、热导率等指标上都要好于以往使用的轻质砖，而且因为热导率低，保温效果更好，有利于降低炉壳温度，减少热损失，提高热风炉的使用效率。

表 5-5 硅砖和红柱石砖的理化性能

理化性能		硅砖	红柱石砖	性能说明
化学成分/%	Al_2O_3	≤1	≥57	
	SiO_2	≥95		
	Fe_2O_3	≤1	≤1.5	
	碱	≤0.2	≤0.6	可降低蠕变率和减少高温线变化
	TiO_2	≤0.2	≤0.5	
	CaO	≤3		
	残余石英	≤1		可降低硅砖相变损坏率
	杂质		≤0.7	可降低蠕变率和减少高温线变化
	碱+杂质		≤1.2	
耐火度/℃		>1710	>1790	
体积密度/g·cm^{-3}		≥1.8	>2.4	
真密度/g·cm^{-3}		≤2.34		
显气孔率/%		<21	<21	
常温耐压强度/MPa		≥30	≥40	
荷重软化温度 (0.2MPa)/℃	0.5%	1530	1420	比低蠕变高铝砖高50℃
	2.0%	1600	1580	
	5.0%	1600	1600	
蠕变率 (20~50h, 0.2MPa)/%		≤0.2 (1500℃)	<0.2 (1400℃)	比低蠕变高铝砖的0.8%大幅降低
永久线变化 (1500℃×4h)/%		-0.2~0.2	-0.2~0.2	

表 5-6 轻质高铝砖和轻质黏土砖的理化性能

理化性能		轻质高铝砖		轻质黏土砖		性能说明
化学成分/%	Al_2O_3	≥55		≥30		有利于降低热导率
	Fe_2O_3	≤1		≤1.5		
	碱	≤1.5		≤1.5		
	TiO_2	≤1				
体积密度/g·cm^{-3}		≤0.975		≤0.7		
常温耐压强度/MPa		>2		>1		
荷重软化温度 (0.02MPa)/℃	0.5%	≥1380		≥1150		相比于以往(1200℃)有明显提高
	2.0%	≥1470		≥1200		
	5.0%	≥1510		≥1250		
热导率/W·(m·K)$^{-1}$		20℃	≤0.4	20℃	≤0.17	相比于以往(0.8W/(m·K))有明显降低
		1000℃	≤0.5	750℃	≤0.3	
永久线变化 (1500℃×12h)/%		-1%~0		-1~0		相比于以往(<1%)有明显降低

炉墙和拱顶的膨胀缝采用耐温超过1400℃的氧化锆（或氧化铬）质陶瓷纤维毡（毯）来吸收膨胀。氧化锆（或氧化铬）陶瓷纤维毡的理化性能见表5-7。

表 5-7 氧化锆（或氧化铬）陶瓷纤维毡的理化性能

理 化 性 能		氧化锆（或氧化铬）陶瓷纤维毡
化学成分/%	Al_2O_3	40~46（或33~39）
	SiO_2	52~56（或40~50）
	Cr_2O_3	2~3.5
	ZrO_2	13~19
使用温度/℃		≤1400
体积密度 /kg·cm^{-3}	厚度3mm	128
	厚度大于3mm	96
永久线变化(1400℃×24h)/%		−4~0
热导率（20℃）/W·(m·K)$^{-1}$		<0.05
收缩率/%	20℃×0.01MPa	≤20
	400℃×0.01MPa	≤60

要实现热风炉高温、长寿，耐火材料质量是最重要的条件。耐火材料蠕变性能是表示耐火材料在温度和应力长期作用下的变形趋势，是衡量耐火材料承受热风炉工况条件的一个重要指标。该企业在大型高温长寿热风炉设计中采用的耐火材料确定了不同材质蠕变砖的低蠕变率，并作为判定耐火材料是否合格的决定性依据。

热风炉是一个高温、高压系统，其各部位的耐火材料，包括墙体砖与拱顶各孔口及送风管道各三岔口砖，都要承受长期的高温、高压作用。此外，还有鼓风气压和耐火材料自重以及由于气流收缩、扩张和转向所产生的冲击和震动作用。因此要求热风炉工作层采用的致密性耐火材料具有荷重软化温度高、常温耐压与抗折强度大、密度大等特点。重质（致密性）耐火材料在具备承受高温、高压和气流冲击震动性能的同时，也应具备充足的蓄热能力和传热能力，加上优良的低蠕变性能，才能更好地适应高温热风炉的工况条件。

根据上述材料性能分析可以看出，该企业热风炉耐火砖的蠕变率、永久线变化和荷重软化性能，保温材料的热导率、使用温度、永久线变化等重要耐高温指标比以往有了很大提高，已达到国际先进水平。具体来说，耐火衬的设计温度达到1450~1480℃，实际使用温度不大于1420℃，钢壳温度小于150℃，热风炉设计寿命提高到25~30年。

5.1.2.2 耐火衬结构的改进

目前，热风炉结构设计主要是根据热风炉温度场确定耐火材料分布，并优化其结构，如图 5-1 所示。

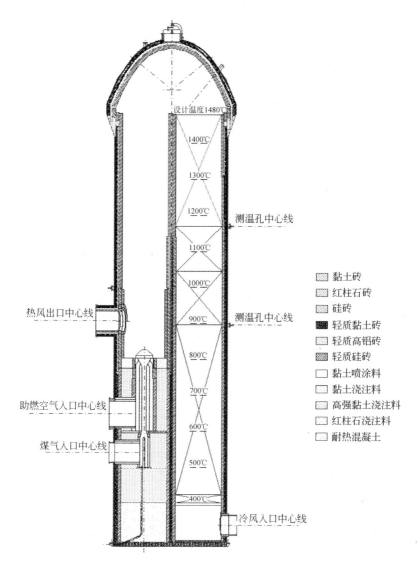

图 5-1 热风炉耐火衬结构

根据以上设计原则，该企业的高温长寿热风炉采用了许多成功经验，其结构和工艺设计上具有以下优点：

（1）大功率高效燃烧器。该企业新型热风炉配置的燃烧器既可以适应预热后的较高温度的助燃空气及高温煤气条件，又能适应常温下的空气、煤气条件，而且燃烧功率大、燃烧效率高、使用寿命长。

（2）保温型耐高温拱顶结构。根据热风炉操作，将拱顶温度提高到 1400℃，就能把设计风温提高到1200℃以上。大型高炉的高温长寿型热风炉拱顶设计温度一般控制在1400~1450℃之间，操作中拱顶处的温降在25~50℃之间。说明其保温型拱顶结构能够适应这样高的拱顶温度，并有良好的保温效果，热损失也很低。热风炉拱顶砌体与热风炉大墙隔开，拱顶耐火砖带自锁结构，热稳定性好，克服了拱顶砖松动脱落的问题。通过在膨胀缝和滑移缝中填充能保持较长使用时间的陶瓷纤维，可减少向炉壳的窜风，也增强了保温效果。

（3）高效的蓄热室。新型热风炉蓄热室格子砖格孔直径不大于30mm，加热面积不小于47m²/m³，具有很高的换热面积，可以实现快速传热。采用的硅质、红柱石质和黏土质格子砖比以往的低蠕变高铝质和黏土质格子砖的砖重相对降低，既节省投资，而且又不会影响风温的稳定性。

（4）基于工作制度的蓄热室材料选择。热风炉在蓄热室的高温段选用耐高温的硅砖，在中温段选用热容较大和稳定性较好的红柱石砖和高密度黏土砖，这样有利于采用短周期和适当提高废气温度的工作制度，可在保持风温的稳定性时，减少蓄热面积和格砖质量。

（5）组合结构的孔口。热风炉各孔口采用了组合砖结构以提高砌体的整体稳定性。热风口采用双层、双凸凹榫槽的单环组合砖结构，即使外层的孔口砖环损坏，内层的砖环仍能保持孔口的稳定工作。

根据三维设计确定的热风出口组合砖如图5-2所示。

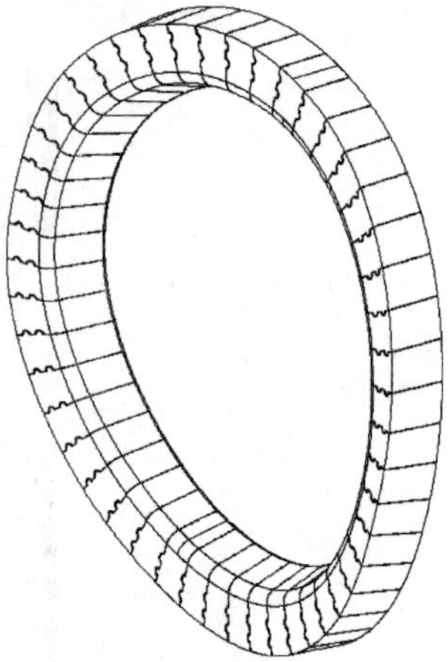

（6）重视热风炉长寿。热风炉寿命主要与设计、设备与耐火材料的制造以及施工质量、生产操作、运行维护等因素有关。除了采用上述先进的设计方案，还必须对设备与耐火材料的制造与施工质量、生产操作、运行维护等影响热风炉长寿的因素给予充分重视，并按照设计制定的规范和标准对这些因素进行严格控制。

图5-2 三维设计确定的热风出口组合砖

5.1.2.3 小结

综上所述，加热能力和长寿是衡量热风炉设计水平的两个最重要的指标，主要包括蓄热能力和传热能力，以及结构的稳定和适应各种工况的能力。

耐火材料的耐高温性能和能在高温、高压工况下保持长期稳定是检验热风炉的高温蓄热性能和传热性能的重要标准，保温材料具备良好的隔热性能和稳定性则是热风炉高效和节能的重要保证。因此，不断优化和提高热风炉的材料性能是热风炉技术进步的基础。

实现热风炉长寿是热风炉结构设计中的改进重点，在大力提倡建立节约型社会和节约型企业的今天，设计出高温长寿型和经济环保型热风炉显得尤为必要，这也是热风炉技术进步的直接体现。

5.2　热风炉晶间应力腐蚀研究

5.2.1　概述

20 世纪 60 年代之前，国内外热风炉的拱顶温度不超过 1200℃。经过对炉型、耐火材料等改进之后，日本和德国热风炉拱顶的瞬间温度达到 1500 ~ 1600℃，热风的温度达到 1350℃。但是很快就发现这样的操作有问题，有的热风炉在开炉一年以后就发现热风炉炉壳开裂。于是开始调查开裂的原因，热风炉炉壳开裂很快被明确地认为是晶间应力腐蚀开裂，开裂主要从拱顶锥形区的焊缝这些高应力区开始，然后迅速扩展，可达 400mm。时间久了裂缝也会在远离焊缝的地方产生，但仅限在拱顶。

晶间应力腐蚀通常定义为：在腐蚀介质和应力的双重作用下，没有产生变形，而是造成沿晶间方向的开裂而导致材料的破坏。晶间应力腐蚀开裂的形式有穿晶型、沿晶型和混合型三种。不同材料和不同的环境有不同的开裂途径。在高风温热风炉上产生的晶间应力腐蚀裂纹是沿着原奥氏体晶粒边界进行的，属于沿晶间应力腐蚀断裂。

金属材料不是在所有环境介质作用下都会发生晶间应力腐蚀开裂，而是在特定的活性介质中才发生晶间应力腐蚀开裂。即对一定的金属材料而言，在有一定特效作用的离子、分子或配合物的作用下才会导致晶间应力腐蚀开裂。有时，化学腐蚀剂的浓度很低也足以引起晶间应力腐蚀开裂。

关于晶间应力腐蚀开裂国外有大量研究，提供了许多预防方法。但是很难对比这些方法的好坏，因为每个国家热风炉的结构和操作条件都不相同。

5.2.2　晶间应力腐蚀开裂机理

低碳钢易受硝酸根侵蚀而出现晶间应力腐蚀开裂。大量研究表明，这是由于在晶粒界面上碳、氮及其他元素形成化合物（如碳化物），或因原子的偏析作用形成阴极，而导致晶间开裂。在高倍电子显微镜下，对用作炉壳的 SMA50BAI 钢的薄片进行观察，在一定时间内含热硝酸根溶液中可观察到上述情况。某些研究者揭示，在晶粒界面上的碳化物不能促使相邻晶格的阳极加速反应，在含热硝酸根溶液中仅仅是铁素体错位的界面才会受到侵蚀，Fe_3C 与铁素体之间的晶间面未受侵蚀，它与原生母铁素体或伴生铁素体的取向无关。可以认为，碳化物是晶格之间的阴极，但在它附近的铁素体并不是先溶解的，而是在铁素体与铁素体之间错位的界面处的碳、氮及某些其他呈原子状态的元素被解离。根据应力的作用，在应力集中处的晶间面上，碳化物将进一步受硝酸根的侵蚀。

对奥氏体不锈钢来说，因为奥氏体易于滑移，所以常沿一定的结晶面裂开。这种由滑移—溶解—开裂机理发生的开裂是沿奥氏体（111）面系上进行的。在进行转角检验中所得到的夹角刚好为（111）的夹角。当然，对于奥氏体钢在高温氯化物的应力腐蚀开裂也可沿（100）及（110）发生。

关于晶间应力腐蚀开裂的机理目前还没有统一，但在形态上其特征是比较明显的。这些特征是材料、介质、应力共同作用的结果。在不同情况下，材料、组织、位错、晶间、电化学、力学等各个因素起着不同的作用，同时这些因素相互作用，随着断裂力学和各种研究技术的发展，将进一步有助于断裂机理的研究。

5.2.3 晶间应力腐蚀开裂形态

开裂主要发生在焊缝附近，在施工现场焊接的部分比在制造工厂焊接的部分发生开裂的频率要高。可见焊接产生的残余应力对腐蚀开裂有很大的影响。

对炉壳内表面取样观察分析表明，大多数开裂是平行于最靠近的焊缝及其热影响区域。人工的电弧点焊、溅出的熔融金属及用来固定可塑料的锚固件等很小的焊缝或斑点，都能明显地促进开裂，并沿着铁素体晶粒的界面传播到基体上。焊接斑点的局部硬度超过焊缝的热影响区，会先产生裂纹，而裂纹产生后，焊缝周围的应力松弛。热应力既是导致裂纹又是使其发展的一个主要因素。

裂纹的产生和发展以及应力强度系数如图5-3所示。

裂纹发展阶段的快慢如图5-3所示，可用应力强度系数 K 表示。在第1种模式破损的情况下，法向应力是重要的，其应力强度系数 K 可简单表示为：

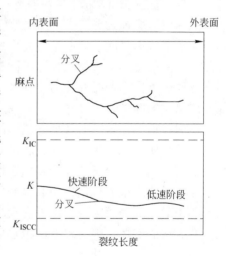

图5-3　裂纹的产生和发展以及
应力强度系数 K

$$K = \rho\sqrt{\pi C}$$

式中　ρ——开裂的平均法向应力；
　　　C——开裂长度。

5.2.4 晶间应力腐蚀开裂产生的原因

在高温条件下，N_2 和 O_2 分解成单体的氮和氧，氮和氧又生成氮氧化物，当拱顶温度超过1420℃时，生成的氮氧化物迅速增加，高温区炉壳将引起晶间应力腐蚀开裂。引起晶间应力腐蚀开裂的原因综合起来有以下几点：

（1）拉应力超过钢材的屈服点。外燃式热风炉顶部都是不对称结构，炉壳组装、焊接及热风炉操作（包括送风、燃烧、换炉、闷炉等）都会发生内应力。根据德国资料，热风炉关闭，膨胀圈的内应力可能超过钢材屈服点的50%。

（2）使用了敏感性钢材。钢对不同介质有不同的敏感，就热风炉而言主要是对硝酸盐和硫酸盐的敏感。

（3）存在腐蚀环境。热风炉的温度超过1360℃时，氧与氮和硫开始发生化学反应生成 NO_x 和 SO_x，再与烟气中的水蒸气结合，最后因温度降低到露点以下而冷凝变成硝酸和硫酸。当存在拉应力时，化学侵蚀破坏钢板间的结合键，产生晶间应力腐蚀。

5.2.4.1　腐蚀应力

拉应力通常在焊接和组装过程中产生，这是不可避免的。疲劳应力在热风炉周期性的加热和送风过程中产生，对热风炉的影响相当严重。当拉应力超过应力腐蚀开裂的临界应力时，腐蚀开裂现象发生，此应力值称为应力腐蚀开裂的临界应力，用 p_{cc} 表示。但是在实际构件中，拉应力小于 p_{cc} 时也有发生应力腐蚀开裂的，因此 p_{cc} 不能作为是否能产生应力腐蚀开裂的唯一依据。在热风炉上炉壳所受应力比较低，应力腐蚀不会影响炉壳母体金属的使用寿命，多次事故都发生在焊缝附近，特别是焊缝的热影响区。有些裂纹平行于焊缝，有些则垂直于焊缝。

5.2.4.2　腐蚀介质

关于硝酸根离子的来源人们做了大量的研究，发现在一定的操作条件下，氮氧化物的含量可达到0.2%。当温度超过1360℃时，氮氧化物的生成率开始增加，在1420℃时热风中的氮氧化物含量大概是0.05%，氮氧化物主要在热风中形成。根据日本学者的研究，烟气中氮氧化物的含量为0.0015%~0.008%。在烟气和热风中形成的氮氧化物穿过耐火材料，和炉壳上的冷凝水相遇，形成硝酸根离子。

热风炉内的氮和氧在高温作用下发生反应，拱顶温度超过1360℃时有利于氮氧化物的形成（见图5-4）。

热风炉在燃烧期和送风期中氮氧化物含量变化说明，在使用焦炉与高炉煤气进行加热时，氮氧化物的含量很低。热风炉加热并达到最高拱顶温度之后，闷炉半小时内氮氧化物含量逐步升高到超过0.01%。当热风炉充

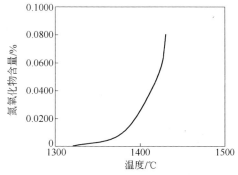

图5-4　温度与氮氧化物含量的关系

风到工作压力时，则氮氧化物含量大大增加。在送风期拱顶处的氮氧化物发生转移而被稀释，含量慢慢减少。拱顶温度降低，也会减少氮氧化物的生成量。实际测量表明，在蓄热室和燃烧室中氮氧化物的含量比拱顶低，这是由于蓄热室和燃烧室的温度较低的缘故。

NO_x 产生的反应式如下：

$$N_2 + O_2 \Longrightarrow 2NO$$

$$NO + 0.5O_2 \Longrightarrow NO_2$$

在热风炉内，氧化氮与冷凝水接触生成含硝酸根离子水溶液，这样腐蚀介质就形成了。其反应式如下：

$$2NO_2 + H_2O \Longrightarrow HNO_2 + HNO_3$$

$$2NO_2 + H_2O + 0.5O_2 \Longrightarrow 2HNO_3$$

硝酸对钢板产生化学侵蚀破坏，其反应式如下：

$$2Fe + 6HNO_3 \Longrightarrow Fe_2O_3 + 3N_2O_4 + 3H_2O$$

在高风温热风炉中氮的主要来源是空气。当富氧和高压操作时，氮氧化物的生成量会增加。但是由于这些操作条件与氮氧化物的生成量有关，而且不是等温过程，因此其生成量几乎不可能计算。

如果热风炉炉壳没有绝热层，而是一般的耐火材料炉衬，炉壳的温度会低于 100℃，凝结水随时都会形成。燃烧产物中的水、鼓风湿分，或者砌体中的水分将凝聚在炉壳上，产生硝酸盐溶液。

进一步观察发现，单由硝酸根离子引起的晶间应力腐蚀开裂的发展是很缓慢的，发展得相当快的晶间应力腐蚀还必须有其他侵蚀性的化学介质，以及对材料附加了疲劳应力和拉应力。

用 X 射线分析拱顶炉壳内部的腐蚀产物，发现其中含有 SO_4^{2-}、Cl^-、NO_3^- 和钠、硫、钙。对某冷凝物试样的分析发现其中离子含量为：SO_4^{2-} 775mg/L、NO_3^- 500mg/L。另外还有大量的铁离子，pH 值为 2.35。

在 SO_2 介质的侵蚀下，由于其酸性及浓的三价铁离子的作用，应力腐蚀开裂的速度就会较高。煤气中的硫是形成硫氧化物的根源。许多试验证明，在应力腐蚀开裂速度特别高的同时，检验出炉壳内侧凝聚有一种 pH 值低的酸性介质。

5.2.4.3　材料的敏感度

材料发生应力腐蚀开裂的敏感度和碳化物在晶间的形态有密切的联系。通过在 A_{c1} 和 A_{c3} 之间退火处理得到的在均匀分布的晶间碳化物中形成的半连续 α' 相，显著提高抵抗应力腐蚀开裂的能力。图 5-5 所示为不同热处理条件下碳化物在晶间的形态变化。

碳钢发生应力腐蚀开裂的敏感度与碱性溶液的关系甚至高于与硝酸盐溶液的

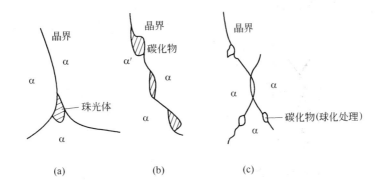

图 5-5 不同热处理条件下碳化物在晶间的形态变化

（a）未经过热处理或在 γ 区进行热处理；（b）在 α + γ 区进行热处理；（c）在 α 区进行热处理

关系。表 5-8 所示为低碳钢在碱性溶液中和硝酸盐溶液的敏感度对比。发现低碳钢退火处理既可以抵抗在硝酸盐环境下的应力腐蚀开裂，又可以抵抗在碱性溶液下的应力腐蚀开裂。

表 5-8 低碳钢在碱性溶液和硝酸盐溶液中敏感度对比

热 处 理	碱性溶液 （34% NaOH）	硝酸盐溶液 （60% Ca(NO$_3$)$_2$ + NH$_4$NO$_3$）
未进行热处理	×	×
在 γ 区进行热处理	×	△
在 α + γ 区进行热处理	○	○
在 α 区进行热处理	×	△

注：×代表开裂，○代表无开裂，△代表由超声波探伤发现。

5.2.5 预防晶间应力腐蚀开裂的方法

理论上讲，预防晶间应力腐蚀开裂的方法如下：

（1）减少应力。完全避免应力是不可能的，在一定的环境中应力减少和不高的温度足以阻止炉壳遭到破坏。因此，必须强调炉壳设计的最低应力，这包括不同直径管道之间的相互连接、最小的焊缝连接、焊缝的应力释放、应用膨胀装置。

（2）材料的选择。完全抵抗晶间应力腐蚀开裂的材料是没有的。但是，含锰的铝镇静细晶粒钢，如 StE36 和 WStE36 都是比普通结构钢不敏感的材料。如果温度不太高，使用敏感度低的钢配合低应力设计，可以充分满足或者至少可以在一段时间内避免损坏的要求。

（3）预防冷凝物的形成。理论上有三种方法：

1）用耐酸材料涂覆炉壳；

2）在耐火材料中布置蒸汽过滤装置，阻止水蒸气到达炉壳；

3）使炉壳的温度高于露点温度。

对以上方法进行理论评估：

（1）低应力设计对避免腐蚀开裂是必要的。一些热风炉的破坏是由于波动负荷，这就要求根据压力容器规则进行设计，还要计算大量的载荷变化。同时设计的操作周期提高到20年以上，这样的设计同时减少应力腐蚀开裂。应力腐蚀开裂在所有的操作条件下是一定不能避免的。

（2）使用敏感度低的钢可以延迟破坏的发生，但不能保证应力腐蚀开裂不发生。

（3）由于减少应力和选择材料都不能提供绝对的保护，因此使冷凝物远离炉壳，或者阻止冷凝物的形成被认为是主要的保护措施。

5.2.5.1　材料

采用表面渗碳钢制作热风炉的炉壳来抵抗晶间应力腐蚀开裂，但只是采用这种高级钢并不能保证完全抵抗晶间应力腐蚀开裂，因为经过焊接这种钢会丧失抵抗能力，需要进行750℃的退火。

钢中加入缓蚀剂，如低碳钢中加入0.46%的钛或2%~4%的铬及0.8%的铝都能提高抗腐蚀的能力。

高合金奥氏体钢有更可靠的抗应力腐蚀能力，但由于其价格高，不可能作为热风炉炉壳。目前还不能完全确定这种钢同时受到硫酸盐、硝酸盐和氮化物，以及其他酸性物质存在的腐蚀介质作用的影响效果。但是使用特定的 Cr-Ni-Mo 奥氏体钢制作膨胀器，对提高寿命方面肯定有较好的效果。

通过在 A_{c1} 和 A_{c3} 之间加热以改变碳化物在晶间的形态和分布，已开发出一种新的结构钢 SR41，这是一种正火和退火的铝镇静钢，能有效地抵抗晶间应力腐蚀开裂。

含锰的铝镇静细晶粒钢，如 StE36 和 WStE36 都是比普通结构钢不敏感的材料。现在德国使用钢种有 STE36WSTE36、Cr-Ni-Mo 奥氏体钢；日本使用的有 SM51ASR41 等。

5.2.5.2　设计

理论上讲，高风温热风炉的设计必须把静力计算和组合时的荷载减少到最低限度；额外的焊缝必须避免；不必要的支座、开孔和其他附件应减少到最低限度；热风炉平台及其辅助结构也应尽量减少，而且它们应该是分散的方式布置；平台和管道应该避免焊接在炉壳上。

外国科研工作者对一些热风炉的调查研究发现，拱顶温度低于1350℃的热风炉，即使没有对炉壳进行特别的保护，也没有晶间应力腐蚀开裂现象发生。当拱顶温度在1450℃以下时，如果炉壳材料采用细晶粒钢而没有另外的保护，或者炉壳材料采用普通结构钢外加绝热层，都不会有晶间应力腐蚀开裂现象发生。但是如果仅仅是采用低应力设计而没有额外的保护炉壳材料就会被损坏。当拱顶温度高于1450℃时，没有保护的热风炉一定会发生晶间应力腐蚀开裂。即使有保护，长期的操作也会导致炉壳开裂。

根据不同的操作条件制定了不同的设计方案：

（1）拱顶温度为1350℃以下。

1）最低设计：低应力设计融合压力容器设计规则。

2）理想设计：低应力设计，另外，在拱顶使用敏感度低的钢。

（2）拱顶温度为1450℃以下。

1）最低设计：

①低应力设计，拱顶使用敏感度低的钢；

②普通结构钢，外部保温。

2）理想设计：低应力设计，拱顶使用敏感度低的钢，外部保温。

（3）拱顶温度为1450℃以上。

1）最低设计：低应力设计，拱顶使用敏感度低的钢，外部保温。

2）理想设计：在最低设计的基础上，燃烧室保温，蓄热室保温，陶瓷保护。

5.2.5.3 燃料

硫化物对应力腐蚀开裂有促进作用，不应使用含硫的燃料。因此，增加燃料的发热值时不要试图采用含硫的焦炉煤气，最好选用天然气或其他高发热值气体。

5.2.5.4 外部绝热

炉壳外部绝热是为了避免在炉壳内部形成冷凝液，对炉壳有很好的保护作用。经过广泛研究，可采用炉壳外部用铝板包裹固定毡垫的办法进行保温，以维持炉壳温度在150～300℃之间，这一温度不致削弱材料的强度。为了防止温度过高，炉壳安装有热电偶，连续测量其温度。如果炉壳温度升高，可采取通风的方法使它冷却。为了准确地检查炉壳，可以临时拆掉保温材料，但目前为止没有发现需要临时拆掉保温材料来检查的情况。实践表明，采用炉壳外部绝热法后，可有效抵抗晶间应力腐蚀开裂的发生。

5.2.5.5 炉壳内的保护

首先在炉壳内壁涂耐酸涂料。耐酸涂料是由石墨、煤焦油、环氧树脂等组成。只有当涂层暴露在250℃以上的温度下，以及有的地方的涂层过薄时，才会发生应力腐蚀。在炉壳内壁涂完耐酸涂料后，再喷涂耐酸可塑料。耐酸可塑料在喷涂前用水混合，喷涂时不允许留接缝。一种耐酸可塑料是由石英砂、硅酸盐结合剂、多孔球刚玉及固化剂组成，这种材料能很好地适应温度的波动，在高温下也可使用。为了固定耐酸可塑料，在炉壳上还设有锚固件。

研究认为，内部涂层保护法优于外部绝热法，这是因为：

（1）由于炉壳温度要高于酸液露点温度，炉壳抗腐蚀能力降低，炉壳厚度要增加；

（2）炉壳被绝热层覆盖后，使用过程中出现的破坏不易早期发现；

（3）在绝热和非绝热的结合区，高温时炉壳上出现冷凝现象，这些酸性冷凝液可能引起腐蚀破坏；

（4）纤维绝热层厚度和性能的波动导致不均匀的温度场，引起炉壳出现附加应力；

（5）耐火砖要承受较高的温度，要求使用高级耐火材料，因而投资增加。

欧洲新建大型高炉采用新的防晶间应力腐蚀的措施，即在拱顶高温区炉壳内表面涂刷3层防晶间应力腐蚀的涂料。

5.2.5.6 热处理

热风炉炉壳及其附件在焊接以后，应在制造厂对外壳所有焊缝分段进行消除应力的退火处理，在现场组装后也做退火处理。如果不能做到消除全部焊缝应力，哪怕是极小的焊接时喷溅的斑点也可能发生应力腐蚀开裂，而使退火处理失去效果。

表5-9所示为热处理对低碳钢应力腐蚀开裂的影响。没有经过热处理的钢100%发生应力腐蚀开裂，随着温度（在A_{c1}和A_{c3}之间）的升高，抵抗应力腐蚀开裂的能力增加。定负荷试验发现，当在600~900℃之间退火时，随退火温度的升高，临界开裂应力增加（见图5-6）。

表5-9 热处理对低碳钢应力腐蚀开裂的影响

热 处 理	敏感度	热 处 理	敏感度
未进行热处理	×	630℃×1h A. C.	△
900℃×1h A. C.	△	900℃×1h A. C. +780℃×1h A. C.	⊙
780℃×1h A. C.	○	900℃×1h A. C. +630℃×1h A. C.	△

注：抗应力腐蚀开裂性能由好到坏依次为⊙、○、△、×。

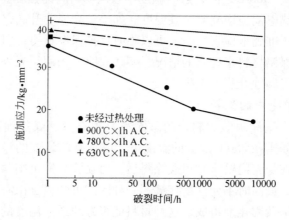

图5-6 定负荷试验结果

总之，正火和退火都能增加材料抗应力腐蚀开裂的能力。

过去认为，实现热风温度高于1200℃，需要将热风炉拱顶温度烧到1450℃以上。但是当拱顶温度高于1420℃时，NO_x 的生成量开始加剧，燃烧产物中的水和 NO_2 相遇将生成硝酸。硝酸会对热风炉钢壳进行腐蚀。尤其是当炉壳在高应力状态下工作时，晶粒之间的腐蚀更为严重，这就是所谓的晶间应力腐蚀现象。

研究表明，将热风炉拱顶温度与送风温度之间的差值由原来的180~200℃缩小到120~100℃，相当于在同等拱顶温度的条件下可提高60~100℃热风温度。在热风炉操作上要求将送风时间缩短到1h以内。这样，拱顶温度为1350~1370℃就可满足为热风炉提供1250℃以上高风温的要求。

5.2.6 防止晶间应力腐蚀开裂的实例

风温在1200℃以上的热风炉应采取防止晶间应力腐蚀的措施。宝钢1号高炉热风炉炉壳的防止晶间应力腐蚀措施为：

（1）蓄热室、燃烧室的拱顶和连接管处采用韧性耐龟裂钢板（$SM_{41}CF$）焊接后用电加热局部退火，以消除焊接应力。

（2）蓄热室拱顶下部、圆锥体下部、燃烧室拱顶下部采用曲面结构，以减小局部应力集中。

（3）高温区炉壳外面用0.5mm铝板包覆，铝板与炉壳间填充厚3mm的保温毡，使炉壳温度保持在150~250℃之间，防止内表面结露，也防止突然降温（如暴雨）使炉壳急冷而产生应力。

（4）炉壳内表面涂硅氨基甲酸乙酯树脂保护层，防止 NO_x 与炉壳接触。

鞍钢10号高炉热风炉在大修中，采取了以下预防晶间应力腐蚀的措施：

（1）拱顶炉壳采用鞍钢特殊研制的含铂 A_{c1} 抗晶间应力腐蚀钢板，焊接后用电加热局部退火。

（2）热风炉炉壳拐点均采用曲面结构。

（3）在钢壳内表面涂有耐腐蚀涂料。

5.2.7 2号高炉热风炉抗晶间应力腐蚀措施

2号高炉热风炉拱顶结构如图5-7所示，其拱顶耐火材料分4层交错布置，最里层采用硅砖或红柱石砖，由里到外依次为黏土砖、硅酸铝纤维和浇注料，拱顶钢壳和耐火砖之间预留膨胀缝。

2号高炉热风炉抗晶间应力腐蚀采取的措施如下：

（1）在拱顶钢壳内表面喷涂厚度为250μm左右的高温防腐涂料，其型号有两种：we61-250耐热防腐涂料和c1-200醇酸耐热漆。将原拱顶设计温度

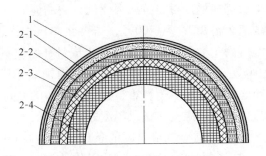

图 5-7　2 号高炉热风炉拱顶结构

（1400℃）提高到最高应许拱顶温度（1450℃左右），防止热风炉拱顶发生晶间应力腐蚀。

（2）在热风炉操作中，一方面适当提高热风炉拱顶温度以提高风温；另一方面通过热风炉自动燃烧控制系统严格控制热风炉拱顶温度在 1420℃ 以下，从而有效抑制 SO_2、NO_x 气体生成，防止其反应产生的硫酸、硝酸腐蚀热风炉钢壳。

（3）为了节约工程投资，热风炉钢壳材质采用了普通碳素钢 Q235B。对钢壳的制作、焊接、安装制定了严格的施工规定，采取施工过程中随时消除钢壳应力的措施，包括制作和焊接后的退火处理，以及不允许在钢壳上进行设计外的焊接等措施。充分消除钢壳应力点，避免晶间应力腐蚀的发生。

（4）为了节约工程投资和加快工程进度，热风炉钢壳在变径部位没有采用圆弧过渡，通过多级变径方法，缩小变径角度，减少变径部位应力集中情况。

6 高风温热风炉热风管道输送技术

热风管道是热风炉系统中非常重要的部分，热风管道及其上安装的设备设计得合理与否，将直接影响到热风炉系统工作的稳定性。为了将热风安全地输送给高炉，特别是在该企业高炉不断进行大型化改造后，要求在安全和节能的情况下使用高温、高压的热风，因此对热风管道的设计不断提出了改进要求。

该企业高炉热风管道的设计改进大致可分为两个阶段，第一阶段为1990年到2000年，第二阶段为2001年到2009年。

6.1 第一阶段改进情况概述

该企业自1990年到1994年开始对高炉进行大规模扩容大修改造，热风炉系统也相应进行了不少改造。

6.1.1 耐火材料的改进

耐火衬的保温层开始使用喷涂料、轻质高铝砖和轻质黏土砖，淘汰了硅藻土砖，在管道耐火衬的膨胀缝中采用了耐火纤维来吸收耐火衬的轴向膨胀（见图6-1）。管道的设计温度为1200℃，实际使用温度不高于1150℃。

6.1.2 耐火衬结构的改进

热风出口砖的上半环采用一环或两环的带子母扣（锁扣）的简易组合砖结构（见图6-2），初步实现孔口砖自身的结构关联，部分提高了孔口环砖的稳定

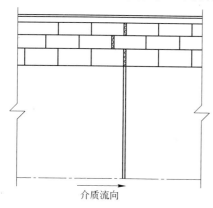

图6-1　热风管道膨胀缝结构示意图

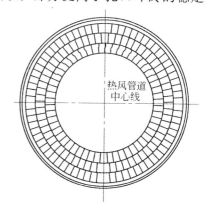

图6-2　热风管道锁砖结构示意图

性，但未形成与大墙间的结构关联，热风出口部位仍存在整体稳定性不足的问题。

热风管道的交汇处（三岔口处）上部砌体由砌砖改为高铝质浇注料，在没有掌握整体（立体式）组合砖设计和制作技术时，可以利用浇注料的整体性解决上部砌体掉砖问题。由于浇注料在高温下的使用寿命比较短，因此应用效果不明显。

根据采用顶燃式热风炉后热风总管位置较高的特点，设计了热风竖管，结构类似空心小热风炉。混风管不直接接到热风总管上而是接在热风竖管上，为单一大孔口。采用热风竖管可以有效解决在局部管道上开多个大孔口出现的砌体结构不稳定问题，但单一混风口存在混风不均匀问题。

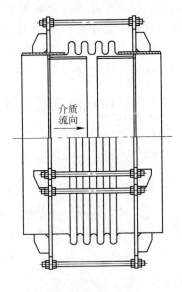

6.1.3 设备的改进

在热风管道分段设置了轴向型波纹补偿器（见图6-3），热风支管的波纹补偿器设在热风炉和热风阀之间。从热风竖管到热风环管间的热风总管波纹补偿器配有水平多根刚性大拉杆来吸收热风介质对管道的盲板力。改进的局限性是：轴向型波纹补偿器不能吸收热风炉在燃烧和送风两种工作状态时产生的压力位移和对热风管道的径向位移，并在这些位移的频繁作用下产生疲劳损坏。

采用工业水冷却或汽化冷却水腔结构的高温热风阀，阀内有浇注的耐火衬，设备的设计温度为1200℃，实际使用温度为不高于1150℃。因为

图6-3 热风管道波纹补偿器
结构示意图

阀门水系统冷却强度不高，阀门冷却水腔结构不合理，使阀内的耐火衬、水腔和密封部位得不到充分的冷却保护，使用寿命仍然很短，耐高温性能亟待加强。

6.2 第二阶段改进情况概述

经过总结该企业高炉投产后的使用经验，在2002～2009年对该企业高炉的热风管道系统在设计上又做了优化和提高。简要说明如下。

6.2.1 耐火材料的改进

热风管道工作层耐火砖由普通高铝砖改为蠕变小、密度相对较轻、高温稳定性好的红柱石砖，将热风管道设计温度提高到1250℃以上。高炉最高月平均热风

温度为 1279℃，最高风温为 1284℃。

管道耐火衬的膨胀缝按轴向位移和径向位移分别采用不同形式（毡或毯）的耐高温（1420℃）陶瓷纤维材料，可以长期稳定地吸收耐火衬和管道的膨胀。

风口设备内衬由高铝质浇注料改为钢纤维刚玉质浇注料，提高了内衬的耐磨性能和高温强度。

6.2.2 耐火衬结构的改进

6.2.2.1 管道采用组合砖

热风出口由单独的环形组合砖构成，砖块间采用双凹凸榫槽进行加强和连接。为了减轻上部大墙对组合砖产生的压应力，在组合砖上部设有特殊的半环拱桥砖或采用能与大墙结合的整环花瓣砖。

全部热风管道内的工作层，在上部 120°范围均采用带凹凸榫槽的红柱石锁砖结构以提高砌体在高温和高压工作条件下的整体稳定性（见图 6-4）。对于大直径的管道，适当加厚工作层，增加砖的楔度，提高砖层的稳定性。

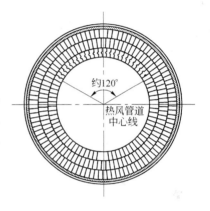

图 6-4　新型热风管道锁砖结构示意图

6.2.2.2 热风管道的交汇处

有两种改进的设计形式：平拱吊挂结构和三维立体组合砖结构。

在高炉和高炉热风管道的交汇处（三岔口处）上部砌体采用平拱吊挂结构，用耐高温特殊合金钢挂件将砌砖挂在管道钢壳上，加强了砌体的结构稳定性。首秦高炉和京唐高炉热风管道的交汇处砌砖整体采用三维立体组合砖结构。经实践证明这两种结构都能满足风温高于 1250℃的工作要求。

6.2.2.3 水平管路与垂直管路交接处的结构

热风总管因环境布置和热风炉形式需要，设计中有水平管路与垂直管路交接的情况，其交接部位是结构的薄弱点。设计采用了各自独立的砌砖层和单层自锁结构，使砖层间的膨胀不互相干扰，解决了因不同方向的砖层膨胀造成的砖层开裂、窜风现象，满足了风温高于 1250℃的工作要求。

6.2.2.4 管道耐火衬膨胀缝的保护

当热风管道的设计温度高于 1250℃时，在波纹补偿器处的耐火衬膨胀缝宽度一般要在 50mm 以上。因此，在缝口处增加了一环镶嵌式保护砖，有效防止了缝中填充的陶瓷纤维材料不被气流冲掉和沿膨胀缝出现窜风、引起局部钢壳过热的现象（见图 6-5）。

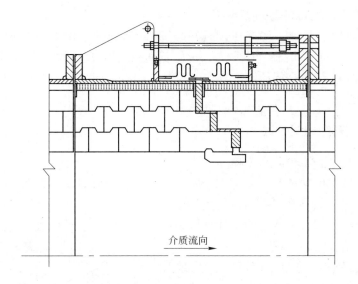

介质流向

图 6-5 新型热风管道膨胀缝结构示意图

6.2.2.5 混风器的耐火衬结构

为了提高混风均匀性，采用了多进风口的混风器。但进风口过多会降低开口处的管道砌体稳定性。经过改进，已由最初采用的 8 个进风小支管的混风器改为 4 个进风小支管的混风器，同时加厚了小支管的耐火材料内衬，并将耐火衬由单一浇注料改为轻质砖加红柱石浇注料结构，加强了耐火衬的保温效果，提高了混风器的工作可靠性。

6.2.3 热风管道钢结构的改进

6.2.3.1 管道、波纹补偿器及管道支架的设置

承受高风温、高压管道的波纹补偿器及管道支架的设置均经过详细的受力计算，对高温热膨胀位移和受压后产生的压力位移，在管道设计中均给予了充分的重视。通过合理设置不同结构的波纹补偿器，特别是将热风支管的波纹补偿器位置改在热风阀和热风总管之间后，消除了热风炉工作周期变化对波纹补偿器的影响。在热风总管端头设置压力平衡式波纹补偿器，吸收大拉杆长度因温度、压力、大气温度等影响造成的变化。对管道支架进行的优化设置，为热风管道的稳定工作提供了可靠的保证。新型热风支管波纹补偿器结构示意图如图 6-6 所示。

6.2.3.2 热风管道与热风炉间的水平固定

在热风炉与热风总管之间的水平方向上增加双层刚性拉杆，拉杆直接固定在热风炉和热风总管上，使热风炉与热风管道形成稳定的三角形结构，使热风支管的位移不会影响热风总管。

6.2.4 热风系统设备的改进

6.2.4.1 高温热风阀

采用软水冷却及异型水腔结构的高温热风阀，阀内镶嵌耐高温的高强耐火衬，设备的工作温度最高可达1450℃。高温热风阀的结构和使用做了以下改进：

（1）采用全覆盖不定型陶瓷耐火材料。

（2）椭圆形非对称水腔结构。

（3）阀板复合材料保护层处理。

（4）阀杆全浮动密封装置。

（5）优化了冷却水道结构和水速，达到节水、节能效果，同等工作条件下比常规热风阀节水16%～28%。3号高炉热风炉的热风阀设计用水量已由1号高炉每个热风阀150t/h降低到115t/h，4个热风阀平均每小时节省循环软水量460t，相应节省电量460kW·h，为节能和降低运行成本提供了新的措施。

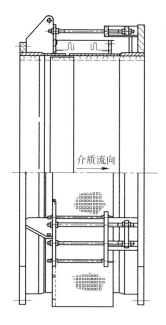

图6-6 新型热风支管波纹补偿器结构示意图

（6）在热风阀的法兰螺栓上采用蝶形密封垫圈，使热风阀螺栓在工作周期更换和环境温度改变时，避免因温度和压力变化而松动漏风，造成热风阀损坏。

6.2.4.2 采用引进的恒力吊架

为满足垂直与水平组合设置的热风管道在热状态时的膨胀，采用了两组引进的恒力吊架，可以充分吸收垂直管道钢壳在发生位移时产生的力，并使它保持恒定，尤其是能保证高炉围管与高炉同心，使热风总管不会推移热风围管，从而使钢壳位移和由此产生的应力不会影响内部耐火衬的稳定。

6.2.4.3 热风总管的刚性大拉杆

由以往采用的多根刚性大拉杆改为三根或四根刚性大拉杆，并将拉杆穿过管道支架，减少拉杆的晃动和下沉，改善拉杆的工作稳定性。在拉杆的接头处增加锁定结构，使接头不会松开。拉杆的工作稳定性为波纹补偿器的正常工作提供了可靠保证。

6.2.5 小结

热风管道改造设计中重点采用的维护其稳定和长寿的措施归纳如下：

（1）选择合适的耐火材料，满足管道保温要求。

（2）设置合理的膨胀缝，吸收耐火材料体积变化。

（3）管道三岔口及竖管出入口均采用组合砖结构。

（4）管道上部120°范围内的砌砖均设置锁砖结构。

（5）适当增加砖层厚度，使砖型楔度增大，有利于砌筑结构的稳定。

（6）设置合理的波纹补偿器，吸收热风炉和管道钢结构的热膨胀。

（7）在波纹补偿器膨胀缝处，耐火砖采取特殊的导流砖结构保护耐火纤维毯。

（8）热风总管设置大拉杆，防止气体盲板力造成破坏。

（9）热风总管端头设置补偿器，来吸收大拉杆长度因温度、压力、大气温度等影响造成的变化。

（10）热风支管设置大拉杆或者拉梁，与炉壳连接，保证管道和炉壳的安全。

（11）保证高炉围管与高炉同心，热风总管不会推移热风围管。

热风管道系统仍需改进的部分包括：

（1）需改进的设备：

1）热风阀。目前，高温热风阀的冷却用水量（软水或工业水）仍较大，国外先进的热风阀用水量比国产高温型热风阀少40%，寿命长2年以上。因此，国产高温型热风阀需要继续进行冷却结构的改进，提高冷却效率，减少用水量，延长使用寿命。应利用检修机会将热风阀更换为新节水型阀门，从而实现节水、节能并降低运行和检修成本。

2）管道支架。目前，使用的管道托座的摩擦系数仍然偏大，使用寿命偏短，需要改为采用摩擦系数小、强度高的新型材料，以降低管道支架的造价和提高使用寿命。

3）风口设备。目前，使用的风口设备在高风温和高喷煤的工作条件下，检修率较高。特别是风口直吹管的损坏（磨损和过热）比较严重。今后应进行水冷型和多层耐火衬直吹管的研究和开发。

（2）耐火衬需改进的地方：

1）需要使用保温效果更好的轻型材料，以减薄保温层厚度，从而实现节能和节省投资的目的。

2）利用三维设计对热风管道的交汇处（三岔口处）的组合砌体结构进行优化，进一步提高砌体的高温稳定性。目前，热风管道三岔口三维设计如图6-7所示。

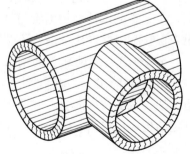

图6-7　热风管道三岔口
三维设计

7 高风温在大型高炉的应用

7.1 高风温条件下的高炉合理煤气流分布研究

7.1.1 煤气流分布对高炉生产和长寿的影响

在高炉生产中，煤气流分布的调整和控制是高炉操作的重要内容。煤气流分布是否合理、顺畅对高炉生产有着重要的影响，是高炉提高产能、降低燃料消耗的关键。如果气流分布控制不合理，高炉的各项生产技术指标将会大幅下降，甚至高炉不能维持稳定、正常的生产，对高炉长寿也会造成不利影响。

煤气流的分布关系到炉内温度分布、软熔带结构、炉况顺行和煤气的热能与化学能的利用状况，最终影响到高炉冶炼的产量、能耗指标，并对高炉寿命有着重要影响。高炉操作也主要是围绕获得合理、适宜的煤气流分布来进行的，另一方面，煤气流分布也是高炉操作者判断炉况的重要依据。气流分布合理，煤气利用率高且矿石还原充分；气流分布不合理，煤气利用不好，而且还会产生一些炉况不顺的问题。所以，研究炉内煤气流的分布状况对于高炉操作有着重要的意义。

煤气流不仅是炉料还原、软化、熔融造渣的条件，也是影响炉衬寿命的决定性因素，因为煤气流是具有高温、强还原性、含有碱金属的气流，这是炉身下部机械磨损和化学侵蚀的根源。煤气流分布、温度的波动也会造成炉衬温度的起伏，进而造成热应力破坏。高温煤气流使炉衬温度升高，直接促进炉衬的磨损和碱金属侵蚀，煤气流多的地方炉料下料快，从而造成炉衬磨损加剧，另外含尘气流也会直接冲刷、侵蚀炉衬。当边缘气流不足时，又会造成炉墙边缘结厚甚至结瘤，并且还影响边缘炉料正常的预热、还原。如果炉料下降到风口区时还不能熔化，将引起风口的破损和烧坏，并且在洗炉时还会造成炉墙黏结物粘连炉衬一同脱落的现象。上述两种煤气流分布都会恶化炉况，影响高炉的顺行，故合理控制边缘煤气流量在一定范围内，选择一个最佳的气流分布，使之既能确保高产、顺行，又能控制炉衬的侵蚀和破损。

国内外都很重视炉内煤气流的分布，一般采用的气流分布曲线以喇叭花形（或展翅形）居多。在生产过程中，主要是通过调节装料制度和送风制度来控制煤气流的分布。目前采用的较新技术是中心加焦和大批重分装等。中心加焦可加速炉缸中心焦炭更新，形成狭窄的倒 V 形软熔带，使高温区尽可能远离炉墙，有利于炉衬维护和改善炉缸渣铁透液性。实践表明，V 形软熔带强烈发展边缘煤气流加速炉衬侵蚀，对炉身砖衬的保护不利。倒 V 形软熔带发展了中心气流，对保护炉墙很有利。W 形软熔带所产生的效果介于二者之间。

对于高炉长寿与高产的辩证关系，高炉工作者虽然明白其意义，但要控制起来却很困难。因为炉内煤气流分布从外部是看不到的，讨论其变化则更困难。高炉的高产、从高炉操作上如何精确控制煤气流合理分布，保护炉墙且有利于顺行高产是一个需要继续研究的问题。如果能定量说明和显示其规律，就能为生产者做出有效的判断和决策提供强有力的支持。

7.1.2 煤气流分布的影响因素

热空气从风口鼓入，进行燃烧反应形成蒸汽，然后从回旋区上升，经过滴落带、软熔带、块状带等区域，而后从炉顶料面排出，成为炉顶煤气。因此，煤气流的分布受各区域透气性分布影响，自下而上可分为风口回旋区的初始煤气流分布、炉腰至炉身下部的煤气流分布和炉身上部的煤气流分布。图 7-1 所示为高炉煤气流经各区域的示意图。

7.1.2.1 高炉的炉料分布

高炉操作主要通过调节装料制度和送风制度来控制煤气流的分布，其中装料制度决定了高炉的炉料分布，而炉料分布又直接影响煤气流分布及软熔带的形状。高炉煤气利用率主要受块状带的传热和化学反应现象影响，同时此区域的煤气流分布也影响压损、铁水产量和高炉顺行。而在块状带煤气流的分布主要受炉料的分布影响。高炉炉料的分布情况不仅影响软熔带的形状，而且对高炉的操作起到了决定性的作用。

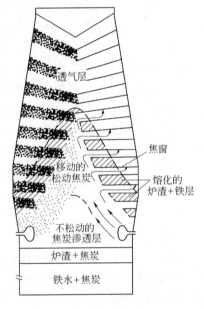

图 7-1　高炉煤气流经高炉
各区域示意图

由于高炉布料的重要性，因此关于这方面有很多研究。研究表明，通过散料床的煤气流分布是不均匀的，且煤气流分布受料床的透气性变化影响，即受实际装料的影响。炉料透气性好将促进煤气流发展，反之则抑制煤气流发展，甚至导致悬料、管道等炉况的发生。在料面附近的煤气流分布也将受料面形状的影响而发生改变。而料层的透气性分布与炉料颗粒大小、矿焦比、空隙率等径向分布有关，而这些与高炉装料的装料方式、矿焦批重及炉料冶金性能有关。因此，布料是高炉控制煤气流径向分布的最重要因素之一，它对高炉利用系数、能耗、操作稳定性等有很大影响。

7.1.2.2 高炉软熔带

A 高炉软熔带的位置和形状

国内外高炉解剖的研究结果表明，炉料在下降过程中直到矿石完全熔化成渣铁以前始终保持着清晰可辨的焦矿分层结构，只是每一层的厚度变薄和趋于平坦。根据炉内温度分布的特点，当炉料下降到矿石软化和熔化温度时，就形成各种不同形状结构的由矿石软熔层和焦炭夹层（常称"焦窗"）间隔而成的软熔带。这种软熔带的位置、形状和结构（"焦窗"数目和尺寸）对煤气运动的阻力以及高炉上下部煤气流的再分布有着重大影响。

高炉软熔带是料柱结构中透气性最差的区域。通过透气阻力模型计算结果表明，软熔层、矿石层、焦炭层三者之间的透气性之比为1∶4∶52，即软熔层对煤气的运行阻力最大。因此，软熔带的结构、位置、形状对高炉的强化、顺行及煤气利用程度影响很大。

软熔带是由软熔层和焦炭层相间交替排列构成的。软熔带结构与矿石品位和矿石的高温冶金性能有关。而入炉矿焦层厚比和炉内温度分布直接影响软熔带的位置和形状，焦炭层的透气性好，因而焦炭多的地方煤气流较为发展，该区域的温度就高，软熔带的位置也相应升高。

在软熔带内，矿石、熔剂逐渐软化、熔融、造渣而形成液态渣铁，只有焦炭此时仍保持着固体状态。形成的熔融而黏稠的初成渣与中间渣充填于焦块之间，并向下滴落，使煤气通过的阻力大大增加。在软熔带是靠焦炭的夹层即焦窗透气，在滴落带和炉缸内是靠焦块之间的空隙透液和透气。因此，提高焦炭的高温强度对改善整个区域的料柱透气性、透液性有重要意义。上升的高炉煤气从滴落带到软熔带后，只能通过焦炭夹层流向块状带。通过软熔带后，煤气被迫改变原来的流动方向，向块状带流去。所以在软熔带中焦炭夹层数及总面积对煤气流的阻力有很大影响，而这与软熔带的形状、高度、宽度和厚度有很大关系，它对高炉中部煤气流分布（二次分布）和块状带及炉喉煤气分布（三次分布）产生重要影响。这对改善煤气能量利用、高炉强化和顺行至关重要。

根据原料和操作条件，软熔带大致可以分为以下三种类型：倒V形、V形和W形。

倒V形软熔带一般出现在中心气流较大，炉缸活跃、稳定、热量充足的高炉。这种软熔带由于中心气流发展，炉缸活跃，对煤气的阻力较小，煤气利用率高，可以得到较好的生产指标；同时，煤气流相对集中于中心，边缘气流较小，可减轻边缘热负荷和煤气对炉墙的冲刷作用，有利于延长高炉寿命。

V形软熔带出现在边缘气流发展、中心气流不足的高炉。这种形状的软熔带容易中心堆积，不太适合大型高炉；另外，大量煤气从边缘通过，煤气能量利用率低，高炉热消耗增加；同时煤气流冲刷炉墙，影响高炉寿命。因此，高炉操作中应尽量避免形成这种软熔带。

W 形软熔带是传统的两道气流型软熔带，它在顺行和煤气能量利用方面一般能满足要求。

对形状相同的软熔带，若软熔带高度较高时含有较多的焦炭夹层，供煤气通过的断面面积大，煤气通过的阻力减小。但是软熔带高度增大，块状带的体积则减小，即矿石的间接还原区相应减小，煤气利用变差，焦比升高。所以，较高的软熔带属高产型，一般利用系数较高；较矮的软熔带属低焦比型，燃料比较低。

软熔带宽度和软熔层厚度对煤气阻力也有很大影响。当软熔带宽度增加时，由于煤气通过软熔带的横向通道加长，煤气阻力增加；而软熔带厚度增加意味着矿石批重加大，虽因焦窗厚度相应增加使煤气通道的阻力减小，但焦窗数目减少，而且由于扩大矿批后，块状带中分布到中心部分的矿石增加，煤气阻力呈增加趋势，从而总的煤气阻力和总压差可能升高，不利于高炉强化和顺行。只有适当的焦、矿层厚度才能达到总阻力最小。一般来讲，软熔带越窄，焦炭夹层的层数越多，夹层越厚，孔隙率越大，则软熔带透气性越好。

综上可知，软熔带对高炉的顺行和有效操作有着巨大的影响，分析高炉内的各种现象，必须考虑到软熔带的位置与形状。

B   高炉软熔带的控制研究

软熔带是炉内固相区和液相区之间的过渡带，在此矿石从开始软化到软化终了，主要的反应是矿石的软化、熔化和初渣的形成，还原形成的铁从初渣中分离出来。国内外高炉解体的研究结果表明，炉料在下降过程中直到矿石完全熔化成渣铁前，始终保持着清晰可辨的焦矿分层结构，只是每一层的厚度变薄和趋于平坦。根据炉内温度分布的特点，当炉料下降到矿石软化和熔化温度时，就形成各种不同形状结构的由矿石软熔层和焦炭夹层（常称"焦窗"）间隔而成的软熔带。这种软熔带的位置、形状和结构对煤气运动的阻力以及高炉中下部煤气流的再分布有着重大影响。与固体炉料比较，软熔带有一定塑性，孔隙率小，透气性差，对煤气阻力大。

气流分布的合理性取决于适当的透气性和良好的还原性，所以对软熔带的评估应从这两方面出发。图7-2 所示为软熔带示意图。

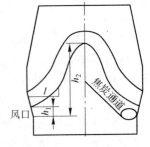

从透气性方面讲，h_2 小，块状带区间增大，同时软熔带的透气面积减小，这使阻损增加；另外，高度不变，软熔带宽度 l 增加，也使透气面积减小，引起软熔带压差升高。

要提高煤气利用率，h_2 小时为好，这时块状带体

图 7-2   软熔带示意图

积增大，如果 I 增加，则进入块状带中间部位的煤气量增加，也使煤气利用率提高。

h_1 位置较高，处于炉腰部分，明显地提高了炉子下部的温度，长期在这种情况下操作，炉墙容易过早受损。

当 I 较大时，对于中心焦炭的下降不利，这时通道变小容易引起下料不顺。软熔带的稳定性是操作上要考虑的重要因素。当热量水平和煤气量产生较大变化时，气流的变化和阻损不应有大的波动。要注意软熔带顶部位置和通道面积。由上述分析可知，顶部稍高，有一定的 I 是必要的。这时有足够的中心气流，边缘保持相当的气流，当发生波动时，软熔带根部仍可通过一定的气流，维持气流分布的稳定。

合理选择鼓风参数对于稳定软熔带形状或合理气流分布的获得是很重要的：

（1）利用上下部调剂控制软熔带。软熔带是高炉上下部调剂协调、统一的纽带。一定的原燃料条件，上部的布料和下部的操作因素决定软熔带的状况。上下部调剂的效果最终会反映在软熔带的位置、结构和形状上。正是有了高炉软熔带的存在，才使上下部调剂能够相互联系、相互配合。

初始气流分布及炉喉径向矿焦比对软熔带形状位置均有影响，冶炼条件一定时，可通过上下部调剂来控制。但由于炉腹煤气的流量分布基本上决定了高炉下部温度场，因此下部调剂对软熔带的影响更灵敏。如该企业实验高炉解剖发现，散料带边缘环圈矿焦比接近于零，高炉上部边缘气流剧烈发展，温度分布呈 U形。但炉子下部回旋区深度与炉缸半径比为 0.6，初始中心气流很强。结果软熔带依初始气流及下部温度场分布而近似倒 V 形。故控制初始气流分布除使炉缸工作均匀、活跃外，对形成最佳的软熔带形状、位置也有重要作用。

软熔带以上的区间，矿焦比大体和炉喉处相同，上部调剂对软熔带的形成，特别是软熔带的位置和高度起重要作用。同时，上部调剂对煤气分布的控制作用使它对软熔带的位置和形状也具有十分重要的决定作用。

（2）原燃料性能对软熔带的影响。改善原燃料的性能是获取最佳软熔带的基础。其主要途径为：1）提高人造富矿的软化温度，缩短软化区间，使软熔带高度降低，软熔层变窄，提高烧结矿的碱度或采用高 MgO 球团矿可达此目的；2）两种不同软熔温度的矿石同时入炉将使软熔带变宽，应尽可能分开装入；3）进行焦炭整粒，使其粒度上限小于 80mm，这是降低反应性、提高反应后强度的有效措施。

a　该企业矿石高温荷重软化熔滴性能测试

高炉矿石高温荷重软化熔滴测试方法在国内外尚无统一的标准，国内基本采用北京科技大学制定的测试方法，此方法所用到的测试设备为高温熔滴反应炉，如图 7-3 所示。其设备参数为：1）炉壳尺寸：$\phi550mm \times 700mm$；2）炉腔尺寸：$\phi95mm$

×700mm；3）额定功率：6kW；4）石墨反应管内径：ϕ48mm；5）加热元件：特制硅碳管；6）最高加热温度：1600℃；7）荷重：0.5～1.0kg/cm^2；8）装置尺寸：2200mm（高）×1200mm（长）×600mm（宽）。

测试步骤如下：

1）将矿石试样破碎筛分至 10.0～12.5mm，在 105±5℃ 烘干 2h。称取试样 200±30g，按试样在石墨反应管内高度 65±5mm 确认。

2）考虑到与熔滴试验同步，事先将 CO 转化炉升温至 1200℃，将试样装入石墨反应管内，试样的上下层各装 20g 粒度为 10.0～12.5mm 的焦炭以模拟软熔带。将上节反应管与中节相连，用长钳将其装到熔

图 7-3　高温熔滴反应炉

滴炉内反应管的下节。在试样焦炭层上插入刚玉压杆，再接上钢压杆，拧紧上盖。加上荷重，使位移处于可测的位置。

3）拧松支撑架的螺母给 5mm 的膨胀余地，通入流量为 5L/min 的纯氮气作为保护气体。

4）打开计算机，启动熔滴软件，程序开始进入自动升温阶段，按设定的升温程序直至试验结束：以 10℃/min 的速率升温至 900℃，恒温保持 1h 后，再以 5℃/min 的速率升温至试验熔融滴落，从 400℃ 开始通还原气体，流量为 12L/min，还原气体由 30% CO + 70% N$_2$ 组成。

5）试验过程注意记录试样收缩 10% 和 40% 的温度值；压差达到 500Pa 的温度值（T_s）和开始滴落时的温度值（T_d），以及试验过程中的最大压差值（Δp_{max}）和压差特性值 S。

6）当滴落到一定程度，试样停止收缩时，宣告试验结束，关闭转化炉和熔滴炉电源，关闭 CO$_2$ 气瓶，将纯氮气流量降至 5L/min。取下荷重，输入必要的数据，打出试验结果。最后关闭高压氮气阀。

该企业烧结矿、球团矿、块矿高温荷重软化熔滴测试过程中的温度、压差和位移变化曲线如图 7-4～图 7-6 所示。其中，烧结矿在升温至 1550℃ 后仍未能滴落，球团矿和块矿都顺利完成了滴落。

该企业矿石的高温荷重软化熔滴测试结果统计见表 7-1，其中 $T_{10\%}$、$T_{40\%}$、ΔT_A 分别代表试样收缩 10%、40% 的温度及软化温度区间；T_s、T_d 分别为压差陡升（大于 500Pa 的压强）温度和开始滴落温度；$\Delta T = T_d - T_s$，为

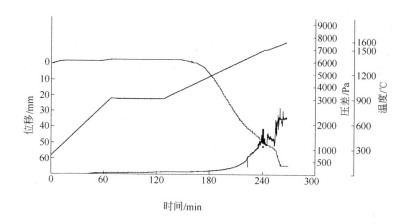

图 7-4　烧结矿高温荷重软化熔滴测试中温度、位移、压差随时间变化曲线

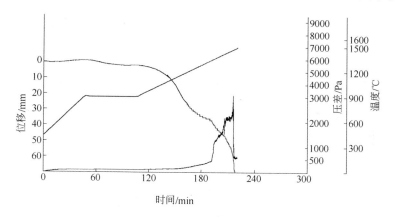

图 7-5　球团矿高温荷重软化熔滴测试中温度、位移、压差随时间变化曲线

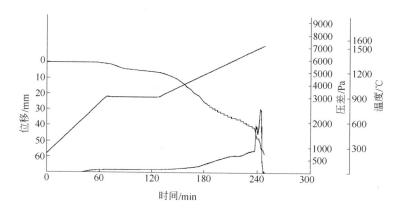

图 7-6　块矿高温荷重软化熔滴测试中温度、位移、压差随时间变化曲线

熔滴区间（℃）；Δp_{max} 为最大压差值（kPa）；$S(kPa \cdot ℃)$ 为熔滴性能总特性值，指从压差陡升温度到滴落温度范围内压差对温度的积分值，表达式为：$S = \int_{T_s}^{T_d} (\Delta p_{max} - \Delta p_s) dT$。

表 7-1　矿石高温荷重软化熔滴性能测试结果

矿　种	软熔性能			熔滴性能				
	$T_{10\%}/℃$	$T_{40\%}/℃$	$\Delta T_A/℃$	$T_s/℃$	$T_d/℃$	$\Delta T/℃$	$\Delta p_{max}/kPa$	$S/kPa \cdot ℃$
烧结矿	1173	1298	125	1396	>1550	154	2.597	250.73
球团矿	1052	1200	148	1346	1474	128	3.067	329.91
块　矿	905	1190	285	1245	1508	263	2.499	528.37

由表 7-1 可见，在软化特性方面：该企业烧结矿的软化开始温度最高，块矿的最低；软化区间块矿的最大，烧结矿的最小；在熔滴特性方面：压差陡升温度烧结矿的最大，块矿的最低；滴落温度烧结矿的最高，超过 1550℃；熔滴区间块矿的最大，烧结矿的最小；最大压差球团矿的最大；S 值块矿的最大。

表 7-2 ~ 表 7-4 为该企业矿石和其他铁厂矿石的高温熔滴性能的比较，可见该企业烧结矿在高温性能方面需要完善的主要是在保持压差陡升温度 T_s 稳定或提高的基础上，降低滴落温度 T_d，进而降低熔滴区间 ΔT 和相应的压差总特性 S 值。该企业球团矿和块矿相比其他厂所用的矿石来说，其高温性能相对较好。

表 7-2　该企业烧结矿和其他铁厂烧结矿高温熔滴性能的比较

矿　种	熔滴性能				
	$T_s/℃$	$T_d/℃$	$\Delta T/℃$	$\Delta p_{max}/kPa$	$S/kPa \cdot ℃$
烧结矿	1396	>1550	>154	2.597	>250.73
宝钢烧结矿	1443	1465	22	2.254	38.8
邯钢烧结矿	1454	1477	23	5.096	105.94
该企业烧结矿	1415	1497	182	1.914	73

表 7-3　该企业球团矿和其他铁厂球团矿高温熔滴性能的比较

矿　种	软熔性能		
	$T_{10\%}/℃$	$T_{40\%}/℃$	$\Delta T_A/℃$
该企业球团矿	1052	1200	148
巴西球团矿	889	1196	307
印度球团矿	843	1176	333
哈默斯利球团矿	959	1187	228

表7-4 该企业块矿和其他铁厂块矿高温熔滴性能的比较

矿 种	软熔性能		
	$T_{10\%}$/℃	$T_{40\%}$/℃	ΔT_A/℃
该企业块矿	905	1190	285
库块矿	825	1196	307
纽曼山块矿	829	1176	333
姑山块矿	813	1187	228
海南块矿	855	1166	311

b 该企业混合炉料高温荷重软化熔滴性能及炉料结构优化研究

经过研究表明，不同种类的矿石搭配组成混合炉料时，会在高温下发生耦合作用，进而改变混合炉料的高温冶金性能。因此，针对该企业高炉混合炉料的配比：按质量比例70%烧结矿＋20%球团矿＋10%块矿，对此混合炉料进行了高温荷重软化和熔滴性能测试，测试过程中混合炉料的温度、压差、位移随时间变化曲线如图7-7所示。

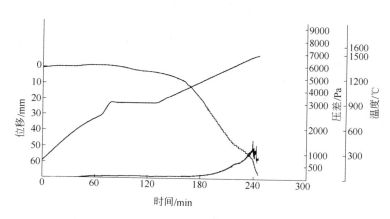

图7-7 该企业混合炉料高温测试中温度、位移、压差随时间变化曲线

试验结束后通过混合炉料的软熔性能及熔滴性能和单种矿石性能的比较（见表7-5）发现，混合炉料的高温性能与单种炉料相比有很大的改善，尤其是高温熔滴性能，其熔滴过程最大压差降低为1.41kPa，压差总特性值 S 也大幅下降至136.86kPa·℃。

表7-5 某企业混合炉料和单种矿石高温性能的比较

矿 种	软熔性能			熔滴性能				
	$T_{10\%}$/℃	$T_{40\%}$/℃	ΔT_A/℃	T_s/℃	T_d/℃	ΔT/℃	Δp_{max}/kPa	S/kPa·℃
烧结矿	1173	1298	125	1396	>1550	>154	2.597	>250.73
球团矿	1052	1200	148	1346	1474	128	3.07	329.91
块矿	905	1190	285	1245	1508	263	2.50	528.37
混合炉料	1056	1219	163	1347	1480	133	1.41	136.86

　　图 7-8 所示为该企业混合炉料和单种矿石的软化性能比较，可见混合炉料的开始软化温度 $T_{10\%}$ 要高于球团矿和块矿，且软化区间要远小于块矿，克服了块矿软化开始温度过低且软化区间过大的缺点。

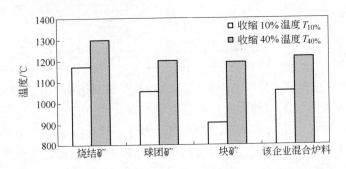

图 7-8　该企业混合炉料和单种矿石的软化性能比较

　　图 7-9 所示为该企业混合炉料和单种矿石的熔滴性能比较，可见混合炉料的压差陡升温度 T_s 要明显高于块矿，且开始滴落温度要大大低于烧结矿，克服了块矿压差陡升温度低和高碱度烧结矿滴落温度过高的缺点。

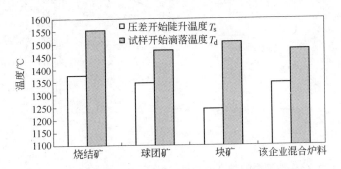

图 7-9　该企业混合炉料和单种矿石的熔滴性能比较

　　图 7-10 所示为该企业混合炉料和单种矿石熔滴过程中最大压差 Δp_{max} 和压差

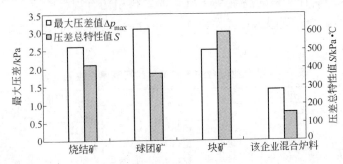

图 7-10　该企业混合炉料和单种矿石熔滴过程中最大压差 Δp_{max} 和压差总特性值 S 的比较

总特性值 S 的比较，可见混合炉料的最大压差和熔滴过程的压差总特性值都远小于单种矿石，即高碱度烧结矿＋酸性球团矿＋块矿的混合炉料的高温熔滴性能得以改善。

目前国际上认为入炉混合炉料高温熔滴性能的优质标准应是压差总特性值 $S \leqslant 40$ kPa · ℃，而该企业混合炉料的 S 值较高，达 136.86 kPa · ℃，其混合炉料的高温熔滴性能仍有待改善。

综上所述，混合炉料软化温度较低，软化区间较低；滴落温度较高，滴落区间较高；S 值较高。故其对应的软熔带应是根部位置较低，有利于间接还原的发展；软熔带厚度略薄，但透气性、透液性较差，滴落物中固相较多，不利于铁氧化物的还原，有可能影响炉缸的活跃性。因此，采取的措施应是通过上下部调剂，保证边缘一定的煤气通路，发展中心煤气，使软熔带的根部及中心高度适当提高，增强下部的透气性、透液性。该企业高炉的上部调剂满足了这一需要。

7.1.2.3 高炉回旋区与滴落带

高炉风口回旋区对冶炼过程起着十分重要的作用。回旋区的形状和大小直接影响软熔带的形状和位置，是炉况顺行的基础，因为它决定了高炉煤气的一次分布，反映了焦炭的燃烧状态。在回旋区的前端是死料堆，其透气性较差，对煤气流的阻力较大。而回旋区上方是松散堆积的焦炭，并与软熔带相接，松散的焦炭床虽然有液态的渣铁滴落，但相对透气性较好，对煤气流的阻力较小。

高炉回旋区是高炉稳定操作不可缺少的重要反应区。首先，由于燃料中碳的燃烧和熔化渣铁不断滴落，炉料逐渐降落到空腔中，燃烧和熔化过程不断进行，从而导致了高炉中炉料的运动，使整个冶炼过程连续、稳定地顺利进行。其次，焦炭回旋区的形状（回旋区深度、宽度及高度）对高炉下部气流、炉心活性度及炉料下降影响相当大。再次，由于焦炭中的碳和由风口喷入的辅助燃料是在回旋区与鼓风中的氧进行燃烧而产生煤气，而所产生的煤气又是高炉生产所需化学能和热能的主要供给和携带者，因而回旋区的形成和反应情况将直接影响高炉下部煤气的分布、上部炉料的均衡下降以及整个高炉内的传热和传质过程。

7.1.3 煤气流分布的调节手段

7.1.3.1 高炉上下部调剂的一般原则

高炉基本操作制度包括送风制度、装料制度、造渣制度和热制度。调节手段主要有下部调剂、上部调剂和负荷调剂。下部调剂的目的是保持适宜的风口回旋区和理论燃烧温度，使气流分布合理，温度分布均匀，热量充沛稳定，炉缸工作活跃。调剂方法一是根据冶炼条件和要求，选用适当的风口面积和合理的送风制度；二是正确判断炉况，及时采取日常调剂措施。上部调剂就是通过选择装料制度，以控制煤气流分布的一种调剂手段。上部调剂的目的是依据装料设备的特点及原燃料的物理性能，采用各种不同的装料方法，改变炉料在炉喉的分布状况，达到控制煤气流合理分布，以实现最大限度地利用煤气的热能与化学能的目的。高炉上下部调剂是炼铁技术的核心，高炉炼铁每项技术的发展都立足于正确地运用上下部调剂，尤其是近年来发展较快的高炉喷煤技术和长寿技术，甚至连负荷调剂在很大程度上都受到上下部调剂的制约。

"下部调剂是基础，上下部调剂相结合"是高炉炼铁的基本准则。下部调剂决定着炉缸工作的好坏及初始气流的分布，因此，它对整个高炉冶炼的基本变化过程起决定性作用，是高炉正常工作的基础，也是上部调剂的基础。同时也要重视上部调剂的作用，上部调剂手段多样灵活，便于适应冶炼条件的变化，下部调剂只有在上部调剂的有机配合下才能充分发挥作用。

提高冶炼强度时，下部宜扩大风口面积，上部可增大批重，采用疏松边缘的装料制度；降低冶炼强度时则相反。

风口不变时，在一定范围内提高冶炼强度和喷吹量，要相应地疏松边缘，根据情况采取加大批重或其他装料制度来控制气流分布。

随时观察和分析炉况征兆现象，判断和确定调剂的方向和方法。一般先进行日常的下部调剂，其次用上部调剂，最后才调整风口面积和长度。特殊情况也可不拘泥于上述程序，而同时采用上下部调剂手段。

各高炉的设备、类型不尽相同，冶炼品种和使用的原燃料也有差别，虽然上下部调剂的原理、规律相同，但在具体运用时各高炉有其最适宜的经验方式和尺度。

装料制度与送风制度相适应。高炉在调节装料制度时要充分考虑与送风制度相结合。在长期的装料制度和送风制度的关系上摸索出了一套既可稳定炉况又可创造高产的方式：在增加风量，提高风温时，适当提高批重。当高炉风速较低时，炉缸风口循环区较小、炉初始煤气分布在边缘较多时，此时装料制度不应过分堵塞边缘气流，微调装料制度，适当控制边缘，敞开中心，并以疏导为主，防止边缘气流被突然堵塞，破坏高炉顺行。如中心气流发展，只要高炉顺行，上部装料也应适当敞开中心，保煤气流通畅。如中心过分发展，中心管道不断，也不宜堵塞中心气流，而应适当疏导边缘以减轻中心过分发展，保持高炉顺行。这就是上部和下部的互相适应。总之，装料制度和送风制度不形成直接对立。所以，当边缘发展型煤气分布到中心发展型煤气分布改变时，在装料制度的选择上有一段时间的过渡，先由边缘发展型到双峰型，在双峰的基础上，进一步提高风速。改变初始气流分布，扩大风口前的循环区，使其与上部调剂相适应。

7.1.3.2　上部调剂

上部调剂的核心是通过不同的布料方式改变矿石和焦炭在炉喉处径向上的分布比例。径向矿焦比与装料料线、装料次序、冶炼强度、炉料的堆角、密度、炉喉直径、无钟炉顶布料溜槽角度均有关。矿焦比的分布状况决定了煤气流的分布。高炉合理的煤气流分布要满足三个条件：（1）高炉稳定顺行；（2）煤气能利用好；（3）炉体散热损失少。至于煤气曲线的形状，可视高炉的具体条件而定，不必强求一致。

A 批重对煤气流分布的影响

批重对炉料分布的影响是所有装料制度参数中最为重要的。矿石批重大到一定值时，装料制度中其他参数的作用将变得不明显，甚至不起作用。随矿石批重的增加，矿焦层的厚度增大，软熔带的压差上升，而总压差略微下降到某一点后又升高，矿石分布趋于均匀，有利于控制合理的气流分布和改善煤气能利用。

a 矿石批重的选择

（1）从炉喉直径角度选择矿石批重。日本计算焦炭批重的公式如下：

$$K = (0.030 \sim 0.040) \times d_1^3$$

式中　K——焦炭批重，t/批；

　　　d_1——炉喉直径，m。

（2）理论合理矿石批重的计算。根据杜鹤桂教授推导出的合理批重表达式：

$$w = \pi d_1^2 h \rho / 4$$

式中　d_1——炉喉直径，m；

　　　h——料批在炉喉处的平均厚度，m；

　　　ρ——矿石堆密度，t/m³。

　　其中　　　　$h = 6.66 \times 10^{-7} (QTH/V)^{1.85}$

式中　Q——炉内煤气在标准状态下的流量，m³/s；

　　　T——炉内煤气平均温度，$T = [(t_顶 + t_理)/2] + 273$；

　　　$H = H_0 - h$；

　　　$V = V_0 - V_缸$。

b 矿石批重的影响因素

（1）矿石批重与冶炼强度的关系。随着冶炼强度的提高，矿石批重也相应扩大。但纯焦炭冶炼时冶炼强度提高率大于矿石批重的扩大率。高炉喷吹含氢较高的燃料时，喷吹量和矿石批重呈抛物线形关系，即矿石批重的增长率远远超出综合冶炼强度的增长率。为什么提高冶炼强度的同时必须提高矿石批重？从散料区来看，由于提高冶炼强度使煤气流速增大，同时也会在局部出现"管道"破坏顺行。扩大矿石批重、加厚矿石层厚度，既可降低煤气流速，增加煤气与矿石的接触时间，又可以均匀煤气流分布，防止"管道"产生。在软熔带区域，扩大焦炭层厚度，有利于稳定和提高软熔带区域的透气性，如果仅仅提高冶炼强度，而不相应地增大焦炭层厚度，则势必由于煤气流速的提高，使软熔带区域压差增大并进而影响高炉顺行。但是，扩大矿石批重既可以减少焦矿界面混合层数，又有利于降低压差，以保证顺行。

（2）原料条件与矿石批重的关系。入炉矿品位高、渣量小时，矿石批重可适当大，炉料堆比重大时，矿石批重可适当大。使用强度差、粉末多的烧结矿，料柱透气性恶化，不易加大矿批，否则易引起炉况不顺甚至边缘加厚而引起炉况失常。焦炭强度及粒度分布对矿石批重的大小也有重要影响。

（3）炉型和矿石批重的关系。小型高炉的炉身表面积与炉身容积比值大于中型高炉。这影响到炉墙与炉料间的摩擦力增大，减轻料柱有效重量。因此，小型高炉的矿石批重应取计算值或下限值。同样的道理，瘦高型的高炉比矮胖型的高炉矿石批重应小些。炉型规整、边缘热负荷适当且稳定时，煤气流的可控性强，此时易接受大矿批的调整。

（4）炉缸工作状态和矿石批重的关系。炉缸是煤气流的起源地，决定着炉内气流起始运动方向和沿炉缸截面分布。炉缸煤气流通过传热和传质，不仅影响炉缸横断面沿半径方向的温度和热量分布，而且还影响高炉纵断面的气流、温度和热量分布，从而影响炉料的下降和还原过程。炉缸不仅要盛纳已还原好的渣铁，还要消除在整个高炉空间对高炉加工存在的不均匀性，而消除炉料加工不均匀性的能力反映了炉缸工作的稳定性。炉缸热量充足、温度高、活跃时，炉缸稳定性增加，矿石批重可大；相反，矿石批重应缩小。

（5）装料制度与矿石批重的关系。矿批大小与装料制度中其他参数有匹配关系，装料方式改变后，矿石批重大小要做相应调整。装料制度为发展边缘型时，矿石批重不可追求过大；反之，加重边缘时，矿石批重可大些。扩大矿石批重，允许加重边缘，这是上部调剂的重要规律。

（6）高炉炉况与批重的关系。全风量冶炼，冶炼强度高，鼓风动能大，炉缸活跃时，矿石批重可大；相反，慢风和小风时，矿石批重要适当缩小。煤气流稳定时，允许做加重边缘的调整，可扩大矿批。煤气流不稳定时，扩大矿石批重时要慎重。扩大矿石批重属进攻性调剂措施，煤气流稳定与否，可用炉喉煤气取样值偏差来衡量，若是连续波动大就要引起注意，及时进行调整。大喷煤时，矿石批重可适当大，突然断煤时，需要适当缩小矿石批重，以确保顺行，保证炉缸的热度。由较大的喷煤量转到较小的喷煤量甚至停止喷煤时，转换是否顺利的主要标志是炉况顺行，其关键是通过上下部调剂和正确的煤焦替换，使煤气流分布在新条件下保持正常。上部调剂就是要在减煤粉、退负荷时调整矿批，多以调焦为主。加焦、减矿要同时动，核心是要保持小时料速相对稳定。若矿石批重不动，只加焦批，会出现小时料速减慢，原装料制度偏向发展边缘的，边沿就更发展，气流更不稳。

出净渣铁对高炉顺行，特别是对大高炉顺行异常重要。遇到憋风时，应根据时间长短，果断减风，控制料速，降低渣铁形成速度，严防悬料发生。同时要考虑缩小矿石批重，附加焦炭，避免出净渣铁后，小时料速快引起的炉温不足。

B　无钟布料角度对煤气流分布的影响

无钟布料同钟式布料相比（带有可调炉喉导料板），虽然在利用系数、透气性、燃料比和热效率等方面并没有明显的提高，但无钟布料能适应高炉送风条件和原料条件大幅度变化的操作需要。特别是控制径向矿焦比分布的命中率比较高。因而，即使采用较为简单的单环和双环布料也可以取得比不带可调炉喉导料板的钟式布料好得多的冶炼效果。

a　单环布料的控制和效果

采用单环布料还是多环布料要根据布料设备状况、原燃料条件、冶炼制度等因素确定。单环布料是指每批料量虽以若干圈布入炉内，但各圈只采用一个溜槽倾角。无钟单环布料与钟式布料相比，只有当炉料对炉喉撞击点和料线相一致时二者才相近。其主要的差异是：由于无钟布料料流小，炉料落到料面后形成的是"滚动流动"，而不像钟式布料形成的是"冲击挤压流动"，因而料面倾角（堆角）比较大，V形料面的中心部凹陷更深。其次，单环布料的堆尖位置可任意选定，比钟式布料的变动范围大得多。

在实际应用中，往往在布入矿石和布入焦炭时采用不同的倾角，即所谓差角布料。因为矿石和焦炭采用同角布料时，堆尖处透气性差，而且该处矿焦比又最小，所以边缘区负荷轻。而差角布料则使焦炭的布料倾角小于矿石布料倾角。以使边缘矿石比中心多。一般这个倾角差约在3°~6°范围内。差角太大会使矿焦过分集中而产生管道行程。根据实际操作经验，采用差角布料的规律如下：

（1）布焦炭的倾角不变，布矿石的倾角加大，边缘加重；反之，则疏通边缘，而中心的变化则没有边缘大。

（2）布矿石的倾角不变，布焦炭的倾角加大，中心加重；反之，则减轻。此时，边缘的变化较小。

（3）保持差角值，同时加大倾角使边缘和中心同时加重；反之，则同时减轻。

（4）在一定范围内扩大差角的作用是：变动布焦炭的倾角对中心气流影响大；变动布矿石的倾角对边缘气流影响大。该企业4号炉的经验数据是差角变动1°，边缘 CO_2 一般增加1%，综合负荷提高0.5。

因此在炉况顺行时，可用较大的布矿倾角和倾角差，以提高煤气利用率。而炉况不佳，压差较高，或因原料粉末较多时，则应适当减小矿石和焦炭的布料倾角和倾角差。

在无钟布料时，调整料线和批重的效果与钟式布料是一致的。但料线调整以100~200mm范围内为宜。矿石和焦炭布料时也可采用不等料线装入，一般是矿石料线低于焦炭料线。焦炭料线对中心气流作用大，而变动矿石料线则对边缘气流控制作用大。

无钟单环布料时以分装为主，也可采用一部分同装布料。但长期使用会强烈发展边缘，这主要是粒度偏析造成的。此外，单环布料时最好不配入球团矿，因为料流调节阀难于控制球团矿的流速并因其滚动性强而堵塞中心。

b　多环布料的控制和效果

从充分发挥无钟布料的作用看，采用多环布料是必要的。其主要原因：首先是随着炉喉直径的增大，单环布料难以控制炉墙和炉中心的气流。若堆尖距炉墙近、漏斗深，且中心气流强，则易产生崩料，若堆尖距炉墙远，边缘矿焦比和粒度分布变化大，气流也难以控制。其次是从国内外先进高炉优化操作得出：炉内合理煤气流分布要求炉喉径向十字测温温度分布呈"L"形，即炉喉边缘温度为$100 \sim 150 ℃$，中心温度$400 \sim 600 ℃$。

多环布料的核心——平台的形成：多环布料料面最终将形成不同宽度的平台（见图7-11）。平台的形成及其宽度、大小是控制高炉行程、气流分布、煤气利用的核心部分。平台的形成是无钟多环布料的重要基础。高炉料层形成稳定的平台后，漏斗小，矿石的滚动量少，混合程度也轻，在中间和中心小粒度增多，透气性受到一定影响，中心气流相对较弱。

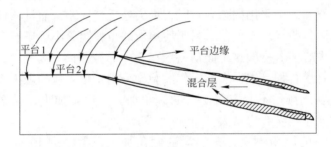

图 7-11　多环布料料面不同平台的形成

平台与控制中心矿焦比的关系：多环布料建立平台后要注意控制中心的矿焦比。平台处矿焦比主要受炉料滚动影响，焦炭直接布入漏斗区，会使锥面改变，数量不多时，对矿石滚动影响小；数量多时，矿石滚动受阻，堆积量增加，矿焦比发生变化，料面改变，中心气流增强但不稳定。如果矿石也在漏斗区布入，且数量比焦炭多，矿石堆积量增加，矿焦比变化大，料面改变，加之细粒度增加，中心气流受阻，下料不畅。因此，加入高炉并靠近中心的矿石在平台边缘附近落下较好，这样可以通过焦炭料面的变化，形成一定的混合层。矿石滚动中心，粒度自然分级，保证中心气流稳定，以此来控制中心的矿焦比和气流。

平台内侧因矿石作用，焦炭平台会发生改变，所以平台大小决定于高炉中心的矿焦比，并影响混合层的范围。一般焦炭的落料对矿石表面几乎没有影响，因而焦炭的布料档位将决定平台的状况。因此，控制高炉中心的矿焦比和气流要掌握焦炭平台的宽度。

平台宽度的确定：多环布料形成的平台要求有适宜的宽度，平台过窄，气流不稳定，煤气利用差；平台过宽，较难生成混合层，中心容易堵塞。多环布料使用一定的档位，会有一定的平台，一般炉料集中的几个使用档位，大致表明平台的宽度。通过观察高炉休风时的料面形状可验证和确定档位与平台宽度的关系。

平台宽度主要取决于焦炭的布料档位，焦炭平台不一定是最末一档完成后才形成的，相邻两档位焦炭量相差大时，平台在这里形成边缘。平台宽度依各座高炉冶炼条件和状况之间的不同有较大差别。判断平台宽度适宜的主要依据是：炉况顺行稳定，气流分布合理，煤气利用充分，炉墙温度适中。

c 高风温条件下的装料制度及煤气流分布

在高炉日常操作中，装料制度的选择是分歧较多、争议最大的问题。强调装料制度作用的观点，把装料制度看做是决定性因素，认为不论什么问题、什么条件，只要装料制度合理，高炉就会顺行；另一些观点则认为下部调剂是决定性的，下部调节合适了，料怎么加到高炉内都行。事实上，装料制度和送风制度都是高炉操作的局部，它们的作用都很大，但又都是有限的，只有把两者互相结合，才能真正地选择正确的装料制度。

（1）批重的正确选择。

高炉工作者在长期的生产过程中根据不同批重时的不同效果得到批重对炉料分布的影响，这是非常重要的结论。批重对布料和高炉行程的影响可以归纳为以下几点：

1）炉料加到炉喉内，根据炉料在高炉边缘和中心的料层厚度之比，可以绘出一条批重特征曲线。在激变区，由于炉料分布的不稳定性，煤气分布不可能稳定；高炉冶炼必然频繁出现管道行程。批重过小，必然出现边缘和中心两头轻的煤气分布；批重过大，会出现边缘、中心两头堵塞的煤气分布，增加了料柱的阻力。

2）批重决定炉内料柱层状结构的厚度。批重越大，料层越厚，软融带每层"气窗"面积越大，高炉将因此改善透气性。

3）批重越大，整个料柱的层数减少，因此界面效应减少，有利于高炉透气性改善。

图 7-12 所示为不同高炉炉容对应的矿石批重。由其中的公式计算 2 号高炉的批重为 56.4t，而 2 号高炉高风温下批重在 66t 左右，这可满足 2 号高炉较高焦炭负荷下保持一定焦批（保证软熔带一定的焦炭层厚），以及较大布矿角度下适宜的煤气分布的需要。

（2）高炉布料矩阵。

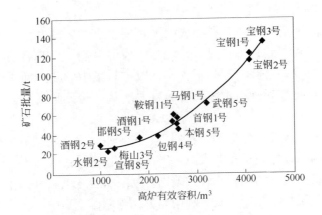

图 7-12 不同高炉炉容对应的矿石批重

$(y = 0.00000794x^2 - 0.009694x + 26.61, \ R_2 = 0.9846)$

无料钟炉顶布料灵活，可采用多种布料方式，达到理想的效果。采用环形布料实现单环或多环布料，主要是通过炉料下到炉喉内形成的堆尖处半径位置，调整边缘或中心的煤气流分布。不同炉喉直径的高炉应采用一个适当的溜槽倾角档位数，小于 1000m³ 级的高炉一般可选 5~7 个溜槽倾角档位，1000m³ 级的高炉可选 8~10 个溜槽倾角档位，大于 2000m³ 的高炉可选 10~12 个溜槽倾角档位。2 号高炉的旋转溜槽档位对应的倾角见表 7-6。

表 7-6 2 号高炉的旋转溜槽档位对应的倾角分布

档位	11	10	9	8	7	6	5	4	3	2	1	0
落点	4.10	3.91	3.71	3.49	3.27	3.03	2.76	2.47	2.14	1.75	1.24	0
角度	43.5	42.0	40.5	38.5	37.0	35.0	33.0	30.5	27.5	24.5	20.0	15.5

采用无料钟炉顶布料的布料方式主要是考虑焦炭平台、矿石平台的宽度和中心漏斗的深度。当高炉喷煤比上升时，由于炉内矿焦比提高，焦炭批重缩小，焦层气窗变小，块状区边缘矿焦比加重，使煤气流分布受到影响，可能引起高炉透气性变差，整个高炉的压差升高。所以，在布料上必须考虑增加中心漏斗深度，同时增加边缘的焦炭量，矿石布料上要适当开放边缘。总的来说，需要确定焦炭平台的宽度和中心漏斗内的焦炭量和滚向中心的矿石量。

（3）国内某大型企业高炉高风温条件下的布料制度的确定。

1）高炉无钟炉顶特点。该企业 2 号高炉容为 2650m³，3 号高炉容积为 4000m³。由于高炉炉喉直径大，单环布料难以控制好边缘与中心的气流，为此该企业 2 号和 3 号高炉均采取多环无钟炉顶布料矩阵。

以该企业 2 号高炉为例，其高炉炉顶采用了该企业自主设计研制的国产第四代并罐无钟炉顶装料设备。料罐有效容积55m³×2，上、下密阀规格为DN1100，溜槽工作角度为5°~50°，中心喉管直径为φ700。采用了水冷布料溜槽传动齿轮箱及开路工业新水冷却系统，研究开发了新的水冷结构，将间接冷却方式改为直接冷却方式，同时将冷却范围扩大，提高了冷却效率。冷却水量可以提高到25t/h以上，且不会出现冷却水溢出现象。由于冷却效率提高，实际生产使用时冷却水量仅需8t/h。同时，氮气消耗明显减少，氮气用量降低至500m³/h，高炉煤气品质有了提高；而且改进后的气密箱对炉况异常造成的炉顶温度过高的情况有很强的适应能力。实践证明，高炉的气密箱在炉顶温度短时达到800℃的极端情况下仍能正常工作。

布料溜槽的悬挂装置采用了新型的锁紧装置，彻底杜绝了溜槽脱落的发生，避免了因溜槽脱落而发生的高炉休风的现象，提高了高炉作业率。改进了布料溜槽及换向溜槽的结构及其衬板材质，布料溜槽的使用寿命由过去的12个月提高到了20个月，换向溜槽的使用寿命由过去的3个月提高到了24个月，减少了布料溜槽及换向溜槽的更换次数，提高了高炉作业率。设置料流调节阀，在自动控制下实现环形（多环）和螺旋布料的功能，在控制室人工控制下完成环形、点状和扇形布料。

2）高风温下装料制度调整。高风温试验期间，装料制度调整遵循"打开中心、兼顾边缘"的操作方针，采用大矿批（66~68t）平坦式布料，在保证中心较窄范围内有较强煤气流的同时，适当发展边缘煤气流，既保证炉况的稳定顺行，又保证较高的煤气利用率。此时，2号高炉平台宽度在1.2~1.5m之间。

受国外矿价格影响，生矿比逐渐降低，煤气利用率有所下降，炉内操作积极适应，及时扩大矿批以保证煤气利用率的高水平稳定。2号高炉高风温试验期间装料制度调整见表7-7，其炉顶十字测温温度分布及煤气利用率变化如图7-13所示。2号高炉十字测温数据边缘温度150~200℃，中心温度400~600℃，说明2号高炉煤气流分布基本合理。

表7-7 2号高炉高风温试验期间装料制度调整

时　间	矿石批重/t	焦炭负荷	焦炭档位	矿石档位	生矿比
9月20日前	66.5	5.68	876543 222222	876543 222221	14.3
9月21日	67.0	5.73			14.7
10月13日		5.73			15.5
10月14日			8765432 2222221	876543 222221	
10月18日	66.0	5.78			

时　间	矿石批重/t	焦炭负荷	焦炭档位	矿石档位	生矿比
10 月 19 日		5.79			15.2
10 月 20 日	66.5	5.83			15.0
10 月 23 日	67.0				10.4
10 月 26 日			876543 222222	876543 222221	
10 月 28 日	68.0				

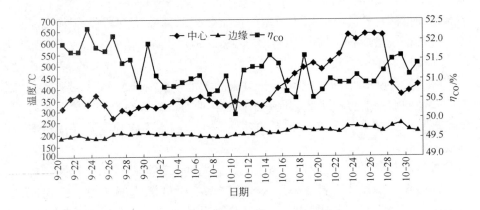

图 7-13　2 号高炉炉顶十字测温温度分布及煤气利用率变化

7.1.3.3　下部调剂

下部调剂的目的是达到炉缸工作正常，气流初始分布合理。下部调剂的主要方法是调整风口进风状况，维持适当的鼓风动能和风口回旋区以及控制适宜的理论燃烧温度。

炉缸是铁水和炉渣的最后加工区，要保证炉渣有良好的脱硫能力，渣铁能很好地分离，必须使渣铁有良好的流动性。渣铁流动性除受送风、装料制度影响外，其决定性因素是炉缸温度水平，一般用风口前的理论燃烧温度来预测。实践证明，高炉的理论燃烧温度必须达到应有的水平，才能保证炉缸正常工作。炉缸热量受容量因素和强度因素两方面影响。容量因素决定于综合负荷、煤气利用、还原过程，受热制度、造渣制度、送风制度限制的制约；强度因素主要决定于风口前产生的温度水平，即理论燃烧温度。大量的试验指出，炉渣只有在 1400℃ 以上才有较好的流动性，风口前理论燃烧温度必须远远高于这个水平，才能保证渣铁的需要。

确定炉缸工作状态除风口前理论燃烧温度这一必要条件外，送风制度起决定性作用。

A 下部调剂的基本准则是控制回旋区

良好的高炉冶炼进程要求整个炉缸截面温度和热量分布均匀，工作积极而活跃。满足这些条件就必须使风口前焦炭回旋区保持适当大小，因为回旋区的大小直接形成了一次气流的分布，并影响着二次气流分布。模型试验和高炉实践证明，当回旋区在横向和纵向扩大时，气流以循环区为放射中心，向两侧和中心区发展，使气流分布趋于均匀，料柱得以松动，因而对炉缸工作起决定作用。回旋区沿水平方向的扩展主要与风口的大小有关，由于焦炭和煤气混合流在很大程度上带有流体性质，因此高炉鼓风从风口喷出后，高速混合气流将按一定角度在流体黏滞性作用下使附近的流体随之运动。当鼓风动能相同时，扩大风口面积将产生纵深方向缩短、水平方向扩大的循环区；缩小风口面积则恰恰相反。为使炉缸圆周和中心工作均形成活跃，使用多风口的高炉较为有利。其次，风量、风温、湿分、喷吹燃料及富氧对循环区形成均有影响。另外，焦炭的质量和炉缸积存渣铁量也会直接引起循环区的大小及高低发生变化。循环区的改变并不受炉料分布和炉型结构支配，却决定了软熔带的根部位置和形状，煤气流的初始分布对炉缸内的温度分布、焦炭堆积的作用也是十分重要的，是形成高炉整体气流分布的基础。过大或过小的循环区将造成中心或边缘气流发展，形成炉缸边缘或中心堆积，引起炉缸工作失常，炉况不顺。

B 鼓风动能调整规律

在相似的冶炼条件下，鼓风动能应随冶炼强度的提高而降低，并形成双曲线关系。高炉采用富氧鼓风时，由于风口氧含量提高，同等冶炼强度所需的空气体积减少，使生产的煤气量也减少，因此要求富氧时的风速、鼓风动能比不富氧时高一些。同一高炉在相似条件下，由于冶炼铁种不同，单位生铁所生成的煤气量是不同的，与之相适应的风速和鼓风动能也不同。炉温提高，煤气量少，炉缸热度高。因此，炉温高时的风速和鼓风动能应低于炉温低时。

伸入炉缸内较长的风口易使风口前的回旋区向炉缸中心推移，等于相对缩小炉缸直径，所以它比伸入炉缸内短的风口的风速和鼓风动能应小一些。一般长风口适用于低冶炼强度或炉墙侵蚀严重、边缘煤气流容易发展的高炉。

在高炉容积、炉缸直径相似的情况下，一般是风口数目越多，鼓风动能越低，但风速越高。随炉容扩大，炉缸直径增加，风速和鼓风动能都需相应增加，高径比越小，越需较高的风速与鼓风动能。高炉采用高压操作时，煤气在高压下体积相对缩小，因此高炉炉顶压力越高，越需要较高的风速和鼓风动能。煤比越高，负荷越重，越需较高的风速和鼓风动能。同一高炉在相似条件下，渣量越大，碱度越高，所需鼓风动能越高，也就是说，使用精料比使用粗料动能小。

C 控制适宜的理论燃烧温度

理论燃烧温度是风口前焦炭燃烧能达到的最高温度，即假定风口前焦炭燃烧放出的热量全部用来加热燃烧产物时所能达到的最高温度。理论燃烧温度和炉缸温度的概念不一样，理论燃烧温度是指燃烧带在理论上能达到的最高温度，生产中一般指燃烧带燃烧焦点的温度，而炉缸温度一般是指炉缸渣铁的温度，它们分别是炉缸热量的强度因素和容量因素。

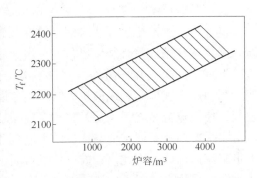

图 7-14　高炉炉容与理论燃烧温度 T_f 的关系

高炉炉容与理论燃烧温度 T_f 的关系如图 7-14 所示。炉缸扩大，炉芯温度降低，为维持中心部位的焦炭空隙和温度，保持透气透液性良好要采用稍高一些的 T_f 值和铁水温度。

T_f 提高使软熔带根部的熔解量增加，下部热量增加，根部升高，软熔带变长，顶部平坦。控制 T_f 值还要同时考虑回旋区的长度和高度。

D　高风温条件下的下部调剂

在高风温条件下，该企业 2 号高炉尽量保持风口面积不变，维持入炉风量的稳定，保持较高的实际风速（大于 240m/s）和鼓风动能（100000kN·m/s），通过富氧、喷煤等措施控制较高且稳定的理论燃烧温度（±2100℃），铁水温度控制在 ±1510℃。

2 号高炉下部调剂保证了炉缸的活跃（回旋区较长，约 2m），使软熔带根部有所提高，改善了高炉下部的透气性、透液性，从而使初始煤气流分布合理。

E　高风温下该企业 2 号高炉风口状况的监测

高风温、富氧、大喷煤条件下，风口的燃烧更加复杂多变。因此，必须对风口内的燃烧状态实施更严格的在线监测，以保证高炉冶炼设备的正常运行及炉况顺稳。监测内容包括：风口内的煤粉燃烧状况、焦炭活跃程度、风口圆周工作均匀性、风口内燃烧温度的准确测量等，如图 7-15 所示。

7.1.4　小结

（1）高炉内煤气流主要有三次分布，分别是风口回旋区的初始分布、软熔带的二次分布和块状带的三次分布，针对煤气流分布采取的调节措施分别为风口回旋区的下部调剂、软熔带的性能控制和块状带的上部调剂。

（2）该企业混合炉料对应的软熔带应是根部位置较低，有利于间接还原的发展；软熔带厚度略薄，但透气性、透液性较差，滴落物中固相较多，不利于铁氧化物的还原，有可能影响炉缸的活跃性。

（3）高风温条件下，高炉上部调剂遵循"打开中心，兼顾边缘"的操作方

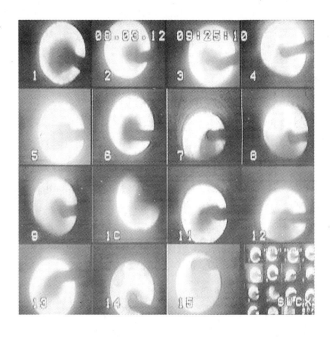

图 7-15 风口监测图

针，采用大矿批（66～68t）平坦式布料，在保证中心较窄范围内有较强煤气流的同时，适当发展边缘煤气流，才能保证较好的煤气分布（十字测温数据边缘温度 150～200℃，中心温度 400～600℃）及较高煤气利用率（大于 50%）下的炉况稳定、顺行。

（4）高风温条件下，该企业 2 号高炉下部调剂实现了较高的实际风速（大于 240m/s）、鼓风动能（±10000W）和较高且稳定的理论燃烧温度（2100℃±50℃），保证了炉缸的活跃（回旋区较长，约 2m），改善了高炉下部的透气性、透液性，使初始煤气流分布合理。

（5）通过实时风口状况的监测，保证了高风温下高炉冶炼设备的正常运行及炉况顺稳。

7.2 高风温对高炉理论燃烧温度的影响

7.2.1 理论燃烧温度的控制措施

高炉理论燃烧温度的控制措施如下：

（1）协调各操作参数，控制适宜的煤氧比。

近年来，我国大部分高炉的原料条件和风温水平都有很大提高，允许高炉进一步提高喷吹量，从而为炼铁生产创造出更大效益。如果能根据生产状态良好时的高炉参数，确定各高炉适宜理论燃烧温度的大致范围，然后结合厂里的具体条件，确定吨铁（较大）喷煤量，就可以在现有原料条件和风温水平下，根据此适宜理论燃烧温度反过来确定适宜的富氧率。在特殊情况下，如由于设备故障需要改变煤量或风量时，同样可以基于此理论燃烧温度，确定别的操作参数。总之，富氧喷煤高炉日常操作调节时，要以适宜理论燃烧温度为控制目标，各操作参数要协调进行。高炉富氧鼓风与喷吹煤粉对理论燃烧温度的影响是互补的，这为协调控制各操作参数以维持适宜理论燃烧温度提供了保证。在风温水平一定时，若富氧率低、喷煤量大、理论燃烧温度过低，将导致炉凉，从而不能保证炉料充分加热和煤粉燃烧反应的进行。但富氧率过高，会使理论燃烧温度过高，炉缸煤气体积膨胀，从而产生大量的 SiO 气体，导致炉况不顺。因此，喷煤量一定时也要控制氧量，避免氧量过大对炉缸热状态造成的不良影响。鞍钢的富氧喷吹试验结果显示，适宜的煤氧比为 $0.8 \sim 1.0 \mathrm{kg/m^3}$。

（2）努力提高风温水平，区别富氧和风温的不同作用。

喷吹煤粉为高炉创造了良好的接受高风温的条件。高风温不但为高炉带入了宝贵的物理热，而且可以快速加热煤粉，促进煤粉提前着火，利于煤粉化学能的充分利用。文献认为，高风温是实现高煤比和强化燃烧的基础，富氧率不是高喷煤的决定因素。富氧率的高低只是实现高喷煤的充分条件，应主要根据冶炼强度进行调整。这在一定程度上说明，在提高喷煤量以后，为弥补其造成的理论燃烧温度降低，提高风温应该成为首选措施，而把富氧率主要作为控制冶炼强度和改善煤粉燃烧的手段。另外，使用高风温也是提高热风炉热利用效率的必然要求。所以，高炉生产中一方面要努力提高热风炉的操作水平，另一方面在高炉正常生产时，一定要坚持全风温操作。

（3）通过上下部调剂，合理控制炉内煤气流的分布。

由于随喷煤量增大，中心气流得以发展。在这种情况下，一般应该扩大风口面积，但要结合原料条件和炉况顺行状况。在原料条件和炉况顺行情况较差时，由煤气量增大引起的中心气流发展，往往被矿焦比升高、料柱透气性变差所掩盖，此时，增加鼓风动能、打开中心气流显得尤为重要。上部调剂则一般采取扩大料批、开放中心的装料制度。顾祥林等通过对宝钢 1 号高炉鼓风动能的计算发现，鼓风动能和冶炼强度成反比。冶炼强度高，原料条件好时，可采用较低的鼓风动能；反之，可采用较高的鼓风动能。并认为在增大煤粉喷吹量时，要适当扩大风口面积，控制鼓风动能的增加。

（4）加强操作管理，避免理论燃烧温度的人为波动。

炉缸热状态的稳定性是高炉顺行水平的重要标志。富氧喷煤高炉料柱内矿焦比较全焦冶炼时大幅度提高，吨焦承载的炉内热负荷量也大幅度提高，这就是富氧大喷煤高炉对热状态（尤其是由喷煤引起的炉缸热状态波动）表现得相当敏感的原因。喷煤量变动，尤其是无计划的喷煤量变动，高炉将承担极大的热状态风险，甚至会给高炉带来大热、大凉、炉缸堆积等灾难性后果。为控制适宜的理论燃烧温度，避免热状态的波动，应着重做好以下几点：

1）当改变操作参数时，要以控制适宜理论燃烧温度为基准，各操作参数尤其是风量、氧量、煤量要协调进行。由于喷吹煤粉存在热滞后，改变喷煤量的操作是关键。其中，热滞后时间又是喷煤操作的重要参数。高炉工长应该根据所喷吹煤粉的热滞后时间，确定欲改变煤量时的负荷变动时间，避免由于负荷变动时间与喷煤量变动时间不匹配，造成理论燃烧温度的人为波动。另外，增加喷煤量时，若风量不变，风口前燃烧焦炭量减少，料速将变慢，易于提高炉温。这一规律在增减煤量、调剂负荷时应予以考虑。

2）要妥善处理无计划突然减煤或停煤事故。发生了无计划突然减煤或停煤以后，要根据估计时间长短和炉温基础，在高炉上部立即投入净焦，有必要时则在下部配合减风，净焦的投入要按较高置换比、轻负荷料集中投入。长时间减煤、停煤时，要在集中投焦后将负荷减下来，需要一定的技巧和经验。

3）根据具体冶炼条件确定喷煤量之后，一般不要轻易变动，长时间变动喷煤量，要考虑其引起的煤气流变化，做好上下部调剂和炉体维护等。

7.2.2 理论燃烧温度的计算方法

高炉风口的理论燃烧温度是根据燃料在风口前燃烧时（不完全燃烧）所产生的热量加上助燃热风含有的热量全部传给燃烧产物时达到的温度。它是高炉冶炼计算中的一个重要参数。

到目前为止，理论燃烧温度主要有三种计算方法：一是工程经验计算；二是理论推理计算；三是在线计算。

7.2.2.1 工程经验计算

在热工程中，经常遇到有关理论燃烧温度的各种计算。企业在预定燃料时，首先要计算燃料的理论燃烧温度，看是否满足炉子生产率的要求；另外，企业在测定炉子热效率、燃料利用率时，需要做热平衡的测定，同样要计算燃料的理论燃烧温度。降低热损失和提高燃料利用率是一件关系到国计民生的大事。企业拟定提高燃料利用率制度时，首先应当测定热损失，就需要进行热工试验和试验资料的整理。

工程上进行热工试验的方法有两种：（1）测定热效率；（2）做热平衡——正平衡和反平衡。做正平衡时，需要算出收入的热量、设备利用的热量和热损失，这就需要进行相当多的测量和计算。采用简捷法计算理论燃烧温度能使实用的计算简化。

A　简捷计算方法

a　理论依据

简捷法的所有计算都是利用由燃烧生成物的一般特性得出的常数，这些常数具有通用性。这里提出的简捷计算法就是根据燃料在空气中燃烧的产物所具有的这种类似的常数进行计算的。这种方法是完全合理和有根据的，应当明确的只是燃料常数数值的应用范围。

计算理论燃烧温度时要考虑到燃烧生成物分解的热量。高温时，二氧化碳分解为氧气和一氧化碳，水蒸气分解为氢气和氧气。分解度随着温度的升高和二氧化碳与水蒸气分压力的降低而增加。

另外，当温度很高时，不仅是二氧化碳分解为一氧化碳和氧气，水蒸气分解为氢气和氧气，而且还会有燃烧生成物分解为羟基、原子氢和氧。同时，在燃烧生成物的成分中，还会出现一氧化氮，而氮的氧化过程又是吸热的。因此，通常采用的一般复杂计算法没有估计到燃烧生成物中含有羟基和气体原子产生的影响，并不是完全准确的，但误差不大。实际上，理论燃烧温度和计算燃烧温度与给出的燃料和空气量的准确性有很大关系。因此，按上述所提的复杂而困难的计算法算出的理论燃烧温度和计算燃烧温度也有误差。

当燃料不是在富氧空气中燃烧，并且温度低于2100℃、分解度不大于6.0时，在热工程计算中通常认为燃烧生成物只分解为一氧化碳、氢气和氧气。在这种情况下，上述的误差就接近于按简捷法算出的理论燃烧温度的误差。

b　计算公式

利用简捷法，理论燃烧温度可以按下式计算：

$$t_1 = \frac{Q_d - Q_f}{V_n c}$$

式中　t_1——燃料的理论燃烧温度，℃ 或 K；

Q_d——燃料的低发热量，kJ/kg 或 kJ/m³；

Q_f——燃烧 1kg 或 1m³ 燃料时，生成物的分解热，kJ/kg 或 kJ/m³；

V_n——燃烧产物的生成量，m³/kg 或 m³/m³；

c——从 0℃ 到 t_1 间燃烧产物的比热容，kJ/(kg·℃) 或 kJ/(m³·℃)。

通过计算，燃料在空气中燃烧温度在2100℃以下，分解度不大于6.0时，根据简捷法确定的理论燃烧温度与通常所用的复杂的计算法确定的值相差较小，这个误差对工程计算来说是允许的。因此，完全可以利用简捷法计算一般热工程问题。

B　钢铁厂关于理论燃烧温度的计算举例

a　计算公式

（1）鞍钢炼铁厂计算公式：

$$T_{理} = \frac{Q_{碳} + Q_{焦} + Q_{风} - Q_{吸}}{Vc_{pg}}$$

式中　$T_{理}$——理论燃烧温度,℃;

$Q_{碳}$——入炉碳生成一氧化碳的发热量,kJ;

$Q_{焦}$——焦炭进入风口区域的物理热,kJ;

$Q_{风}$——鼓风带入的物理热,kJ;

$Q_{吸}$——喷吹物分解以及提高到1500℃吸收的热量之和,kJ;

c_{pg}——$T_{理}$时的煤气比热容,kJ/(m^3·℃);

V——炉缸煤气量,m^3。

（2）日本广岛高炉计算公式:

$$T_{理} = 0.84T_b - 2.7P_{ck} - 6.3M_1 + 60F_O + 1571$$

式中　T_b——风温,℃;

P_{ck}——煤比,kg/t;

M_1——湿度,g/m^3;

F_O——富氧率,%。

（3）新日铁给宝钢的数模中用的计算公式:

$$T_{理} = 0.84T_b - 2.7P_{ck} + 60F_O - 6.03M_1 + 1524$$

式中　T_b——风温,℃;

P_{ck}——煤比,kg/t;

M_1——湿度,g/m^3;

F_O——富氧率,%。

（4）该企业3号高炉旧计算公式:

$$T_{理} = 0.763T_b + 4970 \times \frac{Q_{氧}}{60Q_b} - 3770 \times \frac{Q_{煤}}{60Q_b}$$

式中　T_b——风温,℃;

$Q_{煤}$——喷煤量,kg/h;

$Q_{氧}$——氧气流量,m^3/h;

Q_b——冷风流量,m^3/min。

（5）该企业3号高炉新计算公式:

$$T_{理} = 0.74T - 1.6M - 7.6M_{OJ} + 40F_O + 1565.59$$

式中　T——风温;

M——煤比;

M_{OJ}——鼓风湿度,g/m^3;

F_O——富氧率。

（6）新余铁厂经验公式：

$$T_{理} = 1570 + 0.808T_{风} - 5.85W_{湿} - \frac{250W_{煤}}{6Q_{风}}$$

式中　$T_{风}$——鼓风温度，℃；

　　　$W_{湿}$——喷吹量，t/h；

　　　$W_{煤}$——鼓风湿分，g/m³；

　　　$Q_{风}$——鼓风量，kg/min 或 m³/min。

（7）常规计算公式：

$$T_{理} = \frac{Q_{碳} + Q_{焦} + Q_{风} - Q_{吸}}{Vc_{pg}}$$

式中　$Q_{吸}$——喷吹物分解所吸收的热量与鼓风中水的分解热之和，kJ。

（8）太钢计算公式：

$$T_{f} = \frac{Q_{\omega} + Q_{w} + Q_{f} - Q_{fir}}{c_{q}V_{q}}$$

式中　Q_{ω}——焦炭煤粉碳素燃烧放热；

　　　Q_{w}——焦炭带入物理热；

　　　Q_{f}——鼓风带入物理热；

　　　Q_{fir}——煤粉分解热及鼓风湿分气化反应吸热。

（9）宝钢经验公式：

$$T_{f} = 1559 + 0.839t + 4.972W_{氧} - 6.033W_{水} - 3.150W_{煤}$$

式中　t——热风温度；

　　　$W_{氧}$——富氧量；

　　　$W_{水}$——鼓风湿分；

　　　$W_{煤}$——喷吹煤的数量。

（10）包钢经验公式：

$$T_{f} = 1560.2 + 0.76t + 37.1\Delta O_{2} - 2.04M - 38.9f$$

式中　t——热风温度；

　　　ΔO_{2}——富氧率；

　　　M——煤比；

　　　f——鼓风湿度。

b　结果分析

该企业高炉理论燃烧温度计算公式与其他 5 种计算公式相比较，其计算结果与最低者相差83℃，为 1950℃，见表7-8。当理论燃烧温度降到1938℃时，不但每吨铁燃料比升高 80 ~ 100kg，炉况也急剧恶化。当铁水温度维持在1500℃时，最低理论燃烧温度为2000℃。对该企业3号高炉而言，经验公式计算出的理论燃烧温度偏低，原因是此计算公式与风量有关，若风量不准则误差较大；公式中未考虑鼓风湿度对理论燃烧温度的影响，而该企业炼铁厂无脱湿设备，无法控制鼓风湿分。在煤比高、理论燃烧温度低时，考虑鼓风湿度对理论燃烧温度的影响十分必要。

表7-8 不同公式计算出的理论燃烧温度的计算

公 式	1	2	3	4	5
$T_{理}$/℃	2071	2079	2033	1950	2102

分析理论燃烧温度计算公式发现：

（1）鞍钢炼铁厂公式中未考虑喷吹风的显热和空气中水的分解热，但考虑了喷吹物分解和喷吹物提高到1500℃时所吸收的热量，即考虑了加热喷吹物后的理论燃烧温度，故计算出的理论燃烧温度偏低；

（2）常规计算公式中未考虑煤粉的显热，在计算风中水的吸热时理解为水的分解热，未考虑加热喷吹物所需的热量，故算出的理论燃烧温度较高；该企业3号高炉每吨铁煤比小于180kg，炉况顺行，理论燃烧温度的计算宜选择常规计算公式。

7.2.2.2 理论推理计算

上述理论燃烧温度都是针对某一个厂计算得到的公式，在通用性方面较差。而且，上述计算的公式都是基于经验得到的，在理论方面不是太强。所以，应当提升到理论层次来看待这个问题。

A 那树人理论燃烧温度公式

（1）那树人以1m³鼓风计算理论燃烧温度的公式：

$$T_{理} = \left[1254 \times 4.18 \times 2 + 0.536 \times 2q_{焦}\omega + \left(1254 \times 4.18 + q_{T_b}^{H_2O} + \right.\right.$$
$$0.536q_{焦} - q_{T_b}^{干风} - 2580 \times 4.18 \right)\varphi + q_{T_b}^{干风} - \left(1254 \times 4.18 \times 2 + \right.$$
$$\left. 0.536 \times 2q_{焦} \right)\omega\varphi - \frac{M}{V_b}(q_{分} + C_M q_{焦}) \right] \div$$
$$\left[c_{pg}\left(1 + \omega + \varphi - \omega\varphi + 11.2H_M\frac{M}{V_b} \right) \right]$$

式中 ω——鼓风中氧气含量，m³/m³，ω按（0.21 + 富氧率）计算，不考虑湿分中的氧；

φ——鼓风湿度，m³/m³；

$q_{T_b}^{H_2O}$——热风温度时鼓风湿分热焓，kJ/m³；

$q_{T_b}^{干风}$——热风温度时干风热焓，kJ/m³；

$\dfrac{M}{V_b}$——喷煤率，即单位体积鼓风的喷煤量，kg/m^3；

$q_{焦}$——1kg 焦炭碳素进入风口区带入的物理热；

C_M——煤粉中碳含量；

H_M——煤粉中氧含量；

c_{pg}——$T_{理}$ 时炉缸煤气比热容，$kJ/(m^3 \cdot ℃)$；

1254——由碳燃烧成 CO 的放热量 $kcal/m^3$，$1254 = 2340 \times \dfrac{12}{22.4}$；

0.536——由鼓风中 1/2 氧（体积）所燃烧的碳量，$kg/0.5m^3（O_2）$ 或 kg/m^3

$（H_2O）$，$0.536 = 0.5 \times \dfrac{2 \times 12}{22.4}$。

（2）以燃烧 1kg 碳素的计算公式：

$$T_{理} = \big[2340 \times 4.18 + q_{焦} C_{风口}^{焦} + V_b (c_{pb} t_b - 2580 \times 4.18\alpha) -$$

$$q_{分} C_{风口}^{煤} \big] / (c_{pg} V_g)$$

式中 V_b——1kg 碳素在风口区燃烧所需风量，m^3/kg；

V_g——1kg 碳素在风口区燃烧生成的炉缸煤气量，m^3/kg；

c_{pb}——热风温度时鼓风比热容，$kJ/(m^3 \cdot ℃)$；

t_b——热风温度；

α——鼓风湿度；

$q_{分}$——1kg 煤粉的分解耗热；

$C_{风口}^{焦}$——风口前燃烧碳素中焦炭所占的比例；

$C_{风口}^{煤}$——风口前燃烧碳素中煤粉所占的比例。

B 张寿荣理论燃烧温度计算

$$T_{理} = (H_b + H_{coal} + H_{coke} + RHCO_{coal} + RHCO_{coke} - RH_{coal} - RH_{H_2O}) / (V_g c_{pg})$$

式中 H_b——热风显热，kJ/h；

H_{coal}——喷入煤粉显热，kJ/h；

H_{coke}——焦炭燃烧显热，kJ/h；

$RHCO_{coal}$——焦炭形成 CO 的燃烧热，kJ/h；

$RHCO_{coke}$——煤粉形成 CO 的燃烧热，kJ/h；

RH_{coal}——煤粉的分解热，kJ/h；

RH_{H_2O}——鼓风中湿分与焦炭中碳的反应热，kJ/h；

V_g——风口区煤气体和，煤粉燃烧率取值为 0.8。

7.2.2.3 在线计算

风口前的理论燃烧温度 T_f 是高炉操作中一个重要参数。在计算机应用于高炉生产之前，T_f 的在线计算由于影响因素较多且计算量大而无法进行。当高炉装配计算机后，又存在某些变量的准确测量无法办到，其 T_f 的在线计算又存在一定困难。

针对这一实际生产问题，应用一系列方法进行了长期连续的 T_f 在线计算，并使其计算结果直接应用于高炉生产，取得成功经验。

A　T_f 在线计算的主导原则

每座高炉有本身的特性，其顺行的 T_f 区间也就各有差别，而过于求 T_f 的精确值对高炉并无实际意义，关键是要掌握合理的 T_f 范围和变化趋势，以便确定合理的调剂措施。所以对于原燃料条件相对稳定的高炉，应着重于 T_f 的范围和趋势计算，即在必要时可半方程、半经验地确定计算公式。

高炉生产中影响 T_f 的参数有风量 V_f、风温 t_f、焦比 K、喷吹量 W_m、富氧量 V_{O_2} 以及原燃料条件，如能利用这些已采集到的数据进行在线计算，每分钟计算一次 T_f 值，并通过计算机以曲线形式显示，便可给高炉操作和进一步调剂提供一个可靠的数据，有利于操作制度的合理调剂。

B　T_f 在线计算的基准量

进行 T_f 在线计算时，基准量是一个很关键的问题，可以用每吨生铁作为计算基准量，也可以用每立方米风量或风口前每千克焦炭量作为计算基准量，但都存在与实际采集参数无法对口的问题。根据高炉生产数据采集的特点，以每分钟鼓入高炉风量为基准量，利用已测得的 V_f、t_f、W_m、V_{O_2} 等各参数进行在线计算。

C　T_f 计算的基本方法

确定了半公式、半经验地计算 T_f 这一原则，T_f 的基本计算方法就可以确定。T_f 的基本理论式并不复杂：

$$T_f = (Q_c + Q_f + Q_j - Q_{H_2O} - Q_分)/(V_煤 c_煤)$$

但进一步分解推导，得出一个很复杂的理论计算公式。如以每分钟入炉风量作为计算基本量时，各项热效 Q_f 应为：

$$Q_c = q_c[V_f(1 - U) \times 0.21 + V_{O_2}] \times 24/22.4$$

$$Q_j = q_j\{[V_f(1 - U) \times 0.21 + V_{O_2}] \times 24/22.4 - W_m c_煤\}/c_吸$$

$$Q_f = V_f t_f C_{pf}$$

$$Q_{H_2O} = V_f \times 18/22.4 U q_{H_2O}$$

$$Q_分 = q_煤 q_吸 W_m$$

$$V_煤 c_煤 = C_{CO} N(V_{CO} + V_{N_2}) + C_{H_2} V_{H_2}$$

由各项 Q_f 分解式可见，如将所有项目代入 T_f 计算式中，不仅计算式极为复杂，并且 V_{CO}、V_{N_2}、V_{H_2} 这些变量的瞬间值也无法测量。这也就引出了半方程、半经验确定计算式的计算方法。

D　T_f 在线计算的效果

由连续不断的在线计算结果绘出连续的曲线，给高炉操作者提供了调整参考信息。该企业 2 号高炉利用在线计算，确定合理的 T_f 区间是 1980 ~ 2300℃ 之间。低于 1980℃，喷吹效果变差，炉渣也逐渐变得难放，且生铁中硅含量下降。高于 2300℃，鼓风压力大幅度上升，有悬料趋势。这就给风温使用、喷吹量变化提供了数据基础，其效果是稳定炉温，大幅度减少悬料次数。

7.2.2.4　理论燃烧温度在线计算新型算法

高炉风口前理论燃烧温度是指在绝热条件下所有入炉燃料在风口进行不完全燃烧，燃料和鼓风带入物理热以及燃烧反应放出的热量全部传给燃烧产物所能达到的最高温度。风口前理论燃烧温度计算的前提是风口循环区为绝热系统，根据风口局部区域的热平衡计算得出，其基准温度一般采用常温。随着高炉喷吹煤粉和喷煤量的不断提高，煤粉在高炉风口回旋区内燃烧不尽会产生大量的未燃煤粉，而且煤粉和焦炭燃烧后残留大量的灰分，这些燃烧产物携带的热量是热支出的一部分，因此在理论燃烧温度计算中要考虑这些产物的影响，这样才更符合理论燃烧温度的定义。为实现理论燃烧温度的在线计算，以每分钟入炉风量作为计算基准量，便于与生产操作参数对应。实时采集入炉风量、富氧量、小时喷煤量、风温、风压、鼓风湿度等操作参数，进行理论燃烧温度的在线计算。

传统理论燃烧温度计算公式中，煤粉分解热数据多按无烟煤（含碳 80%）分解热为 1254kJ/kg(4.18 × 300kJ/kg) 考虑。而随着高炉喷煤技术的发展，喷吹煤种增多，煤粉混合喷吹，各种煤种的分解热和发热量不同，煤粉分解热大小对理论燃烧温度的高低影响较大。因此，在计算理论燃烧温度时应考虑煤粉分解热的差异，采用煤粉分解热确定的新方法，通过氧弹量热计测定煤粉高（低）位发热量，利用盖斯定律得出不同煤粉的分解热，才能体现不同煤粉对理论燃烧温度的影响。

传统理论燃烧温度计算中还有一方面就是湿分分解热，基于热力学分析可知，水分开始分解的温度很高，高炉内不可能提供这样高的温度，因此水分分解耗热其实在理论燃烧温度计算中是不存在的。结合风口状态和热力学分析，水分发生水煤气反应的开始温度为 665℃，因此水分的水煤气反应容易进行。而水煤气反应可看作是水分分解反应和碳的不完全燃烧反应的叠加。因此，也不能简单地用水煤气反应耗热来直接代替水分分解热，而应在碳素燃烧放热项中做处理。另外，理论燃烧温度计算中的重要参数比热容多采用经验的平均比热容，比热容实际上是温度的函数，应由积分法算得。针对以往理论燃烧温度计算公式和算法的不足，提出如下观点和新型计算公式：

（1）大喷煤后未燃煤粉对理论燃烧温度计算的影响；

（2）煤粉灰分对理论燃烧温度计算的影响；

（3）焦炭灰分对理论燃烧温度计算的影响；

（4）热收入项中增加煤粉显热（物理热）；

（5）将鼓风和煤粉中的湿分分解热改为水煤气反应热，同时在碳素燃烧放热项中扣除水中的氧燃烧碳素放热；

（6）修正煤粉分解热经验数据，采用煤粉分解热确定新方法，通过氧弹量热计测定煤粉高（低）位发热量，由盖斯定律得出；

（7）各种气体和物质的比热容由积分公式算得：

$$T_{\mathrm{f}} = \frac{Q_{\mathrm{ck}} + Q_{\mathrm{cm}} + H_{\mathrm{b}} + H_{\mathrm{ck}} + H_{\mathrm{cm}} + H_{\mathrm{gas}} - Q_{\mathrm{w\text{-}g}} - Q_{\mathrm{decom}}}{V_{g}c_{pg} + m_{\mathrm{w}}c_{\mathrm{w}} + m_{\mathrm{a}}c_{\mathrm{a}}}$$

在线计算公式中，以常温25℃为计算的基准温度，以每分钟风量为基准量，热收入、热支出均以每分钟热量为统一基准，便于在线计算与高炉实时参数相对应，以下分别对各项进行说明。

1）Q_{cm}为煤粉中碳燃烧生成 CO 的放热（kJ/min）。

$$Q_{\mathrm{cm}} = \frac{1}{60}q_{\mathrm{cm}}W_{\mathrm{M}}\eta\left[1 - (\mathrm{H_2O})_{\mathrm{M}}\right]C_{\mathrm{M}}$$

式中 q_{cm}——煤粉中每千克碳素燃烧成 CO 放出的热量，与焦炭中碳素燃烧热取为相同值，$4.18 \times 2340\,\mathrm{kJ/kg}$；

η——煤粉的燃烧率，%；

W_{M}——小时喷煤量，kg/h；

C_{M}——煤粉的碳含量（包括固定碳），%；

$(\mathrm{H_2O})_{\mathrm{M}}$——煤粉的含水量，%。

$$C_{\mathrm{b}}^{\mathrm{k}} = 1 - C_{\mathrm{b}}^{\mathrm{m}}$$

$$C_{\mathrm{b}}^{\mathrm{m}} = \frac{MC_{\mathrm{M}}}{C_{\mathrm{b}}} = \frac{MC_{\mathrm{M}}}{nC_{\mathrm{g}}}$$

$$C_{\mathrm{g}} = KC_{\mathrm{K}} + MC_{\mathrm{M}} - C_{渗}$$

$$(\mathrm{O_2})_{\mathrm{b}} = 0.21 + 0.29\varphi + (\alpha - 0.21)V_{\mathrm{O_2}}/(60V)$$

$$(\mathrm{N_2})_{\mathrm{b}} = 0.79(1 - \varphi) - (\alpha - 0.21)V_{\mathrm{O_2}}/(60V)$$

$$C_{\mathrm{n}} = \frac{C_{\mathrm{b}}}{C_{\mathrm{f}}} = n \times \frac{C_{\mathrm{g}}}{C_{\mathrm{f}}} = n \times \left(1 - \frac{C_{渗}}{C_{\mathrm{f}}}\right)$$

$$n = 2 \times \frac{\mathrm{N_2}}{\mathrm{CO} + \mathrm{CO_2} + \mathrm{CH_4}} \times \frac{(\mathrm{O_2})_{\mathrm{b}}}{(\mathrm{N_2})_{\mathrm{b}}}$$

$$C_f = KC_K + MC_M$$

式中 C_b^k, C_b^m——分别指风口前燃烧碳素中焦炭碳素、煤粉碳素所占的比例,%;

　　　　M——煤比, kg/t_{HM};

　　　　C_M——煤粉中全碳量,%;

　　　　C_b——每吨生铁风口前燃烧的碳量, kg/t_{HM};

　　　　C_g——每吨生铁进入煤气中的碳量, kg/t_{HM};

　　　　C_K——焦炭中固定碳含量,%;

　　　　K——焦比, kg/t_{HM};

　　　　$C_渗$——生铁的渗碳量, kg/t_{HM};

　　　　n——碳素燃烧率系数;

CO_2,CO,CH_4,N_2——炉顶煤气中相应组分含量,%;

　　　　$(O_2)_b$——鼓风中含氧量, m^3/m^3;

　　　　$(N_2)_b$——鼓风中含氮量, m^3/m^3;

　　　　φ——鼓风湿度, m^3/m^3;

　　　　α——富氧气体氧浓度,%;

　　　　V_{O_2}——富氧气体量, m^3/h;

　　　　V——鼓风量, m^3/min;

　　　　C_f——每吨生铁由焦炭、煤粉带入的碳量, kg/t_{HM}。

2) Q_{ck} 为焦炭中碳燃烧生成 CO 的放热 (kJ/min)。

风口前焦炭中碳的燃烧应根据综合鼓风中的氧气量（不同于鼓风含氧量 $(O_2)_b$）来计算。这是由于在后面计算水分耗热项时用水煤气反应热代替传统的水分分解热，要在此项热量计算中扣除湿分中的氧与碳的不完全燃烧反应。鼓风氧气量不包括湿分中的氧，而鼓风含氧量则包含湿分中的氧:

$$Q_{ck} = q_{ck} \left\{ \frac{24}{22.4} \left[0.21V(1-\varphi) + (\alpha - 0.21 + 0.21\varphi)\frac{V_{O_2}}{60} \right] \right.$$

$$\left. - \frac{W_M}{60}\eta[1 - (H_2O)_M]C_M \right\}$$

式中 q_{ck}——焦炭中每千克碳素燃烧成 CO 放出的热量，当石墨化程度为50%时，取 $4.18 \times 2340kJ/kg$。

3) H_b 为富氧鼓风带入的显热 (kJ/min)。

热风中主要成分有氮气 (N_2)、氧气 (O_2)、水蒸气 ($H_2O(g)$)。

$$H_b = V \times \frac{4.18}{22.4}\int_{298}^{t_b+273}[\Sigma x_i(a_i + b_iT + c_iT^{-2})]dT = V(t_b - 25)c_{pb}$$

式中 c_{pb}——鼓风平均比热容, $kJ/(m^3 \cdot ℃)$;

t_b——热风温度，℃；

V——风量，m^3/min。

c_{pb}的计算，查相关比热容表（见表7-14），采用积分求平均值的方法：

$$c_{pb} = \frac{4.18}{22.4}\Sigma x_i \frac{\int_{298}^{t_b+273}(a_i + b_i T + c_i T^{-2})\mathrm{d}T}{t_b - 25}$$

$$= \frac{4.18}{22.4}\Sigma x_i\left[a_i + \frac{b_i}{2}(t_b + 273 - 298) + \frac{c_i}{298(t_b + 273)}\right]$$

式中　x_i——氮气、氧气、水蒸气的体积分数。

热风中的氮气、氧气、水蒸气的体积分数可由下式计算：

$$x_{O_2} = [0.21(1 - \varphi) + (\alpha - 0.21 + 0.21\varphi)V_{O_2}]/(60V)$$

$$x_{N_2} = [0.79(1 - \varphi) + (\alpha - 0.21 - 0.79\varphi)V_{O_2}]/(60V)$$

$$x_{H_2O} = \left(1 - \frac{V_{O_2}}{60V}\right)\varphi$$

式中　φ——大气湿度，是以湿风（自然风）为基准的，根据两种鼓风湿度的关系可由绝对湿度 $\omega(g/m^3)$ 换算得出：

$$\varphi = \frac{22.4}{18 \times 1000}\omega \approx 0.00124\omega$$

4）H_{ck} 为焦炭带入的显热（kJ/min）。

炉热指数 t_c 是焦炭进入风口回旋区的温度，直接影响焦炭带入到炉缸的热量。在以往的理论燃烧温度计算中，计算焦炭带入的物理热这一项时多按焦炭进入风口区温度为1500℃考虑。而实际上焦炭进入风口区的温度是随着时间和冶炼条件（喷煤量、富氧率等）而变化的，通常高于1500℃。有关研究通过风口取样应用 X 射线衍射法测定焦炭石墨化程度来确定其温度大约在 1800 ~ 2100℃ 之间。因此对于这项热量仍按1500℃考虑是不合理的。

$$H_{ck} = R_{ck}\Sigma w_i\int_{298}^{t_c+273}(a_i + b_i T)\mathrm{d}T = R_{ck}c_{pck}(t_c - 25)$$

$$R_{ck} = 100\left\{C_b - \frac{W_m}{60}\left[1 - (H_2O)_M/100\right]\frac{C_m}{100}\right\}\eta/C_k$$

式中　R_{ck}——风口前焦炭消耗速度，kg/min；

c_{pck}——焦炭在温度 25 ~ t_c℃ 内的平均比热容，kJ/(kg·℃)。

焦炭主要由灰分和碳组成，碳和灰分的比热容均是温度的函数，焦炭的平均比热容 c_{pck} 可由碳和灰分的比热容及对应组分的质量分数积分加权求和计算：

$$c_{pck} = \frac{\sum w_{ki} \int_{298}^{t_c+273} (a_i + b_i T)\,\mathrm{d}T}{t_c - 25}$$

焦炭和煤粉中灰分都以酸性氧化物为主，主要成分为 SiO_2、Al_2O_3、CaO、MgO 等，其等压热容（比热容） $c_p(\mathrm{kJ/(kg \cdot ℃)})$ 可近似表示为 $c_p = a + bT + cT^{-2}$。

$$w_{kC} = C_k, \quad w_{kSiO_2} = A_{coke} \times (SiO_2), \quad w_{kAl_2O_3} = A_{coke} \times (Al_2O_3)$$
$$w_{kCaO} = A_{coke} \times (CaO), \quad w_{kMgO} = A_{coke} \times (MgO)$$

5） H_{cm} 为煤粉带入的显热（kJ/min）。

煤粉由固定碳、灰分（SiO_2、Al_2O_3、CaO、MgO 等）、挥发分以及水分（液体）组成。煤的挥发分的成分主要有 CO_2、CO、H_2、CH_4、C_2H_2、C_3H_3、C_3H_6 及少量的环状烃（C_mH_n），该项热量也应根据成分来计算：

$$H_{cm} = \frac{W_M}{60} \times \sum w_i \int_{298}^{t_c+273} (a_i + b_i T)\,\mathrm{d}T = \frac{W_M}{60} \times c_{pm} \times (t_m - 25)$$

$$c_{pm} = \frac{\sum w_m \int_{298}^{t_m+273} (a_i + b_i T)\,\mathrm{d}T}{t_m - 25} + \frac{(H_2O)_M}{100} c_{pH_2O}$$

式中　W_M——喷吹煤粉量，kg/h；

　　　c_{pm}——煤粉的平均比热容，$\mathrm{kJ/(kg \cdot ℃)}$；

（H_2O）$_M$——煤粉中的水分含量；

　　c_{pH_2O}——水的比热容。

灰分中 $w_{SiO_2} = [1 - (H_2O)_M/100](A_M/100)[(SiO_2)_M/100]$，其他类同；

固定碳含量为 $w_{FC} = [1 - (H_2O)_M/100][(FC)_M/100]$。

煤的挥发分的成分主要有 CO_2、CO、H_2、CH_4、N_2，其成分含量计算：

$$w_{mi} = [1 - (H_2O)_M/100](V_m/100)[(i)_M/100]$$

式中　i——挥发分中各组分；

　　V_m——挥发分含量。

6） H_{gas} 为喷煤载气带入的显热（kJ/min）。

喷煤载气为压缩空气或氮气，主要成分为 N_2、O_2；富氧气体主要是 O_2。因此，它们主要成分是 O_2、N_2，其平均热容的计算与大气鼓风的计算方法相同。

$$H_{gas} = \frac{4.18}{22.4} V_z \int_{298}^{t_z+273} [\sum x_i (a_i + b_i T + c_i T^{-2})]\,\mathrm{d}T$$

$$= V_z (t_z - 25) c_{pz}$$

$$c_{pz} = \frac{4.18}{22.4} \sum x_i \frac{\int_{298}^{t_z+273} (a_i + b_i T + c_i T^{-2})\,\mathrm{d}T}{t_z - 25}$$

$$= \frac{4.18}{22.4}\Sigma x_i \left[a_i + \frac{b_i}{2}(t_z + 273 + 298) + \frac{c_i}{298(t_z + 273)} \right]$$

式中　V_z——喷煤载气量，m^3/min；

　　　　t_z——载气温度（等于喷吹煤粉的温度 t_m），℃；

　　　　x_i——载气中的 O_2、N_2 的体积分数（或摩尔分数）x_{O_2}、x_{N_2}。

7）Q_{w-g} 指水与碳反应（水煤气反应）吸收的热（kJ/min）。

水分包括鼓风中湿分和煤粉中的水分，传统理论燃烧温度计算没有考虑煤粉中水分的影响。基于热力学分析可知，水分开始分解温度很高而在高炉内不可能达到如此高的温度，但水煤气反应的开始温度为 665℃。故在风口回旋区的温度下，水分的直接分解反应不易发生，水分是通过与碳发生水煤气反应而消耗的。水煤气反应（吸热）可以视为水分分解反应（吸热）和碳素燃烧反应（放热）两个反应的叠加，因此在处理传统计算公式时不能简单地用水煤气反应热项代替原来的水分分解热项。而应在前面2）中的碳素燃烧热项中不扣除水分中的氧与碳不完全燃烧反应的放热项。

$$C(s) + H_2O(g) \Longrightarrow H_2(g) + CO(g) \qquad \Delta_r H^{\ominus}_{298} = 124.5 kJ/mol$$

$$Q_{w-g} = \left[\frac{(V - V_{O_2}/60) \times 0.00124\omega}{22.4} + \frac{W_M(H_2O)_M/100}{1080} \right] \times 1000 \times \Delta_r H^{\ominus}_{298}$$

8）Q_{decom} 指煤粉分解吸收的热（kJ/min）。

根据不同煤种和混煤喷吹情况确定相应的分解热，按照已有的分解热的确定方法（见图 7-16），运用盖斯定律，通过测定 1kg 干燥煤粉的低位发热量 q_{net} 和煤粉中各元素（C、H、O）的含量（干基 d），得到 25℃下总反应热 q_{total}，从而得到煤粉的分解热（比焓，kJ/kg）$q_{decom} = q_{net} - q_{total}$。

$$q_{total} = q_C + q_{CO} + q_{H_2} = -\frac{1000}{12} \times 408.8 \frac{w_{C,d}}{100} + \frac{1000}{16} \times$$

$$(408.8 - 283.4) \frac{w_{O,d}}{100} - 500 \times 242.0 \frac{w_{H,d}}{100}$$

喷吹煤粉的分解热（kJ/min）为：

$$Q_{decom} = \frac{W_M}{60} \left[1 - (H_2O)_M/100 \right] q_{decom}$$

9）V_g 为炉缸煤气量（kJ/min）。

炉缸煤气成分主要为 N_2、CO、H_2、CH_4。其中，N_2 来自大气鼓风、喷煤载气及煤粉挥发分；CO 来自焦炭和煤粉的燃烧及水煤气反应；H_2 来自煤粉挥发分分

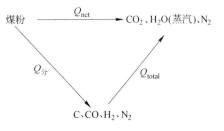

图 7-16　煤粉分解热确定原理

解及水煤气反应；CH_4 来自焦炭和煤粉。

炉缸煤气量为：

$$V_g = V \left\{ \left[1 + (O_2)_b \right] + 0.5\varphi + \frac{(O_2)_b}{0.933} \times \frac{C_b^m}{\eta C_M} \times 11.2 \left[(H_2)_M + \frac{2 \times (H_2O)_M}{9} + \frac{(N_2)_M}{14} \right] \right\}$$

N_2 量为：$V_{N_2} = V(N_2)_b + V_z(N_2)_z + \frac{11.2 W_m}{14 \times 60} \times \left[1 - (H_2O)_M / 100 \right] \times$

$$\left[(N_2)_M / 100 \right]$$

H_2 量为：$V_{H_2} = V\varphi + 11.2 \frac{W_m}{60} \left[\frac{(H_2O)_M}{900} + \frac{(H_2)_M}{100} \right]$

CO 量为：$V_{CO} = 2V(O_2)_b + V\varphi + 11.2 \frac{W_m}{60} \left[\frac{(H_2O)_M}{900} + \frac{(O_2)_m}{800} \right] + 2V_z \left[1 - \frac{(N_2)_z}{100} \right]$

CH_4 量为：$V_{CH_4} = 22.4 \frac{C_b^k}{C_k} \times \frac{(CH_4)_k}{16}$

也可以这样求得炉腹煤气量：$V_g = V_{N_2} + V_{H_2} + V_{CO} + V_{CH_4}$

则 N_2、H_2、CO、CH_4 的体积分数（或摩尔分数）为：$x_{N_2} = V_{N_2}/V_g$，$x_{H_2} =$

V_{H_2}/V_g，$x_{CO} = V_{CO}/V_g$，$x_{CH_4} = V_{CH_4}/V_g$。

10）c_{pg} 为炉缸煤气的比热容（$kJ/(m^3 \cdot ℃)$）。

$$c_{pg} = \frac{4.18}{22.4} \Sigma x_i \frac{\int_{298}^{t_f+273} (a_i + b_i T + c_i T^{-2}) dT}{t_f - 25}$$

$$= \frac{4.18}{22.4} \Sigma x_i \left[a_i + \frac{b_i}{2} (t_f + 273 + 298) + \frac{c_i}{298(t_f + 273)} \right]$$

式中　x_i——氮气、氢气、一氧化碳的体积分数；

　　　t_f——理论燃烧温度，℃。

11）m_w 为未燃煤粉的量（kg/min）。

$$m_w = 0.01667(C_{MC} + A_M)(1 - \eta)\left[1 - (H_2O)_M \right] W_m$$

式中　C_{MC}——煤粉的固定碳含量，%；

　　　A_M——煤粉的灰分含量，%；

　　　η——煤粉燃烧率；

　$(H_2O)_M$——煤粉中含水量，%；

　　　W_m——小时喷煤量，kg/h。

12）m_a 为风口前燃烧焦炭和煤粉的灰分量（kg/min）。

$$m_a = R_{ck} A_{ck} + 0.01667 W_m \eta A_m \left[1 - (H_2O)_M \right]$$

式中　A_{ck}——焦炭的灰分含量，%；

η——煤粉燃烧率；

R_{ck}——风口前焦炭消耗速度，kg/min。

13）c_w 为未燃煤粉的比热容（kJ/(kg·℃)）。

由于未燃煤粉主要含有固定碳和灰分，比热容均为温度的函数。利用实验室技术制取未燃煤粉，其热容计算可由固定碳和灰分的比热容及相应组分运用积分法加权平均：

$$c_{pw} = \frac{\sum W_{Mi} \int_{298}^{t_f+273} (a_i + b_i T) \, dT}{t_f - 25}$$

式中　W_{Mi}——煤粉固定碳及灰分中的 SiO_2、Al_2O_3、CaO、MgO 等的含量。

14）c_a 为灰分的比热容（kJ/(kg·℃)）。

根据风口前燃烧的焦炭和煤粉的灰分含量及灰分的成分（主要为 SiO_2、Al_2O_3、CaO、MgO 等），运用积分法加权平均求得：

$$c_{pa} = \frac{\sum W_i \int_{298}^{t_f+273} (a_i + b_i T) \, dT}{t_f - 25}$$

式中　W_i——灰分中的 SiO_2、Al_2O_3、CaO、MgO 等的含量。

7.2.3　模型设计与算法实现

7.2.3.1　模型设计

以高温区热平衡为基础，根据高炉内的碳元素和氧元素平衡，作者提出新型理论燃烧温度的计算公式：

$$T_f = \{(4.18 \times 2340 + q_k) \times [(a - 0.21)V_O + (0.21 + 0.29U)V] +$$
$$0.933V(c_{pb} \times t_b - 4.18 \times 2580U) - 933(q_k + q_{cm}) \times M_O \times C_M\}/$$
$$\{0.933c_{pg}[(\alpha - 0.21)V_O + (1.21 + 0.79U)V] + 11.2 \times 933 \times$$
$$c_{pg} \times w(H_M) \times M_O\}$$

式中　q_k——每千克焦炭碳素进入风口区带入的物理热，kJ/kg；

q_{cm}——每千克碳素的煤粉的分解耗热，kJ/kg；

c_{pb}——热风温度时鼓风平均比热容，kJ/(m³·℃)；

c_{pg}——理论燃烧温度时炉缸煤气平均热容，kJ/(m³·℃)；

t_b——热风温度，℃；

U——鼓风湿度，m³/m³；

V——鼓风量，m³/h；

V_O——富氧量，m³/h；

α——氧气纯度，% ;

M_O——煤比，kg/t；

$w(H_M)$——煤粉中总的含氢量，% ;

C_M——煤粉中的含碳量，% 。

不难推出，$w(H_M) = w(H_{2M}) + w(H_{2O_M}) \times 2/18$。其中 $w(H_{2M})$ 为煤粉氢含量，$w(H_{2O_M})$ 为煤粉含水量。下面给出公式中另外几个重要参数的计算方法。

A c_{pb} 的计算

富氧鼓风后，计算鼓风中的 $w(O)$、$w(N)$ 和水蒸气的含量 $w(H_2O_b)$ 的推导过程比较简单，这里只给出结果：

$$w(O) = (1 - U) \times 0.21 + (\alpha - 0.21)V_0/V$$

$$w(N) = (1 - U) \times 0.79 + (\alpha - 0.21)V_0/V$$

$$w(H_2O_b) = U$$

则富氧鼓风后的平均比热容为：

$$c_p = \frac{4.18}{22.4} \Sigma x_i \frac{\int_{298}^{t_b+273} (a_i + b_i T + c_i T^{-2})\mathrm{d}T}{t_b - 25}$$

其中，x_i 分别为 $w(O)$、$w(N)$、$w(H_2O_b)$，a_i、b_i、c_i 见表7-9，$T = t_b + 273$。

表7-9 炼铁常用气体比热容数据

气 体	a_i	b_i	c_i	温度范围/℃
O_2	7.16	0.001	−40000	25 ~ 2700
N_2	6.66	0.00102	0	25 ~ 2200
H_2	6.52	0.00078	12000	25 ~ 2700
CO	6.79	0.00098	−11000	25 ~ 2200
H_2O_b	7.17	0.00256	8000	25 ~ 2500

B c_{pg} 的计算

由碳在风口前燃烧的化学方程：$C + 0.5O_2 = CO$，可以求出风口前燃烧 1kg 碳素所形成的炉缸煤气中：

（1）CO 的量：

$$w_{CO} = 2 \times 0.933$$

（2）N_2 的量：

$$w_{N_2} = 0.933 \times [0.79 \times (1 - U) - (\alpha - 0.21)V_0]/$$

$$[(0.21 + 0.29U)V + (\alpha - 0.21)V_0]$$

（3）H_2 的量：

H_2 的量应该包括两个部分：一部分来自鼓风中的湿分，其量为 V_bU；另一部分来自煤粉，其量为 $11.2 \times C_{bm}w(H_M)/C_M$，换成可读参数后其表达式为：

$$w_{H_2} = 0.933 \times UV/[(0.21 + 0.29U)V + (\alpha - 0.21)V_0] +$$

$$11.2 \times w(H_M)M_0$$

因此，富氧喷吹煤粉的情况下，风口前燃烧 1kg 碳素所形成的炉缸煤气量为 $w_{CO} + w_{N_2} + w_{H_2}$。

各组分体积分数为：

$$x(CO) = w_{CO}/V_g$$

$$x(N_2) = w_{N_2}/V_g$$

$$x(H_2) = w_{H_2}/V_g$$

则炉缸煤气平均比热容为：

$$c_{pg} = x_i \sum \frac{\int_{298}^{t_f+273} (a_i + b_iT + c_iT^{-2})\,dT}{t_f - 25}$$

C q_{cm} 的计算

煤粉分解后的最终产物 C、CO、H_2、N_2，完全燃烧生产 CO_2、H_2O 和 N_2 放出的热量为 q_{total}；煤粉的低位发热量（即煤粉完全燃烧生成 CO_2、H_2O 和 N_2 所放出的热量）为 q_{net}。应用盖斯定理，即可求出煤粉的分解热 q_{cm}：

$$q_{cm} = [1 - w(H_2O_M)]q_{dec} - 124.5 \times 1000w(H_2O_M)/18$$

$$= [1 - w(H_2O_M)](q_{net} - q_{total}) - 124.5 \times 1000w(H_2O_M)/18$$

理论燃烧温度是一个很好的表征高炉炉缸热状态的函数，高炉操作中应该像控制适宜生铁含硅量一样，控制适宜理论燃烧温度。

理论燃烧温度即时算法不仅是理论燃烧温度计算中的一个创新，而且它使将理论燃烧温度作为高炉日常调剂的目标参数，从而使稳定炉缸热状态成为可能。即时算法的计算充分表明了实现这一愿望的诸多供灵活选择的实现途径。

新型算法基本上包含了高炉日常操作中所有的可调参数，无需任何间接变量（如焦比、煤比、煤气成分等）。每个高炉在一定的冶炼条件下都存在一个适宜的理论燃烧温度，当某个（或某些）操作参数发生变化后，为维持目标理论燃烧温度，利用此算法可以方便地求出欲改变操作参数的调节目标量，现场使用极为方便。

7.2.3.2 冶金模型算法实现

A 氧过剩系数

氧过剩系数计算公式为:

$$E_{XO} = Q_风 O_2 \times \frac{60}{n_1} \Big/ \{1.867[MC_M\omega + M(1-\omega)C_{M1}] - [M\omega\alpha \times 22.4/3600 + M\omega f \times$$

$$22.4/3200 + M(1-\omega)\alpha_1 \times 22.4/3600 + M(1-\omega)f_1 \times 22.4/3200]/n_2\}$$

参数的意义及变量名见表 7-10。

表 7-10 氧过剩系数式中参数的意义及变量名

变 量		变量意义	单 位	注 意	程序变量名
输入变量	$Q_风$	入炉风量	$m^3 \cdot min^{-1}$	仪 表	QF
	M	喷吹煤粉量	$kg \cdot h^{-1}$	仪 表	M
	C_M	烟煤碳含量	%	手 工	CM
	C_{M1}	无烟煤碳含量	%	手 工	CM1
	ω	烟煤配比	%	手 工	YMPB
	n_1	送风风口数	个	手 工	N1
	α	烟煤中水分	%	现场提供	H2OM
	α_1	无烟煤中水分	%	现场提供	H2OM1
	f	无烟煤中氧含量	%	现场提供	OM1
	f_1	烟煤中氧含量	%	现场提供	OM
	n_2	喷吹风口数	个	手 工	N2
	O_2	鼓风含氧量	%	根据采集的富氧率计算得到	O2
	EXO	氧过剩系数			EXO
输出结果	EXO = (QF * O2 * 60/N1)/(1.867 * (M * CM * YMPB + M * (1 - YMPB) * CM1) - (M * YMPB * H2OM * 22.4/3600 + M * YMPB * OM * 22.4/3200 + M * (1 - YMPB) * H2OM1 * 22.4/3600 + M * (1 - YMPB) * OM1 * 22.4/3200)/N2)				

B 原子比

$$O/C = \frac{Q_风 O_2 \times 60/n_1}{0.933[MC_M\omega + M(1-\omega)C_{M1}]/n_2}$$

参数的意义及变量名见表 7-11。

表 7-11 原子比式中参数的意义及变量名

变量		变量意义	单位	注意	程序变量名
输入变量	$Q_风$	入炉风量	$m^3 \cdot min^{-1}$	仪表	QF
	M	喷吹煤粉量	$kg \cdot h^{-1}$	仪表	M
	C_M	烟煤碳含量	%	手工	CM
	C_{M1}	无烟煤碳含量	%	手工	CM1
	ω	烟煤配比	%	手工	YMPB
	n_1	送风风口数	个	手工	N1
	n_2	喷吹风口数	个	手工	N2
	O_2	鼓风含氧量	%	手工(是否应该根据采集的富氧率计算得到)	O2
输出结果	O/C	氧碳原子比			O/C
	O/C = (12 * QF * O2 * 60/N1)/(11.2 * (M * CM * YMPB + M * (1 − YMPB) * CM1)/N2)				

C 鼓风动能

计算公式：

$$E = \frac{RQ}{2n}\left[\frac{Q(t+273) \times 101}{fn \times 273(101+p)}\right]^2$$

式中参数的意义及变量名见表 7-12。

表 7-12 鼓风动能式中参数的意义及变量名

变量	变量意义	单位	注意	程序变量名
输入变量				
R	空气密度	$kg \cdot m^{-3}$	1.293	R
Q	入炉风量	$m^3 \cdot s^{-1}$	仪表	Q
n	工作风口数	个	手工	N
f	风口面积	m^2	手工	F
t	风温度	℃	仪表	T
p	热风压力	kPa	手工	P
输出结果				
E	鼓风动能	$J \cdot s^{-1}$		E
E = (R * Q)/(2 * N) * POW((Q * T * 273 * 1010/(F * N * 273 * (1010 + P))), 2)				

D 理论燃烧温度 t_f

$$t_f = \frac{Q_c}{V_g c_{pg}} - \frac{\dfrac{q_分}{C_m} + q_焦}{V_g c_{pg}} C_{风口}^{煤}$$

(1) Q_c:

$$Q_c = 2340 \times 4.18 + q_{焦} + V_b(c_{pb}t_b - 2580 \times 4.18\varphi)$$

式中各参数意义及变量名见表 7-13。

表 7-13　Q_c 式中各参数的意义及变量名

变　量	变量意义	单　位	注　意	程序变量名
V_b	1kg 碳素在风口区燃烧所需风量	m^3	计算得到 (2)	vb
c_{pb}	热风温度时鼓风热容	$kJ \cdot (m^3 \cdot ℃)^{-1}$	计算得到 (4)	cpb
$q_{焦}$	1kg 焦炭进入风口区带入的物理热	kJ	取常数 549×4.18	Qj
t_b	风　温	℃	现场采集	tb
φ	鼓风湿度	%	现场采集	aa
Q_c	总热收入	kJ		Qc

qc = 2340 * 4.18 + Qj + vb(cpb * tb - 2580 * 4.18 * aa)

(2) V_b:

$$V_b = \frac{0.933}{O_{2b}}$$

式中各参数意义及变量名见表 7-14。

表 7-14　V_b 式中各参数意义及变量名

变　量	变量意义	单　位	注　意	程序变量名
O_{2b}	鼓风氧含量	%	计算得到 (3)	O2b
V_b	1kg 碳素在风口区燃烧所需风量	m^3	计算得到 (2)	vb

Vb = 0.933/O2b

(3) O_{2b}:

$$O_{2b} = 0.21 - 0.21\varphi + (\alpha - 0.21)f$$

式中各参数意义及变量名见表 7-15。

表 7-15　O_{2b} 式中参数意义及变量名

变　量	变量意义	单　位	注　意	程序变量名
φ	鼓风湿度	%	从现场获得	aa
α	氧气纯度（用小数表示）	50% 计算输入为 0.5	从现场获得	a
f	$1m^3$ 鼓风中富氧量	%	从现场获得	f
O_{2b}	鼓风氧含量	%	计算得到	O2b

O2b = 0.21 - 0.21 * aa + (a - 0.21) * f

（4）c_{pb}：

$$c_{pb} = \frac{4.18}{22.4} \sum_1^3 x_i \times \frac{\int_{298}^{t_b+273} (a_i + b_i T + c_i T^2)\,\mathrm{d}T}{t_b - 25}$$

式中各参数意义及变量名见表 7-16。

表 7-16　c_{pb} 式中各参数的意义及变量名

变　量	变量意义	单　位	注　意	程序变量名
$O_{2b}(x_1)$	鼓风氧含量	%	计算得到（3）	O2B
$N_{2b}(x_2)$	鼓风氮含量	%	计算得到（7）	N2B
$\varphi(x_3)$	鼓风湿度	%	从现场获得	aa
c_{pb}	热风温度时鼓风比热容	kJ·(m³·℃)⁻¹	计算得到	cpb

CPb = 4.18/22.4/(TB − 25)(O2B * (A1 * (TB + 273 − 298) + 1/2 * B1 * (POW((TB + 273),2) − POW(298,2)) + 1/3 * C1 * (POW((TB + 273),3) − POW(298,3))) + N2B * (A2 * (TB + 273 − 298) + 1/2 * B2 * (POW((TB + 273),2) − POW(298,2)) + 1/3 * C2 * (POW((TB + 273),3) − POW(298,3))) + AA * (A3 * (TB + 273 − 298) + 1/2 * B3 * (POW((TB + 273),2) − POW(298,2)) + 1/3 * C3 * (POW((TB + 273),3) − POW(298,3))))

（5）$C_{\text{风口}}^{\text{煤}}$：

$$C_{\text{风口}}^{\text{煤}} = \frac{[M\omega C_{m1} + M(1-\omega)C_m] \times 22.4}{FO_{2b} \times 24} \times 1000$$

式中各参数意义及变量名见表 7-17。

表 7-17　$C_{\text{风口}}^{\text{煤}}$ 式中各参数意义及变量名

变　量	变量意义	单　位	注　意	程序变量名
C_m	无烟煤中固定碳含量	%	常数现场获得	Cm
O_{2b}	鼓风氧含量	%	计算得到（3）	O2b
ω	烟煤配比	%	现场提供	W
C_{m1}	烟煤中固定碳含量	%	现场提供	Cm1
M	小时喷煤量	t·h⁻¹	现场采集	M
F	小时鼓风量	m³·h⁻¹	从现场获得	F1
$C_{\text{风口}}^{\text{煤}}$	风口前燃烧碳素中煤粉所占的比例	%	计算得到	Cmf

Cmf = (M * W * Cm1 + M * (1 − W) * Cm) * 22.4 * 1000/(F1 * O2b * 24)

（6）V_g：

$$V_g = 2 \times 0.933 + V_b N_{2b} + V_b \varphi + 11.2 \times$$

$$\left[\frac{C_{\text{风口}}^{\text{煤}} \omega}{C_{m1}} \left(H_{m1} + \frac{1}{9} H_2 O_{m1} \right) + \frac{C_{\text{风口}}^{\text{煤}} (1-\omega)}{C_m} \left(H_m + \frac{1}{9} H_2 O_m \right) \right]$$

式中各参数意义及变量名见表 7-18。

表 7-18 V_g 式中各参数意义及变量名

变 量	变量意义	单 位	注 意	程序变量名
V_b	1kg 碳素在风口区燃烧所需风量	m^3	计算得到（2）	vb
N_{2b}	鼓风氮含量	%	计算得到（7）	Cmf
φ	鼓风湿度	%	从现场获得	aa
$C_{风口}^{煤}$	风口前燃烧碳素中煤粉所占的比例	%	计算得到	Cmf
ω	烟煤配比	%	现场提供	W
C_m	无烟煤中固定碳含量	%	常数现场获得	Cm
C_{ml}	烟煤中固定碳含量	%	现场提供	Cm1
H_m	无烟煤中氢含量	%	现场提供	Hm
H_{ml}	烟煤中氢含量	%	现场提供	Hm1
H_2O_{ml}	烟煤中水分	%	现场提供	H2Om1
H_2O_m	无烟煤中水分	%	现场提供	H2Om
V_g	1kg 碳素在风口区燃烧生成的炉缸煤气量	m^3	计算得到	vg

vg = 2 * 0. 933 + vb * N2b + vb * aa + 11. 2 * (Cmf * w/Cm1 * (Hm1 + H2Om1/9) + Cmf * (1 − W)/cm * (Hm + H2Om/9))

（7） N_{2b}：

$$N_{2b} = 0.79(1 - \varphi) - (\alpha - 0.21)f$$

式中各参数意义及变量名见表 7-19。

表 7-19 N_{2b} 式中各参数意义及变量名

变 量	变量意义	单 位	注 意	程序变量名
φ	鼓风湿度	%	从现场获得	aa
α	氧气纯度（用小数表示）	50% 计算输入为 0.5	从现场获得	a
f	$1m^3$ 鼓风中富氧量	%	从现场获得	f
N_{2b}		%	计算得到	N2b

N2b = 0.79 * (1 − aa) − (a − 0.21) * f

（8） c_{pg}：

$$c_{pg} = \sum_1^3 x_{1i} \times \frac{\int_{298}^{t_f + 273}(a_{1i} + b_{1i}T + c_{1i}T^2)\mathrm{d}T}{t_f - 25}$$

式中各参数意义及变量名见表 7-20。

表 7-20 c_{pg} 式中各参数意义及变量名

变量	变量意义	单位	注意	程序变量名
$x_{CO}(X_{11})$	煤气 CO 比率	%	计算得到（9）	XCO
x_{N_2}	煤气 N$_2$ 比率	%	计算得到（10）	XN2
x_{H_2}	煤气 H$_2$ 比率	%	计算得到（12）	XH2
c_{pg}	t_f 时煤气比热容	kJ·(m^3·℃)$^{-1}$	计算得到	cpg

cpg = 1/(TF−25)*(XCO*(A11*(TF+273−298)+1/2*B11*(POW((TF+273),2)−POW(298,2))+

1/3*C11*(POW((TF+273),3)−POW(298,3)))+XN2*(A12*(TF+273−298)+

1/2*B12*(POW((TF+273),2)−POW(298,2))+1/3*C12*(POW((TF+273),3)−

POW(298,3)))+XH2*(A13*(TF+273−298)+1/2*B13*(POW((TF+273),2)−

POW(298,2))+1/3*C13*(POW((TF+273),3)−POW(298,3))))

（9）x_{CO}：

$$x_{CO} = \frac{w_{CO}}{V_g}$$

式中各参数意义及变量名见表 7-21。

表 7-21 x_{CO} 式中各参数意义及变量名

变量	变量意义	单位	注意	程序变量名
w_{CO}	1kg 焦炭生成的 CO 量	m^3	2×0.933	WCO
V_g	1kg 碳素在风口区燃烧生成的炉缸煤气量	m^3	计算得到（7）	vg
x_{CO}	煤气 CO 比率	%	从现场获得	XCO

XCO = WCO/vg

（10）x_{N_2}：

$$x_{N_2} = \frac{w_{N_2}}{V_g} w_{N_2} = V_b N_{2b}$$

式中各参数意义及变量名见表 7-22。

表 7-22 x_{N_2} 式中各参数意义及变量名

变量	变量意义	单位	注意	程序变量名
V_b	1kg 碳素在风口区燃烧所需风量，	m^3	计算得到（2）	vb
N_{2b}		%	计算得到	N2b
V_g	1kg 碳素在风口区燃烧生成的炉缸煤气量	m^3	计算得到（7）	vg
x_{N_2}	煤气 N$_2$ 比率	%	计算得到	XN2

XN2 = vb * N2b/vg

（11） w_{H_2}：

$$w_{H_2} = V_b\varphi + 11.2\left[\frac{C_{\text{风口}}^{\text{煤}}\omega}{C_{m1}}\left(H_{m1} + \frac{1}{9}H_2O_{m1}\right) + \frac{C_{\text{风口}}^{\text{煤}}(1-\omega)}{C_m}\left(H_m + \frac{1}{9}H_2O_m\right)\right]$$

式中各参数意义及变量名见表7-23。

表 7-23　w_{H_2} 式中各参数意义及变量名

变　量	变　量　意　义	单　位	注　意	程序变量名
V_b	1kg 碳素在风口区燃烧所需风量	m^3	计算得到（2）	vb
φ	鼓风湿度	%	从现场获得	aa
$C_{\text{风口}}^{\text{煤}}$	风口前燃烧碳素中煤粉所占的比例	%	计算得到	Cmf
ω	烟煤配比	%	现场提供	W
C_{m1}	烟煤中固定碳含量	%	现场提供	Cm1
H_{m1}	烟煤中氢含量	%	现场提供	Hm1
H_2O_{m1}	烟煤中水分	%	现场提供	H2Om1
C_m	无烟煤中固定碳含量	%	常数现场获得	Cm
H_m	无烟煤中氢含量	%	现场提供	Hm
H_2O_m	无烟煤中水分	%	现场提供	H2Om
w_{H_2}	煤气中 H_2 含量	m^3	计算得到	WH2

WH2 = vb * aa + 11.2 * (Cmf * W/Cm1 * (Hm1 + 1/9 * H2Om1) + Cmf * (1 - W)/Cm * (Hm + 1/9 * H2Om))

（12） x_{H_2}：

$$x_{H_2} = \frac{w_{H_2}}{V_g}$$

式中各参数意义及变量名见表7-24。

表 7-24　x_{H_2} 式中各参数意义及变量名

变　量	变　量　意　义	单　位	注　意	程序变量名
w_{H_2}	煤气中 H_2 含量	m^3	计算得到（11）	WH2
V_g	1kg 碳素在风口区燃烧生成的炉缸煤气量	m^3	计算得到（6）	vg
x_{H_2}	煤气 H_2 比率	%	计算得到	XH2

XH2 = WH2/vg

E 优化模型算法

a 优化目标

在现有高炉生产条件下，保持理论燃烧温度在规定的范围（$T_{f\min} \leqslant T_{f0} \leqslant T_{f\max}$），给定煤价格 P_1 和焦炭价格 P_2 及综合焦比 T_C 的约束，保持理论燃烧温度在一定的范围，得到使吨铁燃料成本最低时的喷煤量 C_1、焦比 C_2、置换比 α、吨铁燃料成本 cost 及理论燃烧温度 T_{f0}。

b 模型条件

模型条件为：

（1） $T_{f\min} \leqslant T_{f0} = F(C_1, C_2) \leqslant T_{f\max}$；

（2） $C_1\alpha + C_2 = TC$。

目标：

$$\min(\text{cost}) = \min(P_1 C_1 + P_2 C_2)$$

其中，$F(\ )$ 为炉热指数计算函数，涉及的别的变量为高炉的测量值。

模型优化采用基于理论燃烧温度约束的喷煤量递增全局搜索比较法，得到最小吨铁燃料成本最低时的喷煤量 C_1，同时也可以得到焦比 C_2、置换比 α、吨铁燃料成本 cost 及理论燃烧温度 T_{f0}。

c 模型输入参数

（1）氧过剩系数：1）入炉风量（m^3/min）；2）喷吹煤粉量（kg/h）；3）烟煤碳含量（%）；4）无烟煤碳含量（%）；5）烟煤配比（%）；6）送风风口数（个）；7）烟煤中水分（%）；8）无烟煤中水分（%）；9）无烟煤中氢含量（%）；10）烟煤中氢含量（%）；11）喷吹风口数（个）；12）鼓风含氧量（%）。

（2）鼓风动能：1）入炉风量（m^3/s）；2）工作风口数（个）；3）风口面积（m^2）；4）热风温度（℃）；5）热风压力（kPa）；6）空气密度（取值为1.293kg/m^3）；7）重力加速度（取值为9.81m/s^2）。

（3）理论燃烧温度：1）热风温度（℃）；2）鼓风湿度（g/m^3）；3）小时喷煤量（kg/h）；4）小时鼓风量（m^3/h）；5）富氧量（%）；6）氧气纯度（%）；7）喷吹煤粉风口数（个）；8）工作风口数（个）；9）烟煤配比（%）；10）烟煤中固定碳含量（%）；11）无烟煤中固定碳含量（%）；12）烟煤中氢含量（%）；13）无烟煤中氢含量（%）；14）烟煤中水分（%）；15）无烟煤中水分（%）；16）1kg煤粉的分解耗热（常数240×4.18kJ/kg）；17）1kg焦炭进入风口区带入的物理热（常数549×4.18kJ/kg）。

（4）O/C 原子比：1）入炉风量（m^3/min）；2）喷吹煤粉量（kg/h）；3）烟煤碳含量（%）；4）无烟煤碳含量（%）；5）烟煤配比（%）；6）送风

风口数（个）；7）喷吹风口数（个）；8）鼓风含氧量（%）。

　　d　开发和运行环境

（1）软件。

操作系统：Windows 200x，Windows XP

开发工具：VS. Net

数据库：Access（离线系统），SqlServer2000 或 Oracle9i（在线系统）

需要预装的应用软件：Office 2000（以上）中的 Excel

（2）硬件。

计算机配置：

1）（离线系统）推荐 P4-1.6G，256M 内存配置以上；

2）（在线系统）推荐 P4-2.0G，512M 内存，32M 独立显卡配置以上。

7.2.4　软件计算结果与分析

7.2.4.1　软件界面

软件操作界面及计算界面如图 7-17 和图 7-18 所示。

图 7-17　软件操作界面

7.2.4.2　计算结果分析

软件计算结果分析如下：

（1）热风温度对理论燃烧温度的影响。图 7-19 所示为热风温度对理论燃烧

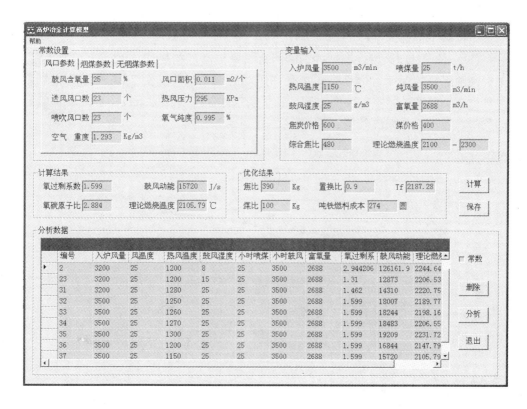

图 7-18 软件计算界面

温度的影响。由图可知，在 180kg/t 喷煤量的条件下，风温每提高 1℃，理论燃烧温度提高 0.83℃。

（2）喷煤量对理论燃烧温度的影响。图 7-20 所示为 1200℃、1250℃、1280℃条件下煤比对理论燃烧温度的影响。由图可知，在其他操作条件不变的情

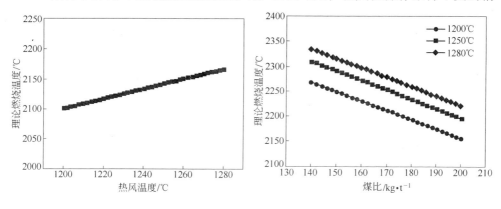

图 7-19　热风温度对理论燃烧温度的影响　　　图 7-20　煤比对理论燃烧温度的影响

况下，随着煤比的增加，理论燃烧温度降低。由此可见，煤比的提高为高炉接受高风温创造了良好的条件。

（3）富氧对理论燃烧温度的影响。富氧是提高煤粉燃烧率的一个重要手段，是提高喷煤量的保障，也是高炉接受高风温的重要保障。图 7-21 所示为富氧量对理论燃烧温度的影响。由图可知，在其余条件保持不变的条件下，随着富氧量的提高，理论燃烧温度升高。

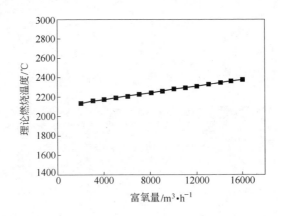

图 7-21　富氧量对理论燃烧温度的影响

7.2.5　风口循环区燃烧温度监测装置的开发

高炉是一个在高温、高压条件下冶炼生铁的密闭逆流反应器。对高炉工作者来说，目前高炉仍然是一个黑匣子。高炉工长通过常规的温度、压力、流量和煤气成分等检测结果来判断炉况、操作高炉，但影响高炉冶炼过程的因素错综复杂，这种间接和经验的判断往往会出现偏差和延误，影响高炉稳定顺行。

近年来，炉顶十字测温装置、红外热图像仪、煤气取样机、微波料面计等测量仪表先后在高炉上应用，对高炉工长准确判断炉况提供了更多信息，使高炉操作水平有了较大的进步，高炉可视化的作用日趋明显。

7.2.5.1　风口监测系统原理与分类

A　红外热像仪工作原理与分类

红外线热成像的原理与可见光成像相同，只不过红外热像显示的是目标物表面红外线能密的分布情况。物体表面红外线能密的分布反映温度的分布，物体辐射的红外线在红外热成像设备的探测器靶面上形成红外图像，探测器把接收的辐射信号转换成电信号，再通过各种电路获得反映物体表面温度分布的图像，这就是红外热成像的原理。由于大气窗口的存在，一般红外热成像系统都工作在中远红外波段。

目前，有以下几种红外设备可供选择：

（1）点温仪。这是一种不带扫描装置的红外辐射温度计，可以快速遥测物体表面某一点的温度值。它一般只有一个感应元件，接收物体表面一小块面积的热辐射，它的输出是这一小块面积温度的平均值。这种设备的特点是响应速度快、灵敏度较高、使用维护方便、价格低廉。但它是一种点成像装置，不适于大面积物体的热成像，虽可通过一定的方法（如分时成像）获得完整的图像，其精确性与可信度将下降。

（2）制冷型红外热成像系统。制冷型红外热成像系统有第一代扫描型和第二代焦平面阵列型之分。第一代系统主要由红外探测器、光机扫描器、信息处理器和视频显示器组成，以采用线阵或条形器件、用光机扫描方式覆盖视场为特点。温度分辨率小于 0.1℃。第二代系统的核心是位于光学系统焦平面的红外焦平面阵列探测器，它耦集成电路方法使成千上万的光敏元以平面阵列型装在同一块芯片上并耦互联技术与在同一器件中的信号处理电路相连。系统以非扫描凝视方式瞬时获取全视场的热图像，响应度、分辨率更高。在红外线中短波范围现已有 512×512 的摄像机。就图像的清晰度、空间的分辨率、温度分辨率及响应度等方面来说，红外热像仪是很理想的图像获取设备。但第一代、第二代热像仪都需要液氮制冷以提高精度，能耗高、技术难度大，对工作环境要求较高，维护困难开销大，且价格很高，从十几万到几十万元不等。

（3）非制冷型红外热成像系统。非制冷型红外热成像系统采用热释电探测物体的热辐射，通过光热电和电光转换成像。所谓热释电是指某些铁电材料在吸收红外辐射后，温度升高，表面电荷发生变化的现象。探测器表面电荷变化反映了目标物体表面的温度场。探测器有两种：一种用硫酸三甘肽等材料制成热释电摄像管，温度分辨率小于 0.2℃；另一种是采用多元焦平面阵列的热电探测器与固体多路电子传输器件组成的混合结构，其影响度与分辨率已达到制冷型第一代红外热像系统的水平。与制冷型红外成像系统相比，这类系统无需液氮制冷。电子束扫描靶面成像维护方便，价格也便宜，对运行环境要求不高，相对来说灵敏度低、响应速度慢，但仍可满足本研究的要求。

红外热像仪最早是因为军事目的而得以开发，近年来迅速向民用工业领域扩展。自 20 世纪 70 年代，欧美一些发达国家先后开始使用红外热像仪在各个领域进行探索。红外热像仪应用的范围随着人们对其认识的加深而愈来愈广泛：用红外热像仪可以十分快捷地探测电气设备的不良接触，以及过热的机械部件，以免引起严重短路和火灾。对于所有可以直接看见的设备，红外热成像产品都能够确定所有连接点的热隐患。对于那些由于屏蔽而无法直接看到的部分，则可以根据其热量传导到外面部件上的情况，来发现其热隐患，这种情况对传统的方法来说，除了解体检查和清洁接头外，是没有其他的办法。断路器、导体、母线及其他部件的运行测试，红外热成像产品是无法取代的。然而红外热成像产品可以很容易地探测到回路过载或三相负载的不平衡。

在红外热像预知维护领域，采用红外热像仪对所有电气设备、配电系统，包括高压接触器、熔断器盘、主电源断路器盘、接触器以及所有的配电线、电动机、变压器等，进行红外热成像检查，以保证所有运行的电气设备不存在潜伏性的热隐患，有效防止火灾、停机等事故发生。下面是需要进行红外热成像产品检查的部分设施：

1）各种电气装置。可发现接头松动或接触不良、不平衡负荷、过载、过热等隐患。这些隐患可能造成的潜在影响是产生电弧、短路、烧毁、起火。

2）变压器。可以发现的隐患有接头松动，套管过热，接触不良（抽头变换器），过载，三相负载不平衡，冷却管堵塞不畅。其影响为产生电弧、短路、烧毁、起火。

3）电动机、发电机。可以发现的隐患是轴承温度过高，不平衡负载，绕组短路或开路、炭刷、滑环和集流环发热，过载过热，冷却管路堵塞。其影响为有问题的轴承可以引起铁芯或绕组线圈的损坏；有毛病的炭刷可以损坏滑环和集流环，进而损坏绕组线圈，还可能引起驱动目标的损坏。

4）电气设备维修检查、屋顶查漏、节能检测、环保检查、安全防盗、森林防火、无损探伤、质量控制，医疗检查等也很有效益。

红外热成像在科研领域主要应用包括：汽车研究发展-射出成型、模温控制、刹车盘、引擎活塞、电子电路设计、烤漆；电机、电子业-印刷电路板热分布设计、产品可靠性测试、电子零组件温度测试、笔记本电脑散热测试、微小零组件测试；引擎燃烧试验风洞实验；目标物特征分析；复合材料检测；建筑物隔热、受潮检测；热传导研究；动植物生态研究；模具铸造温度测量；金属熔焊研究；地表/海洋热分布研究等。

红外热成像仪已广泛应用于安全防范系统中，并成为安全监控系统中的明星。由于具有隐蔽探测功能，不需要可见光，可以使犯罪分子不知其工作地点和存在，进而产生错误判断，导致犯罪行为被发现。在某些重要单位，如重要的行政中心、银行金库、机要室、档案室、军事要地、监狱等，用红外热成像仪 24h 监控，并随时对背景资料进行分析，一旦发现变化，可以及时发出警报，并可以通过智能设备的处理，对有关情况进行自动处理，并随时将情况上报，取得进一步的处理意见。

B 风口摄像仪技术原理与成像方法

热辐射光谱能量分布理论中有一个重要的斯忒藩-玻耳兹曼定律：$W = \sigma T^4$，即黑体辐射的总能量与它的绝对温度的四次方成正比。其中，W 为辐射通量密度，σ 为斯忒藩-玻耳兹曼常数。当温度发生微小变化时，可引起辐射通量密度的很大变化，通过测量被测物体的辐射能量可以高精度测出它的温度。风口摄像仪利用了先进的 CCD（光电耦合）技术，通过红外线传感器把接收到的发热体表面各点辐射的红外辐射能量以扫描图像形式转换为电信号，经计算机处理后，以伪彩色热像图的形式反映其温度分布。

高炉风口摄像仪一般选用 JRD 近红外高温热电视系统，应用的波长范围为 $0.8 \sim 1.2 \mu m$，测温范围为 $600 \sim 2200 ℃$。应用此设备进行风口红外成像测试非常简便，只需吹扫视孔并换一干净玻璃片即可，不需特殊的窗口和玻璃。测得的热原像由磁记录仪以 25 帧/s 的速度连续记录，以备分析，其特点是信息量大且直观，在处理中可将视场每一点（共 200×256 点）的温度读出。由于采用电视制式，扫描速度快，每秒可获得 25 幅热像图。图像的处理可用便携计算机在现场进行或在实验室的台式机上进行。图像处理功能主要有图像滤波、增强、剪裁、放大、等温区分析、区域分析、直方图、立体分布图等，通过这些功能，可以实现对风口回旋区热像图的多种分析。

7.2.5.2　风口摄像仪在高炉上的应用

A　风口的动态图像

了解风口回旋区的工作状态，对高炉稳定、顺行和强化有重要的意义。过去高炉操作人员对高炉风口的观测只能用肉眼做短暂的观测，不能记录图像资料。利用高炉风口监测系统可以得到风口在各种工作状况时的动态图像，高炉操作人员在控制室的图像监视器上就可以对风口的工作状况进行连续在线观测，了解风口内炉料的运动状态、风口的喷煤状态等。另外，利用监测系统还可以从高炉风口观测到异常炉况，使高炉操作人员及时发现事故并调整操作参数。

在高炉生产正常时，风口回旋区内焦炭活跃、风口明亮，整个回旋内热量充沛，此时高炉稳定、顺行，如图 7-22 所示。

在炉况波动时，高炉操作人员能通过该监测系统清晰地观测到有冷料从风口上方不断下落的现象，如图 7-23 所示。

图 7-22　风口活跃　　　　　　　　　　　　图 7-23　风口冷料下落

在高炉出现异常炉况时，在风口处往往表现为风口发暗（见图 7-24）、风口前焦炭不活跃、炉料呆滞。

通过风口检测系统还可以观测到在风口前端边缘粘渣等现象，使高炉操作人员能够及时发现和处置。

在炉况失常时，炉料难行，风口前堆积大量的冷料，有时会将风口堵塞，如图 7-25 所示。

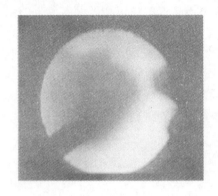 

图 7-24　风口发暗　　　　　　　　　图 7-25　风口堵塞

高炉喷吹煤粉可以降低焦炭的消耗量，改善炉缸的工作状况。通过风口监测系统高炉操作人员可以实时在线观测到风口喷煤的状况，使高炉操作者随时监视调整喷煤操作，及时发现停喷和风口磨损漏水等事故。图 7-26 所示为风口煤粉正常喷吹和停吹时的图像。

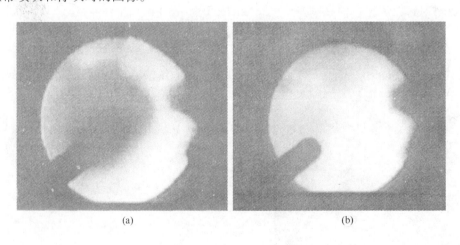

(a)　　　　　　　　　　　　　　(b)

图 7-26　风口煤粉正常喷吹（a）和停吹（b）图像

B　温度变化趋势分析

高炉的热状态直接影响高炉的稳定和顺行。在高炉生产过程中，操作人员时刻都在关注高炉的热状态。通过对风口图像灰度定量的分析，以热辐射定律为基础将灰度值转化，可得到图像上各点的相对温度值，求出平均温度值并用温度趋势图（见图 7-27）表示风口前温度的变化，定量地描述风口的温度及其变化，使高炉操作者更好地了解风口的工作状况。

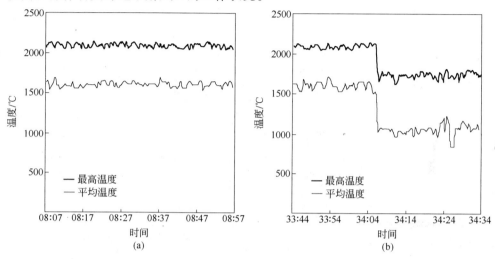

图 7-27　风口温度趋势图
（a）风口正常温度变化趋势曲线；（b）风口温度降低变化曲线

C　风口温度分布——伪彩图

通过对风口图像灰度进行定量分析，以热辐射定律为基础将灰度值转化得到图像上各点的相对温度值，使用不同的颜色表示不同温度的伪彩处理方法，将风口图像变换为伪彩图，形象地将风口温度场表示出来，使高炉操作者可以直接地了解风口温度的分布情况。图 7-28 所示为摄像仪所得的风口伪彩图。

D　喷煤量变化分析

为了更清晰地表述风口喷煤的状况，通过对风口图像进行二值化处理，对喷煤流股的面积进行定量分析，以描述相对喷煤量；用相对喷煤量的趋势图表示出高炉风口喷煤

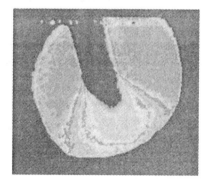

图 7-28　摄像仪所得的风口伪彩图

状况的变化，使高炉操作者可以随时了解风口的喷煤状况。

风口监测系统利用喷煤流股投影面积来表征风口的相对喷煤量。通过风口相对喷煤量的趋势图，可以判断该风口喷枪喷煤的平稳性。对不同风口同时进行监测和比较，可以评价高炉喷煤的均匀程度。

7.2.5.3 风口成像监测系统

在安装风口成像监测系统之前，2号高炉风口内喷枪安装位置和喷煤状况主要是通过人工到现场用风眼镜观察。这种方法不连续，不同操作者观测结果差异较大。为了提高高炉炼铁的数字化水平，提高操作精度，在2号高炉上安装了风口成像监测系统，如图7-29所示。安装风口成像监测系统以后，能对风口工作状态进行连续监测，避免了人工看风口的间断性。

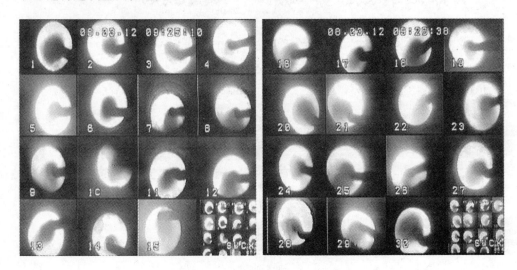

图7-29 2号高炉风口成像监测系统

通过风口实时监测，煤水岗位可以清晰地观测到喷枪前煤股状态，可以及时发现异常，调整煤枪角度，确保煤股不会磨风口。可以及时发现风口是否有结焦现象，从而调整煤枪角度和插入深度，使风口处于一个良好的工作状态。

高炉炉内工长通过风口成像监测可以观察风口工作状态，判断炉缸活跃程度、炉温的走势、渣壳脱落和煤气分布情况。在停风过程中，实时监测风口状态，当风口有灌渣危险时，工长可以迅速采取措施进行处理，保证顺利停风。

7.2.6 小结

通过模型计算了喷煤量、富氧率对理论燃烧温度的影响，对高炉高风温下理论燃烧温度的掌控有较好的指导作用。

2号高炉自2009年7月至9月将风温从1230℃提高到1280℃，为了适应高风温进行参数调整：鼓风富氧率调整至4%，喷煤量调整至172kg/t。

在高风温、高富氧、大喷煤的条件下，理论燃烧温度的合理控制范围为2050~2150℃。通过风口成像监测技术监测风口前温度的变化，搞好均匀喷吹和炉温稳定，避免了事故，使高炉在高风温条件下长期保持稳定运行。

7.3 高风温条件下高炉操作技术

7.3.1 高风温条件下风口初始煤气量的变化研究

7.3.1.1 风口前煤气的生成

风口前端为近似球形的焦炭循环区，称作燃烧带。入炉的焦炭一部分以固体状态直接参加对矿石的还原，大部分在这里燃烧生成 CO。

燃烧反应的机理一般认为分两步进行：

$$C + O_2 === CO_2 \qquad + 400660 kJ/mol$$

$$CO_2 + C === 2CO \qquad - 165686 kJ/mol$$

$$2C + O_2 === 2CO \qquad + 29497 kJ/mol$$

风口前碳素的燃烧只能是不完全燃烧，生成 CO 并放出热量。由于鼓风中总含有一定的水蒸气，灼热的碳与 H_2O 发生下列反应：

$$C + H_2O === CO + H_2 \qquad - 124390 kJ/mol$$

实际生产条件下，风口前碳素燃烧的最终产物由 CO、H_2、N_2 组成。

块状带内矿石的直接还原要通过气相进行反应，其反应过程如下：

$$FeO + CO === Fe + CO_2 \qquad + 13180 kJ/mol$$

$$CO_2 + C === 2CO \qquad - 16586 kJ/mol$$

$$FeO + C === Fe + CO \qquad - 152506 kJ/mol$$

直接还原一般在大于 1100℃ 的区域进行，800 ~ 1100℃ 区域为直接还原与间接还原同时存在区，低于 800℃ 的区域为间接还原区。

在高炉冶炼过程中，参加直接还原的单位碳素与风口前燃烧的单位碳素产生的煤气量相比会减少，进入生铁渗碳的碳素不产生煤气。由于这两个因素影响的结果，使单位燃料在高炉内产生的煤气量有所差异。

7.3.1.2 风温对煤气产生量的影响

众所周知，提高风温能够降低焦比。这是因为风温带入的物理热减少了作为发热剂所消耗的焦炭，因而可使焦比降低；风温提高后，焦比降低，使单位生铁生成的煤气量减少，炉顶煤气温度降低，煤气带走的热量减少，因而可使焦比进一步降低。

对于 100℃ 风温能够降低多少焦比，各厂都有自己的经验数据。一般认为，每提高 100℃ 风温约降低焦比 3% ~ 7%。风温水平不同，提高风温的节焦效果也不相同。风温愈低，降低焦比的效果愈显著；相反，风温水平愈高，增加相同的风温所节约的焦炭减少。

7.3.1.3 生成煤气量的计算

在炼铁过程中，影响高炉煤气发生量的因素还有很多。

焦炭中的固定碳及挥发分中的含碳物质以及氢、有机氮的含量变化，都影响每千克焦炭发生的干煤气量。鼓风湿度的增加会使鼓风含氧量增加，每吨生铁需要的鼓风量减少。当风口前燃烧的碳量增加时一般即吨铁燃料比大时，鼓风湿度的增加对吨铁鼓风需要量的影响也随之加大。鼓风富氧后，每吨生铁需要的鼓风量减少。当风口前燃烧的碳量增加时，鼓风富氧对吨铁鼓风减少量的影响就大，使吨铁煤气发生量减少。

硅、锰等的直接还原对煤气发生量的影响与铁直接还原的影响途径是相同的，生铁硅含量上升 1%，其直接还原耗碳为 $10 \times 24/28 = 8.57$ kg；生铁锰含量上升 1%，其直接还原耗碳为 2.18kg。这样吨铁产生的煤气量就将分别减少 29m³ 及 7.4m³。

碎铁加入量的增加，使需要的矿石量减少，因而使铁、硅、锰直接还原耗碳减少，同时碎铁带来的碳使生铁中溶解所需的碳量减少。这两个因素都使煤气生成量增加。

生铁碳含量每减少 1%，则风口前燃烧的碳可增加 10kg，按碳量增加 85kg 而煤气量增加 452.1m³ 比例进行计算，可使吨铁煤气发生量增加 53.1m³。

加入高炉的石灰石分解出来的 CO_2 进入煤气，会使煤气发生量增加。

每千克煤粉产生的高炉煤气量与煤粉中固定碳和挥发分的含量及挥发分的成分有关。计算时可按煤粉中灰分的含量和煤的品种进行计算。

综合上述影响因素，得出煤气发生量计算的经验公式如下：

$$Q = [G + 0.532(C_{焦} - 85)C_{kr} + M \times C_{or} + 5.9O_r] \times (1.015 - 0.9f\%) \times$$
$$[1 - 3(O_2\% - 21\%)] + 66.1(0.5 - r_d) + 29(1.0 - Si) + 7.4(0.5 -$$
$$Mn) + 0.55(Fe_{碎} - 40) + 0.21(N - 30) + 53.1(4.0 - C_{Fe})$$

式中　Q——煤气发生量；

　　　G——每千克焦炭的煤气发生量；

　　　$C_{焦}$——焦炭中碳含量；

　　　C_{kr}——焦比；

　　　M——每千克煤粉的煤气发生量；

　　　C_{or}——煤比；

　　　f——鼓风中水分；

　　　O_2——富氧后鼓风中含氧量；

　　　r_d——铁的直接还原度；

　　　Si——生铁硅含量；

　　　Mn——生铁锰含量；

　　　$Fe_{碎}$——碎铁加入量；

　　　N——石灰石加入量；

　　　C_{Fe}——生铁碳含量。

7.3.2 高风温条件下提高喷煤量

7.3.2.1 喷吹煤粉与高风温的关系

风温升高理论燃烧温度上升，增加喷煤量则可以降低理论燃烧温度。因此，提高喷煤量是高炉接受高风温的有效措施之一，包括合理喷吹煤种的选择、煤粉燃烧性研究、提高煤粉置换比研究等。

由于风温升高带入的热量导致风口前理论燃烧温度提高。风口前理论燃烧温度是判断炉缸温度和炉缸工作情况的一个重要参数，它对适宜的喷煤比和富氧率的选择、炉缸的活跃程度、炉缸温度正常与否起着决定性作用。风口前理论燃烧温度长期低于下限水平，炉缸温度低、炉缸热储备明显不足、渣铁流动性和炉渣脱硫能力变差，易发生炉凉和崩塌料现象；长期超过上限水平，炉缸温度过高，炉渣中的液态 SiO_2 被炽热的碳直接还原：$SiO_2 + C = SiO + CO$，$SiO + C = Si + CO$，炉缸初始煤气流过盛、煤气体积膨胀，导致压差升高，而且由于气化的 SiO 在随煤气流上升过程中到达中温区时冷凝，恶化了软熔带透气性，而且炉缸温度过高极易导致高炉炉热难行或者悬料。

因此，随时掌握和调整高炉风口前理论燃烧温度使其保持在合理范围内，对于高炉操作者来说至关重要。

高炉喷煤时，因喷吹的煤粉以常温态进入高炉，在风口区需加热和裂解，消耗部分热量，致使理论燃烧温度降低，炉缸热量不足，火焰温度下降，影响炉缸热交换。为保持原有的炉缸热状态，需要热补偿，提高风温是热补偿的有效措施之一。

喷煤时应补偿的风温可根据下式计算：

$$t = \frac{Q_{分} + Q_{1500}}{V_{风}\, c_p^{风}}$$

式中　t——喷吹煤粉时补偿的风温，℃；

　　$Q_{分}$——喷吹煤粉的分解热，kJ/kg；

　　$V_{风}$——风量，$m^3/t_{铁}$；

　　$c_p^{风}$——热风的比热容，kJ/($m^3 \cdot$ ℃)。

高炉的热补偿能力主要来自风温，提高风温可以在高煤比情况下维持合理的理论燃烧温度。提高风温是提高煤粉燃烧率和高炉炉缸温度的主要措施。未燃煤粉量过多，其消极作用必然给高炉操作带来困难，煤气利用率也会下降。煤粉燃烧动力学研究结果表明：尽管在高炉风口区，对于提高煤粉燃烧率而言，提高风温可以促进煤粉燃烧前的预热、脱气、热分解等反应。风温升高，还可促进煤粉的燃烧，每提高 100℃ 风温，可提高燃烧率 3.5% 左右。

喷吹燃料需要有高风温相配合。高风温依赖于喷吹，因为喷吹能降低由于使用高风温而引起的风口前理论燃烧温度的提高，从而减少煤气量，有利于顺行，喷吹量越大，越利于更高风温的使用；喷吹燃料需要高风温，因为高风温能为喷吹燃料后风口前理论燃烧温度的降低提供热补偿，风温越高，补偿热越多，越有利于喷吹量的增大和喷吹效果的发挥，从而有利于焦比的降低。高风温和喷吹燃料的合力所产生的节焦、顺行作用更显著。

7.3.2.2 合理喷吹煤种的选择

A 喷吹煤粉的选择原则

综合考虑本次对煤粉性能的测定，制定选煤原则如下：

(1) 良好的燃烧性能。煤粉的燃烧性能好坏直接决定着高炉喷吹煤粉量的高低。选用燃烧性能好的煤粉，使煤粉在风口循环区这个有限空间和有限时间内尽可能快地燃烧，减少高炉内未燃煤粉的数量，降低未燃煤粉对高炉料柱阻损的影响，从而提高高炉煤粉喷吹量。

(2) 良好的反应性。高炉喷煤所产生的未燃煤粉除一部分随高炉煤气排出外，其余部分滞留在高炉炉体内参与高炉内的渗碳反应和碳的气化反应，为使尽量多的未燃煤粉参与上述反应，保护高炉内宝贵的焦炭，要求未燃煤粉有良好的反应性。

(3) 良好的可磨性。煤粉可磨性的好坏和制粉过程的成本息息相关。煤粉的可磨性好，可以降低磨煤机电耗，节省成本。同时，还可以提高磨煤机的制粉效率，提高高炉喷煤量。

(4) 低爆炸性。煤粉爆炸性强弱一般用火焰返回长度来表示，火焰返回长度大于 400mm 为强爆炸性煤粉。为保证高炉喷吹的安全性，一般要求喷吹混合煤粉的挥发分含量低于 25%。

(5) 低灰分。煤粉中的灰分一般为酸性物质，如 SiO_2、Al_2O_3 等。煤粉灰分含量高，带入高炉内的酸性物质增加，需要在高炉内加入的碱性熔剂也多，从而造成高炉焦比升高，产量降低。所以，要求高炉喷吹煤粉的灰分含量越低越好，最好低于焦炭灰分，一般要求小于 12%。

(6) 低硫含量。铁水中的硫含量是衡量铁水质量的一个重要指标，一般要求小于 0.8%。高炉铁水中大约 80% 左右的硫来源于高炉用燃料。为降低铁水中的硫，提高炉渣的脱硫效率，需要提高炉渣碱度和炉渣温度，这些额外措施将使高炉焦比升高，降低高炉产量。因此需要喷吹煤粉中的硫含量低。

(7) 较高的灰熔点。高炉喷吹煤粉的灰熔点希望高一些，最好达到 1400℃以上。因为煤粉灰熔点太低，容易导致喷吹煤粉在风口或喷枪前结渣，引起生产事故；同时，低灰熔点灰分容易包裹在未燃尽的煤粉颗粒周围，阻碍氧分子进入煤粉颗粒内部，传质不畅，导致煤粉颗粒不完全燃烧，从而降低煤粉燃烧率。

(8) 较低的黏结性。高炉喷吹用煤一般要求为非黏结性或弱黏结性煤，以避免煤粉喷吹过程中产生结焦，堵塞喷枪和风口等现象，影响高炉正常生产。

（9）良好的流动性。煤粉的流动性能和煤粉的矿物组成、微观结构以及煤粉中的灰分、水分含量相关。流动性好的煤粉可以提高气体的输送能力，减小输送过程中煤粉对输送管道的磨损，高炉喷吹煤粉宜选用输送性能良好的煤粉。

随着煤比的提高，须高度重视喷吹煤粉的质量。喷吹量加大，要求在风口前燃烧的煤粉尽可能地多，对煤粉的灰分含量必须控制到与焦炭灰分含量相同或相近，以确保较高的煤焦置换比，在加大喷煤量时不会增加或显著增加燃料比。从煤粉燃烧效果考虑，在保证安全的基础上，应适当提高混煤的挥发分比例。

B 喷吹煤种的选择

无烟煤喷吹不利于提高煤粉燃烧率。高炉内未燃煤粉的数量增加，未燃煤粉的活性降低，当未燃煤粉的数量超过了高炉可以接受的范围，就会给高炉透气性带来十分不利的影响，从而限制高炉喷煤量的提高。烟煤的燃烧性能比无烟煤的燃烧性能好，并且煤的挥发分越高，其燃烧性能越好。

随着煤比的提高，要保证高炉在高煤比情况下的顺行，就必须降低煤气密度以及煤气流速。降低煤气密度最有效的方法是增加煤气中的氢含量，即提高烟煤配比，提高煤粉的挥发分。根据风口取焦风口焦透液性情况，对 2 号高炉的煤粉配比进行调整，逐步加大了烟煤的比例，采用潞安＋神华＋阳泉的配煤方案。提高神华煤比例后，喷吹煤平均灰分由 10.81% 下降至 10.71%，下降了 0.1%，挥发分由 17.31% 升高至 18.91%，提高了 1.6%。生产技术人员密切关注煤粉燃烧率的变化情况，加强了对高炉除尘灰含碳量和和除尘灰量的监测。以上两项指标在试验期间与实验前相比均没有出现大的波动，说明煤粉燃烧率基本保持不变，喷入炉内的煤粉得到了充分利用。

2008 年 9～10 月进行了优化配煤及提高煤粉喷吹量的研究，结果见表 7-25 及图 7-30。由表 7-25 及图 7-30 可见，试验期煤粉灰分有所降低，挥发分逐步升高，因为试验期间灰分较低的神华煤比例从 20% 逐步提高至 30%。

表 7-25 喷吹煤粉试验前后质量变化 （%）

时 间	灰 分	挥 发 分	硫
9 月 1 日～9 月 19 日（试验前）	10.81	17.31	0.47
9 月 20 日～10 月 31 日（试验后）	10.71	18.91	0.46
对 比	0.10	1.60	−0.01

7.3.2.3 煤粉燃烧性研究

煤粉的燃烧性是通过燃烧率来体现的，煤粉的燃烧率即指煤粉在高炉风口前完成燃烧的程度。进行煤粉燃烧性测定实验的条件是：煤样重 300g，其中粒级小

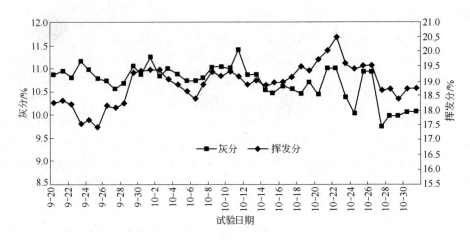

图 7-30　试验期间煤粉灰分、挥发分变化

于 0.074mm（200 目）的粉煤占 70%，小于 0.074~0.175mm（80~200 目）的占 30%。测试条件：热风温度 735℃，喷吹前燃烧炉温度 1050℃，相当煤比（首钢 3 号高炉）80kg/t，冷风风压 0.2MPa，喷吹风量 1.5m³/h，冷风风量 45.5m³/h。

表 7-26 是测得的单种煤燃烧率。表 7-27 是相应混煤的实测燃烧率与计算结果的对比。单种煤粉燃烧率对比如图 7-31 所示。由结果可知，单种煤粉中神华煤的燃烧率最高，为 83.5%；阳泉煤的燃烧率最低，只有 45.44%。

表 7-26　单种煤燃烧率　　　　　　　　　　（%）

煤　种	燃　烧　率	煤　种	燃　烧　率
潞安煤	70.09	阳泉煤	45.44
鹤壁煤	74.04	神华煤	83.50

表 7-27　混煤燃烧率　　　　　　　　　　（%）

混 煤 煤 种	燃烧率实测	燃烧率计算（加权平均）	相对误差
20% 神华 + 80% 阳泉	54.24	53.05	0.59
50% 神华 + 50% 阳泉	71.41	64.47	3.47
20% 神华 + 80% 潞安	70.93	72.77	0.92
50% 神华 + 50% 潞安	73.41	76.80	1.69
20% 神华 + 80% 鹤壁	68.60	75.93	3.67
50% 神华 + 50% 鹤壁	72.24	78.77	3.27
潞安 20%、神华 20%、阳泉 60%	55.72	57.98	1.13
潞安 25%、神华 25%、阳泉 50%	61.00	61.12	0.06

续表 7-27

混 煤 煤 种	燃烧率实测	燃烧率计算（加权平均）	相对误差
潞安 30%、神华 20%、阳泉 50%	58.02	60.45	1.21
潞安 1/3、神华 1/3、阳泉 1/3	73.94	66.28	3.83
鹤壁 20%、神华 20%、阳泉 60%	65.21	58.77	3.22
鹤壁 25%、神华 25%、阳泉 50%	67.37	61.12	3.13
鹤壁 30%、神华 20%、阳泉 50%	63.15	61.63	0.76
鹤壁 1/3、神华 1/3、阳泉 1/3	69.54	67.59	0.97
潞安 25%、神华 50%、阳泉 25%	69.32	70.63	0.66
鹤壁 25%、神华 50%、阳泉 25%	66.44	71.62	2.59

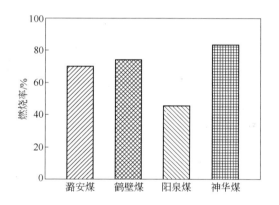

图 7-31 单种煤粉燃烧率对比

根据表 7-27 的结果对比可知，实际混煤的燃烧性与加权计算值偏差较小，绝大部分偏差在 5% 以内。所以，混煤燃烧性可以采用加权平均的计算方法来获得，综合考虑煤粉的喷吹成本和置换比等因素，不同燃烧率的单种煤粉进行混合配煤，进而得到理想的燃烧效果。

7.3.2.4 提高煤焦置换比研究

A 影响煤焦置换比的因素

影响煤焦置换比的主要因素有煤粉的质量、煤粉的燃烧性和气化程度、未燃煤粉量、风温、富氧率等：（1）喷吹煤粉中的碳和氢可代替焦炭中的碳，含碳、氢高的煤焦置换比高；煤中灰分低，置换比高。（2）煤粉在风口前燃烧充分，气化程度好，置换比高；如煤粉在风口区气化产生大量烟碳，则影响喷吹效果，置换比降低。（3）在风口循环区内燃烧率高，减少未燃尽的煤粉进入炉内，有利于提高煤焦置换比。（4）进入炉内的未燃煤粉分布合理，在炉内得到充分利用，煤焦置换比就高。（5）鼓风参数，如风温、富氧率、炉顶压力也会在一定程度上影响煤焦置换比。

B 提高煤焦置换比的措施

高炉喷煤的目的在于最大限度地节约焦炭，改善高炉炼铁的技术经济指标。要想达到此目的，在提高喷煤量的同时，还要保持较高的置换比。因此，置换比是高炉喷煤过程中一个很重要的技术指标。

喷吹 1kg 煤粉能替代多少焦炭，称作煤焦置换比。置换比是衡量高炉喷吹煤粉效果的重要指标，置换比越高，说明喷吹煤粉利用效果越好。影响煤焦置换比的因素很多，如煤的质量、煤粉的燃烧性、高炉操作等因素。煤种的优化是提高煤焦置换比的重要措施。高挥发分烟煤具有挥发分高、着火点低、H_2 含量高、固定碳含量低等特点。其特征是易于自燃、着火、爆炸和燃烧率高，结果使煤焦置换比较低。低挥发分无烟煤的特点和特征正好与高挥发分烟煤相反。因此，将上述煤种有机地结合起来（合适的配合比例），在保证高炉大喷煤的情况下，使煤焦置换比达到最佳值。

C 煤焦置换比计算方法

a 比较置换比法

比较置换比法（基准期法）以不喷煤，即全焦冶炼时期的焦比为基准，置换比计算公式为：

$$R = \frac{C_{R_0} - C_R \pm \Sigma \Delta C_R}{PCR}$$

式中 R——置换比；

C_{R_0}——基准期实际平均焦比，kg/t；

C_R——喷煤期实际平均焦比，kg/t；

$\Sigma \Delta C_R$——喷煤期间除喷煤因素之外的其他因素对焦比影响的数值代数和，kg/t；

PCR——喷煤比，kg/t。

如果以某一喷煤比下的冶炼工况为基准期，则可计算喷煤比变化时的差值置换比：

$$R' = \frac{C_{R_1} - C_{R_2} \pm \Sigma \Delta C'_R}{PCR_2 - PCR_1}$$

式中 R'——差值置换比；

C_{R_1}——喷煤比为 PCR_1 时的焦比，kg/t；

C_{R_2}——喷煤比为 PCR_2 时的焦比，kg/t；

$\Sigma\Delta C'_R$——PCR_1、PCR_2 一定时，其他因素对焦比影响的数值代数和，kg/t；

PCR_1，PCR_2——减、增喷煤量时，冶炼阶段的煤比，kg/t。

日本大分厂、千叶厂高炉，我国鞍钢、首钢、宝钢等厂高炉采用比较置换比法计算置换比。使用时必须要有一个基准期数据，还要计算 $\Sigma\Delta C_R$。因各高炉计算中考虑影响焦比的因素及其折算标准不一，各高炉置换比之间无可比性。

b 经验公式法

阿姆科（Amco）公司加毕（Garbee），根据 4.6% ~ 9.8% 灰分，34.7%、38.3% 高挥发分煤导出置换比的经验公式：

$$R = 1.48 - 0.66 \times \frac{A_{PC}}{A_C}$$

式中 A_{PC}——煤粉灰分，%；

A_C——焦炭灰分，%。

这个公式比较简单，只考虑了煤粉、焦炭灰分的影响，而没有考虑煤的成分、原燃料质量和炉况等条件的影响。加拿大学者 W. P. Hutny 认为，置换比受煤的质量（C/H，灰分）、燃烧条件（碳氧比 C/O）、炉料质量、煤气流分布、循环区理论燃烧温度等因素的影响。Hutny 根据工业数据分析，得出如下置换比的回归方程式：

$$R = 0.677 + 0.000943PCR + 0.000311T_b - 0.010905A_{PC} - 0.014862P_{CO}/A$$

式中 T_b——风温，℃；

P_{CO}/A——煤与空气之比，kg/m³。

7.3.2.5 提高喷吹煤粉量影响因素及措施

高炉喷煤技术已取得显著的进展，现已有部分高炉喷煤量达 200kg/t 以上，但随着喷煤量的增大，高炉顺行状况有所恶化，主要原因有：

（1）大喷煤量时，煤粉分解消耗的热量大量增加，促使风口前理论燃烧温度大大降低。

（2）大喷煤量时，煤气量增大，入炉焦炭减少，热流比降低，炉身温度升高，热损失增大。

（3）大喷煤量时，矿焦比增加，软熔带扩大，焦炭破损增加，产生的未燃煤粉增加，料层透气性阻力增大。

因此，提高喷煤量，应采取以下几条技术措施来提高理论燃烧温度和稳定合适的热流比，以降低料层透气性阻力：

（1）提高焦炭性能，包括焦炭的冷态性能和热态性能。随着煤比的增大，焦炭负荷增大，矿焦层厚度增大，未燃煤粉数量增加，而焦炭强度下降，块状带透气性恶化，炉身中上部压差增大；并且燃烧温度降低，软熔带熔化能力降低，导致软熔带厚度增加，炉身下部压差增大。这些都会引起炉况不顺。随着高炉喷煤量的提高，焦炭的溶损率大幅度增加，从而造成焦炭高温强度严重下降，导致高炉下部透气性、透液性恶化。为了顺利实施高炉大喷煤技术，应提高入炉焦炭的质量。因此，首先要提高焦炭强度，特别是焦炭的热态强度。随着喷煤量的大幅度提高，尽量改善焦炭的转鼓指数。为了满足风口平面的焦炭具有 20MPa 的极限抗压强度，喷煤量达到 200kg/t 时，入炉焦炭的抗压强度需大于 50MPa，这要求降低 CRI（焦炭反应性）、提高 CSR（焦炭反应后强度）。在高炉中，焦炭的反应性越差，反应的焦炭越少，则其所受化学侵蚀和机械力的破坏量就会越少，反应后的强度就越高。其次是降低焦炭灰分中的碱含量。碱金属对碳有选择性腐蚀，其反应式为 $2K + 2C + N_2 = 2KCN$；另外，碱金属使焦炭反应性升高，并能深入焦炭的内部，促进溶损反应。这些因素都将导致焦炭的高温强度下降。故焦炭中的碱含量应控制在一定的范围内。最后要降低焦炭气孔率和改善焦炭气孔结构。高气孔率的焦炭易发生颗粒内的深层溶损，加剧焦炭的劣化程度。为提高喷煤量，焦炭应具有低气孔率，且气孔分布均匀有规律，气孔壁有适当的厚度和硬度的气孔结构特点。

（2）采用富氧鼓风及高风温技术。高炉在大喷煤量时，由于煤粉中的挥发分在风口前迅速分解，这必然引起风口区理论燃烧温度的降低，为保证足够的炉缸温度和热量储备，需要一定的热补偿，这可由风温供给。提高风温可以提高理论燃烧温度，促进煤粉在风口前的燃烧；另外，富氧率提高 1% 可使理论燃烧温度升高 35~45℃，煤比增加 17~19kg。富氧鼓风还能提高氧的过剩系数，提高煤粉的燃烧率。生产实践证明，煤比在 200kg/t 以上的高炉，顶压在 210kPa 以上时，富氧率一般都在 3% 以上。

（3）选择合理的喷吹煤种。我国高炉长期喷吹无烟煤，其优点是碳含量高，挥发分低，不存在煤粉爆炸的问题。喷吹无烟煤的不足之处是反应性比较差，在高炉风口前的燃烧率比较低；同时无烟煤的煤质比较硬，可磨性比较差，制粉能耗高。喷吹烟煤的优点是反应性比较好，在高炉风口前燃烧率比较高，燃烧产生的 H_2 含量比较多，有利于高炉内间接还原的发展。而且烟煤较一般煤质软、易粉碎、制粉能耗低，但烟煤碳含量低，置换比受到一定的影响。此外，烟煤的爆炸性比较强，要有严格的安全措施。基于烟煤和无烟煤自身燃烧的特点，可以进行两种煤适当配比的混合喷吹，由于烟煤挥发分含量高，热分解后燃烧速度快，使风口回旋区内的气体温度很快升高，这对无烟煤中固定碳的燃烧非常有利。实验表明，无烟煤中配加一定比例的烟煤后，其燃烧率有明显的提高。

（4）提高高炉操作水平。高炉生产实践表明，大喷煤后高炉应采用"开放中心"式操作方式，即适当压制边缘同时疏导中心，打开高炉中心煤气通道。这就必须把上、中、下部调剂结合起来。下部提高鼓风动能、扩大燃烧带，活跃炉缸中心;中部形成稳定的低位、狭窄"Λ"形软熔带;上部采用从高炉炉顶中心部位加入焦炭,发展中心气流,改善煤气能量利用,由于在此焦柱中几乎不存在因还原反应而产生的 CO 和 H_2O,这部分焦炭基本上不发生溶损劣化,从而使供给炉缸区域的焦炭有较高的强度。这样不仅提高了炉缸区域焦炭的强度,而且能大幅度地降低焦比、增加煤比。

7.3.2.6 提高喷煤量工业试验

提高喷煤比是高炉降低焦比的重要举措之一。为此,该公司成立专业的攻关小组,确定了焦比 285kg/t,煤比月平均 180kg/t 以上、旬平均 200kg/t 的攻关目标,并制定详细的分步试验方案。2008 年 9 月下旬至 10 月底期间,在 2 号高炉进行了大煤比的工业试验。10 月份累计达到焦比 286.5kg/t,煤比 181.03kg/t 的水平,基本实现了预定目标。

A 主要技术经济指标完成情况

以 2008 年 4~6 月为基准期(考虑一季度正值冬季,7、8 月份正值雨季),9 月 1 日~9 月 19 日为预备试验期,9 月 20 日~10 月 31 日为整个试验期。各阶段技术经济指标见表 7-28。

表 7-28 高炉技术经济指标

指 标	利用系数/t·(m³·d)⁻¹	煤比/kg·t⁻¹	焦比/kg·t⁻¹	燃料比/kg·t⁻¹	富氧率/%	风温/℃
基准期	2.50	159.04	296.84	487.92	3.79	1234
预备试验期	2.51	168.00	295.90	495.23	3.53	1243
试验期	2.53	180.35	288.37	493.80	3.96	1256
10 月平均	2.53	181.03	286.50	492.48	3.96	1257

由表 7-28 可知,10 月份月均煤比达到了 180kg/t 以上,试验目标初步完成。

B 实现喷煤量的技术手段

a 原燃料保障情况分析

经过攻关小组和各单位的共同努力,在大喷煤攻关试验期间原燃料质量得到了较大幅度的提高,为大煤比试验的顺利开展创造了良好的外部条件。

(1)焦炭在保证强度稳定的基础上,灰分和硫分都有了不同程度的降低。

提高的原因分析:前期优质主焦煤屯兰煤和低灰的大同弱黏煤保证资源供应,在试验前期为适当提高配煤比,降低灰分打下了基础。

从 10 月中旬开始,通过迁焦的工作,开滦供应的肥煤和三分之一焦煤的灰分和硫分都有了明显的降低,有力地保障了试验中后期焦炭质量的提高。

配煤小组根据原煤质量的变化及时调整配煤比(见表 7-29~表 7-31),保证了焦炭质量的提高。

表 7-29　各煤种的指标变化情况

指　标	灰分(A_d)/%				硫分(S_{td})/%			
日　期	9月1日~ 9月19日 平均指标	10月份 平均指标	变化 幅度	对灰分降低的 贡献值 （估计值）	9月1日~ 9月19日 平均指标	10月份 平均指标	变化 幅度	对硫分降低的 贡献值 （估计值）
焦　煤	10.16	9.78	-0.38	-0.11	1.07	1.03	-0.04	-0.01
肥　煤	11.29	10.9	-0.39	-0.21	0.86	0.82	-0.04	-0.01
1/3 焦煤	11.19	10.7	-0.49		0.57	0.57	0	
理论可以降低 幅度总计				-0.32				-0.02

表 7-30　工业试验期间迁焦的主要煤种配煤比例的变化情况

日　期	9月20日~10月7日	10月8日~10月底
主焦煤/%	29	25~27
1/3 焦煤 + 肥煤/%	43~45	47~50
低灰（气煤 + 弱黏煤）/%	17~20	15~16

表 7-31　焦炭指标变化情况　　　　　　　　　（%）

指　标	焦炭灰分	焦炭硫分	焦炭 M_{40}	焦炭 M_{10}	CRI	CSR
9月1日~9月19日	12.92	0.72	87.81	6.59	24.57	66.4
9月20日~9月30日	12.79	0.69	87.78	6.62	24.82	66.21
10月1日~10月10日	12.70	0.70	87.91	6.53	24.57	66.19
10月11日~10月20日	12.66	0.70	88.00	6.53	24.42	66.20
10月21日~10月31日	12.64	0.69	88.11	6.44	24.59	66.28
10月平均	12.66	0.70	88.00	6.49	24.58	66.23

（2）在不利条件下稳定了烧结矿的质量。

1）提高自产矿粉品位受到严重限制。在 8 月 17 日~10 月 16 日长达 2 个月的时间里，孟家沟铁矿一直处于停产状态，大石河铁矿没有优质矿石资源，只能依靠回收的矿石勉强维持生产，自产矿粉品位只能达到 66%，不利于提高烧结矿品位。

2）由于落实奥运安保措施以及安全生产形势变化，唐山周边矿山处于停产、停炮、停运状态，原燃料质量不能得到保证；由于石灰石供应紧张，只能购进地方二料场库存的质量较次的石灰石。这都给烧结矿品位提高增加了难度。

3）部分进口粉质量急剧下降。9 月份开始，澳粉、巴西烧结粉质量急剧下滑，特别是 9 月份进口的巴西烧结粉，由以前的特殊烧结粉变为 SFOG，品位只有 63.5%，而 SiO_2 含量在 6% 以上，加剧了提高烧结矿品位的难度。

为了确保烧结矿品位的稳定，主要采取了以下几项措施：

1）增配轧钢皮。在保证进口粉总配比50%（混合料总配比70%）的基础上，新老烧结系统根据原料结构特点均增加5%~10%的轧钢皮。

2）大幅度增加巴西精粉比例。在进口粉总比例不变的条件下，巴西烧结粉配比稳定控制在15%，巴西精粉配比在10%~20%之间。

3）利用球团一系列检修，将自产高品位矿粉调拨给烧结，适当减少巴西矿粉，保证了烧结矿实物质量和烧结矿品位的稳定提高。

与试验前相比，烧结矿碱度由1.9上调至1.95时，品位仍保持在较高的水平。R_2为1.90时烧结矿品位（56.91%），R_2为1.95时烧结矿品位（56.88%，下降了0.03%）。烧结矿碱度提高后，提高了酸料比，入炉品位由58.79%下降至59.03%。烧结矿品位变化情况见表7-32和图7-32。

表7-32 烧结矿试验前后质量变化

指 标	TFe/%	R	<5mm/%	转鼓指数/%
9月1日~9月19日（试验前）	56.91	1.90	8.06	78.53
9月20日~10月31日	56.88	1.95	8.03	78.58
对 比	-0.03	0.05	-0.03	0.05

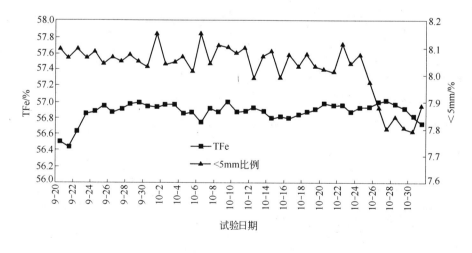

图7-32 烧结矿品位变化趋势
（试验前TFe为56.91%）

（4）喷吹煤粉。

试验期煤粉灰分有所降低、挥发分逐步升高（见表7-33和图7-30），是因为试验期间灰分较低的神华煤比例从20%逐步提高至30%。

表7-33　喷吹煤粉试验前后质量变化

指　　标	灰分/%	挥发分/%	硫分/%
9月1日~9月19日	10.81	17.31	0.47
9月20日~10月31日	10.71	18.91	0.46
对比	0.10	1.60	-0.01

b　高炉操作情况分析

(1) 在试验前通过多次研讨，制定了详细的方案，成立了炉内攻关小组负责试验期间高炉的生产操作和日常调剂，确保试验期间高炉炉况稳定、顺行。

(2) 试验期间在装料制度调整方面遵循"打开中心、兼顾边缘"的操作方针。

随着大喷煤比试验进程，高炉焦炭负荷由5.68逐步加到5.83，炉内的压量关系越来越紧，风压升高，透气性指数降低，煤气通路不畅，高炉操作难度加大。试验前后高炉操作指标变化见表7-34。

表7-34　试验前后高炉操作指标变化

指　　标		风量(标态)/m³·min⁻¹	风温/℃	风压/MPa	透气性指数(标态)/m³·(min·kg·Pa)⁻¹	十字测温中心温度/℃	十字测温边缘温度/℃
试验前	9月1日~9月19日	4658	1243	3.61	2887	357	189
	9月20日~9月30日	4655	1254	3.63	2848	323	199
试验后	10月1日~10月10日	4635	1255	3.63	2819	340	196
	10月11日~10月20日	4627	1253	3.65	2782	410	213
	10月21日~10月31日	4611	1262	3.54	2976	515	211

在10月14日对装料制度进行了调整，适当增加中心焦炭的数量，之后炉顶十字测温中心温度逐渐升高，边缘煤气温度并没有降低，透气性指数得到好转，高炉负荷又恢复到5.83。

试验期间透气性指数和十字测温中心温度的变化如图7-33所示。

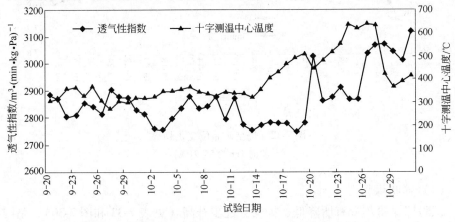

图7-33　试验期间透气性指数和十字测温中心温度的变化

由图 7-33 可见，炉顶十字测温中心温度在 10 月 14 日调整之后，经过一周的时间，逐步上升到 500℃。在试验末期一段时间，十字测温中心温度稳定在 600℃。同时，透气性指数也在刚进入 9 月下旬以后，很快达到 2900m³/(min·kg·Pa)，表现与炉况相呼应。

（3）送风制度。在高风温、高富氧、大喷吹的条件下，保持风口面积不变，尽量维持入炉风量的稳定，以求得到相对稳定的风口回旋区、炉腹煤气量和煤气初始分布。

送风参数见表 7-35。由表 7-35 可知，在试验期间，炉腹煤气量的变化很小。炉腹煤气量的变化是由入炉风量、入炉氧量、煤粉量、大气湿度共同影响的。随着试验的进行，风量有所减少，喷煤量增加。但由于入炉氧量的增加使得炉腹煤气量在整个试验过程中变化不大，因此高炉炉况一直保持顺行。

表 7-35 送风参数

参 数	风量（标态）/m³·min⁻¹	风温/℃	风压/MPa	实际风速/m·s⁻¹	鼓风动能/kW	喷吹煤粉量/t·h⁻¹	炉腹煤气量（标态）/m³·min⁻¹
9 月 20 日~9 月 30 日	4655	1254	3.63	241.6	99494	49.8	6538.7
10 月 1 日~10 月 10 日	4635	1255	3.63	240.7	98346	50.7	6522.1
10 月 11 日~10 月 20 日	4627	1253	3.65	239.0	97012	49.9	6513.8
10 月 21 日~10 月 31 日	4611	1262	3.54	245.4	101769	51.1	6500.7
10 月平均	4607	1257	3.59	241.6	98817	50.4	6487.4

注：各期风口面积保持不变，皆为 0.3981m²。

（4）密切跟踪、检测大喷煤试验期间的高炉除尘灰和干法灰，分析未燃煤粉的变化，分析煤粉利用率。

采用矿相显微分析方法，定量确定高炉重力灰和干法灰中各种物质的比例。在高炉煤比变化的过程中，对 2 号高炉的瓦斯灰进行了矿相分析。通过矿相分析，发现在高炉炉尘中含有未消耗的焦炭、煤粉、未反应的烧结矿和小部分炉渣等。瓦斯灰矿相分析见表 7-36。表 7-36 给出了不同喷煤比下，重力灰和干法灰中未燃煤和焦炭的表面积百分比。

表 7-36 瓦斯灰矿相分析

对应煤比/kg·t⁻¹	试 样	灰铁比/kg·t⁻¹	焦合计	未 燃 煤 粉			未燃煤粉量合计
				烟煤残粒	无烟煤残粒	煤颗粒	
153.7	重力灰	13.1	76.1	—	—	—	—
	干法灰	11.5	65.3	3.8	—	—	3.8
170.9	重力灰	10.1	56.2	—	3.8	—	3.8
	干法灰	10.4	58.8	4.1	—	3.1	7.2

对应煤比 /kg·t⁻¹	试 样	灰铁比 /kg·t⁻¹	焦合计	未 燃 煤 粉			未燃煤粉量 合计
				烟煤残粒	无烟煤残粒	煤颗粒	
176.8	重力灰	9.6	58.9	2.2	—	2.2	4.4
	干法灰	10.1	54.4	2.2	2.2	5.4	9.8
181.4	重力灰	10.0	52.8	1.3	2.2	0.9	4.4
	干法灰	9.7	47.7	9.1	4.9	2.1	15.8

表 7-35 反映的是炉尘中含碳物质的百分比,其中绝大部分都是焦炭颗粒,但是随着喷煤比由 150kg/t 增加到 180kg/t 的过程中,灰铁比基本稳定;重力灰未燃煤粉量由零升高到 4.4%,干法灰由 3.8% 增加到 15.8%。

高炉煤粉利用率高低反映了煤粉在炉内的利用状况。提高喷煤比必须保证煤粉在炉内有较高的利用率,否则不符合节能减排、降成本的要求。

计算煤粉利用率通常采用如下公式:

未燃煤粉吹出率(%) =(一次灰比(kg/t)× 一次灰中未燃煤粉量(%) +

二次灰比(kg/t)× 二次灰中未燃煤粉量(%))/ 煤比(kg/t)

煤粉在炉内利用率(%) = 1 − 未燃煤粉吹出率(%)

按照上述公式,根据大喷煤比期间的风温、富氧以及灰铁比和瓦斯灰矿相中的未燃煤粉量,计算出的 2 号高炉煤粉利用率保持在 98% ~99%,比宝钢在煤比为 170 ~190kg/t 期间的煤粉利用率(97% ~98%)略好。造成以上差别的主要原因初步认为是宝钢当时高炉煤粉挥发分控制在 18% 以上、风温小于 1250℃,富氧率小于 3%,二者有所差别。

(5)在试验末期,特别是 10 月下旬,炉内表现良好,顺行稳定、炉温充足、压量关系宽松,说明 180kg/t 煤比的高炉已经接受并具备向更高煤比发展的条件。表 7-33 ~ 表 7-36 反映了相关参数的变化。

c 高风温技术支持

为了给高炉大喷吹创造更好的条件,高风温试验与之同步进行。高风温试验的最终目标是 1280℃。整个试验期间风温最高曾用到 1280℃。图 7-34 所示为试验期间的风温变化。

由图 7-34 可以看出,试验期间,风温最高日平均(10 月 11 日)达到了 1270℃,旬平均 1262℃,月平均 1257℃。

为提高风温采取了以下主要措施:

(1)为强化安全,对膨胀节的位移和高炉、热风炉系统各部位的温度进行实时在线监测。

(2)通过理论计算和与外商讨论得到了允许提高热风炉拱顶温度的授权,

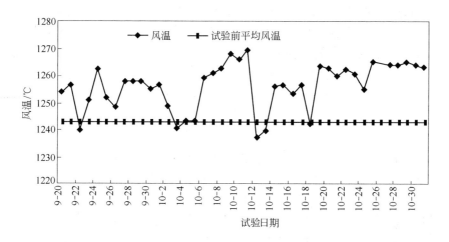

图 7-34 试验期间风温变化

适当提高热风炉顶温。利用自动烧炉加大煤气燃烧量，将原来的控制顶温从 1390℃提高至 1420℃。

（3）减少混风阀的开度，减少 5% ~ 10% 的冷风混入量，约提高风温 10℃。

（4）提高空气预热温度。空气预热温度从 550℃提高至 600℃，约提高风温 15℃。

（5）热风炉操作制度的优化。通过缩短热风炉燃烧期、送风期和换炉时间等手段，增加换炉次数等。

7.3.3 高风温条件下的高炉精料

7.3.3.1 原燃料对高炉顺行的影响

在一定冶炼条件下，当风温超过某一限度后，高炉顺行将被破坏，其原因如下：

（1）风温过度提高后，炉缸煤气体积因风口前理论燃烧温度的提高，炉缸温度得以提高而膨胀，煤气流速增大，从而导致炉内下部压差升高，不利于顺行。

（2）炉缸 SiO 挥发使料柱透气性恶化。理论研究表明，当风口前燃烧温度超过 1970℃时，焦炭灰分中的 SiO_2 将大量还原为 SiO，它随煤气上升，在炉腹以上温度较低部位重新凝结为细小颗粒的 SiO_2 和 SiO，并沉积于炉料的空隙之间，致使料柱透气性严重恶化，高炉不顺，易发生崩料或悬料。为避免以上不良影响，应改善料柱透气性，如加强整粒、筛除粉料、改善炉料的高温冶金性能以及改善造渣制度减少渣量等。

实践证明，原料条件越好、渣量越少、料柱透气性越好，炉子越稳定、顺行，越能接受高风温。因此，提高精料水平也是高炉接受高风温措施之一。

在高炉内料柱的透气性与原料的物理性质（块度、气孔度、强度、软化温度等）及焦比的大小有关。在原料及燃料条件不变的情况下，提高风温后高炉内固体原料中透气性最好的焦炭量相对减少，料柱透气性变坏。此外，由于矿石相对量增加而使成渣带以下分布于块状焦炭之间的黏稠液体相对增加，也使料柱透气性变坏。因此，提高风温将使煤气透过料柱的阻力增大，料流下降将较困难。

在高风温后对炉料下降有着不良的影响，最后限制着风温进一步提高。但是这些影响是与其他冶炼条件有关的，特别是原料条件及操作条件。实际上由于其他冶炼条件改善，风温也获得很大的提高。

提高风温与冶炼用的原料条件有着非常密切的关系。在使用强度好的块状矿石及精矿时，高炉内料柱透气性增大，适当地减少了提高风温对炉料下降的影响。在这种情况下容易使用较高的风温。因此，扩大烧结矿的生产、对原料进行分级及中和处理是提高风温的重要措施。

实验得知在相同冶炼条件下，不同炉料的透气性相对比值见表7-37。

表 7-37 不同炉料的透气性相对比值

炉 料	烧结矿	球团矿	焦 炭	焦炭＋烧结矿（各50%）	烧结矿＋球团矿（各50%）
比 值	1.0	6.0	18	3.0	1.6

焦炭从炉顶装入直至降落到风口区域，始终以固体块状存在，并保持着完整的层状分布。焦炭容积占料柱容积的1/2以上，是料柱的"骨架"，不仅是料柱垂直方向的煤气流通路，也是横向方面的煤气流通路。焦炭强度和碎焦含量是影响料柱透气性的重要因素。

粒度对料柱透气性影响特别显著，粒度小于5mm的炉料含量产生的影响更为强烈，如图7-35所示。

由图7-35可见，粒度越小，影响越严重，料柱透气阻力越大。

铁矿原料在下降与热煤气流接触受热过程中，有下列性能变化时，影响透气性：

（1）受热后爆裂为碎粒。如澳大利亚诺尔亚诺宾、科卡图铁矿的热爆裂分别达5%~16%、7%~12%，当配用比例较高时即会影响炉况顺行。

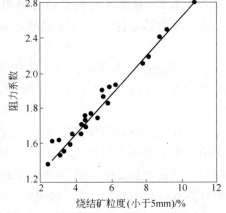

图7-35 高炉透气阻力系数与烧结矿粉末
（小于5mm）的关系

（2）烧结矿还原粉化率高时，透气性恶化。

（3）铁矿石软化温度、熔化温度对软化熔融层形成在炉身部位的高低和宽窄起决定性作用，而熔融层的位置高低又直接影响块状区容积的扩大或缩小以及滴落区的增厚或减薄。因此，软化熔融层的结构状态是影响高炉炉身部位透气性的重要因素。

7.3.3.2 高风温条件下精料生产实践

A 2号高炉入炉原燃料质量情况

2号高炉入炉原燃料指标见表7-38。从表7-38可以看出，试验期间原燃料质量呈下滑趋势。

表7-38 2号高炉入炉原燃料指标 （%）

指 标	综合品位	渣 比	渣中 Al$_2$O$_3$	焦炭灰分	煤粉灰分	烧结矿品位	生矿品位
1 月	59.10	294	14.48	12.69	10.42	55.99	64.14
2 月	59.26	284	14.20	12.70	9.99	56.12	64.18
3 月	59.27	299	14.62	12.72	10.46	56.35	64.11
4 月	59.28	296	14.60	12.60	10.51	56.43	63.95
5 月	59.08	298	14.20	12.77	10.54	56.41	62.74
6 月	58.74	307	14.45	12.87	10.83	56.75	63.14
7 月	58.79	310	14.95	12.99	11.02	56.91	62.90
8 月	58.78	317	13.47	13.08	11.49	56.91	62.76

注：表中数据为2008年的数据。

（1）虽然烧结矿碱度下降，但品位没有达到应升高的幅度，酸料比例下降，澳矿品位也降低。造成综合入炉品位降低，渣量增大。

（2）焦炭灰分升高且成分波动大。

（3）由于神华煤配比降低，喷吹煤灰分升高，挥发分降低，阳泉煤和潞城煤可磨性降低，影响制粉出力。

B 原燃料质量改进方向

原燃料质量改进方向如下：

（1）确保焦炭灰分保持在12.7%以下（力争12.5%以下），$M_{40} \geq 88.5\%$，$M_{10} \leq 6.5\%$，热强度不低于66%，反应性不小于24.5%。

（2）保证喷吹煤的质量，要求煤灰分稳定、可磨性好。神华煤配比稳定在30%以上，综合煤灰分在10.1%以下。

（3）稳定烧结矿质量，烧结矿品位不低于57.3%，合理调控烧结矿碱度，增加酸料比例，适当调剂品位较高的生矿供给，确保入炉矿综合品位在59.2%以上，渣比保持在290kg/t左右。

（4）烧结矿转鼓指数不小于78.6%，粒度小于5mm的烧结矿比例小于7.6%。

C 原燃料质量改进方案

a 保焦炭质量的配煤方案和用煤要求

2008 年 1~8 月，迁焦进厂 1/3 焦煤的平均灰分 10.78%、硫分 0.59%；肥煤的平均灰分 11.41%、硫分 1.04%。

在保证高炉焦炭强度（$M_{40} \geq 88.5\%$、$M_{10} \leq 6.5\%$、$CRI \leq 24.5\%$、$CSR \geq 66\%$）的基础上，对焦炭灰分和硫分定出两个目标要求：

（1）第一目标。实现焦炭：$A_d \leq 12.70\%$，$S_t \leq 0.72\%$。

（2）第二目标。实现焦炭：$A_d \leq 12.50\%$，$S_t \leq 0.70\%$。

根据目标要求，相应的用煤要求和配煤方案见表 7-39。

表 7-39 各阶段用煤要求和配煤方案 （%）

煤 种		第一阶段		第二阶段		挥发分	G	第一阶段		第二阶段	
		灰分	硫分	灰分	硫分			一配	二配	一配	二配
肥 煤	范各庄	11.41	1.04	11.41	1.04	32.60	95	24	24	22	24
1/3 焦煤	鹤 岗	9.64	0.25	9.64	0.25	32.02	84				4
	唐 山	10.78	0.60	10.78	0.60	32.50	93	24	22	24	20
焦 煤	屯 兰	9.50	0.90	9.00	0.80	21.76	86	8	10	10	8
	离 石	9.50	1.00	9.00	0.80	24.00	80	4	6	6	7
	镇城底	10.00	0.90	9.00	0.80	25.11	86	8	8	8	8
	富家滩	9.50	1.00	9.00	0.80	19.00	80	6	6	6	7
	华 晋	9.45	0.50	9.45	0.50	22.08	94				
弱黏煤	大 同	6.00	0.50	6.00	0.50	33.00	15	12	11	11	12
瘦 煤	三 给	9.50	0.90	9.50	0.90	15.50	16	3	3	3	
	古 东	9.50	0.90	9.50	0.90	16.00	50	6	6	6	7
气 煤	抚 顺	5.50	0.50	5.50	0.50	42.00	55	3	4	4	3

第一目标预测焦炭质量为：A_d 12.68%，S_t 0.72%。第二目标预测焦炭质量为：A_d 12.42%，S_t 0.68%。冷热强度都能保证。

根据配煤方案按工业试验 40 天用量计算：

（1）焦煤。屯兰 10 列、富家滩 8 列、镇城底 9 列、离石 6 列。

（2）瘦煤。古东 7 列。

（3）低灰弱黏煤。大同 14 列。

（4）气煤。抚顺 5 列。

开滦供应的肥煤和 1/3 焦煤的各项指标和数量不得降低和减少。结合 2008 年各煤的进厂质量指标，焦煤、瘦煤要达到上述指标困难较大，建议使用华晋煤或进口煤。要达到灰分小于 12.5%，必须使用其他低灰、低硫的 1/3 焦煤和肥煤替代部分开滦煤，否则将很难达到焦炭质量要求。

b 喷吹煤质量的保证方案

对 2 号高炉大喷煤比所需的喷吹煤质量指标进行了研究。结合现有的喷吹煤资源情况进行了配煤方案的调整。恢复神华煤 30% 的配比，同时潞城煤选用潞安集团的潞安煤，阳泉煤由国阳能源股份有限公司提供。神华煤、阳泉煤、潞安煤的比例分别为 30%、35%、35%。调控后的喷吹煤质量预计可以达到综合灰分小于 10.1% 的要求，其中神华煤灰分不大于 8%，潞安煤、阳泉煤灰分不大于 11%。

c 综合入炉品位保证的方案

高炉综合入炉品位按目前烧结矿入炉比例 74%、球团比 14%、生矿比 12%、烧结矿品位 57%、球团品位 65.2%、生矿品位 62.7% 计算为 58.83%，不能满足入炉品位 59.2% 的要求。针对提高综合入炉品位制定以下方案以供选择：

（1）矿业烧结矿品位提高至 57.3% 以上，生矿品位提高到 63.5% 以上。各炉料配比不变，入炉品位约为 59.17%。基本满足要求。

（2）提高烧结矿碱度到 2.0～2.1，烧结矿品位 56.6%、入炉比例 67%，生矿品位 63.5%、入炉比例 14%，综合入炉品位 59.2%。也可以略降生矿比，提高球团比，综合入炉品位还可以进一步提高。

为了将烧结矿品位提高到 57.3%，通过计算矿业公司拟将料比调整（见表7-40 和表 7-41）。

表 7-40　一烧配比　　　　　　　　　　（%）

指　标	湿配比	TFe	SiO$_2$	CaO	MgO	Al$_2$O$_3$
大石河低品	23	65.8	6.8	0.3	0.4	0.5
伴生石粉	5	65.5	6.9	0.3	0.4	0.5
巴卡粉	22	66	1.5	0.05	0.1	1.5
巴西精粉	10	66.8	2.49	0.05	0.1	1.2
烧结粉末	30	57.1	5.42	9.7	1.9	1.6
PB 粉	10	62.07	3.8	0.05	0.1	2.1
预计成分		57.4	5.1	9.48	2.05	1.60

注：烧结矿产量为 1.7 万吨。

表 7-41　二烧配比　　　　　　　　　　（%）

指　标	湿配比	TFe	SiO$_2$	CaO	MgO	Al$_2$O$_3$
民　粉	25	66.4	5.8	0.3	0.4	0.5
新澳粉	12	58.9	4.3	0.25	0.1	1.96
巴卡粉	5	66.5	2	0.05	0.1	1.5

指　标	湿配比	TFe	SiO$_2$	CaO	MgO	Al$_2$O$_3$
巴西精粉	8	66.8	2.01	0.05	0.1	0.4
PB 粉	20	61.82	3.72	0.05	0.1	2.1
预计成分		57.5	4.85	9.02	2.03	1.60

注：烧结矿产量为1.0万吨。

考虑到烧结还需要配加含铁粉尘，烧结生产如能严格按照以上料比执行，基本能满足烧结矿品位为57.3%的要求。

根据以上料比，对进口矿粉需求量进行计算，结果见表7-42。

表 7-42　进口矿粉需求量

品　种	巴卡粉	巴西精粉	PB 粉	新澳粉	总　量
湿量/t·d^{-1}	5600	3300	5600	2200	16500
总量/万吨	22.4	13.2	22.4	8.8	66.8

D　操作措施

根据对以往国内外大高炉大喷煤比操作的经验和教训的总结，大高炉喷煤比到180kg时对高炉炉况产生很大影响，在保持高炉顺行的前提下必须做好高炉操作和基本制度的应对研究，合理控制好煤气量的变化，保持好炉缸活跃程度。具体措施如下：

（1）富氧率3.8%，风温1250℃以上，铁水温度不小于1495℃。

（2）通过合理的上下部调剂，保持合理的煤气利用率，以取得喷煤降焦的效果。

7.3.4　炉缸透气性、透液性研究

高喷煤比和操作长期稳定顺行需要好的炉缸透气性、透液性。炉缸的透气性、透液性与风口焦炭粒度、渣铁黏度等有一定的关系。因此，从风口取风口焦样品分析风口焦炭粒度、渣铁滞留量来分析炉缸的透气性、透液性的影响因素，从而提出改善炉缸透气性、透液性的方法，以提高喷煤比和保证高炉长期稳定、顺行，实现长期高风温。同时分析风口焦炭劣化的原因，有助于提高风口焦炭粒度，改善炉缸整体的透气性。分析风口焦炭透气性分布有助于指导高炉操作，实现初始煤气在炉缸的合理分布，有助于保持高炉稳定、顺行。分析未燃煤粉的含量及分布有助于认识未燃煤粉对炉缸透气性的影响，从而改善其分布，采取措施降低其含量，以改善炉缸透气性。

7.3.4.1　透气性、透液性研究

焦炭在高炉炼铁过程中，可以起到还原剂、提供热量的作用，更重要的是作

为料柱骨架直接影响到高炉的透气性，炉况的稳定、顺行以及高炉的各项技术经济指标。随着高炉大型化、富氧喷煤技术的提高和焦比大幅度下降，焦炭的骨架作用愈加明显。焦炭质量对于高炉冶炼操作至关重要。焦炭从入炉到下达炉缸，受到内部和外部的各种因素的影响，经受了碰撞、挤压、磨损等机械力学作用；溶碳反应、碱金属的劣化作用、渣铁反应以及向铁水溶解等化学作用。这些作用的结果导致焦炭在高炉内劣化。

国内外的高炉解剖研究对焦炭在高炉内的性状变化获得了一致的认识。自炉身中部开始，焦炭平均粒度变小，强度变差，气孔率增大，反应性、碱金属含量和灰分都增高，硫含量降低。各种变化的程度以较靠近炉墙的外圈焦炭最剧烈，并与炉内的气流分布和温度分布密切相关。一般来说，自上而下，从料线到风口，焦炭平均粒度减小20%～40%。上部块状带，粒度无明显变化；在软熔带焦炭粒度变化很大，这是剧烈溶碳反应的结果。

焦炭质量对焦炭自身的劣化行为起着重要的作用，其中以焦炭灰分、焦炭块度、焦炭强度影响最为显著。焦炭灰分增加即意味着减少碳素含量，增加造渣量。生产实践表明，焦炭灰分每增加1%，将使高炉焦比升高1%～2%，产量减少2%～3%。灰分也是导致焦炭在高炉内劣化行为的一个主要因素，特别是在高温作用下，产生内应力，使得焦炭破碎劣化并降低焦炭的强度。焦炭块度均匀使得高炉透气性良好，块度均匀取决于焦炭强度。焦炭 M_{40} 和 M_{10} 指标对高炉冶炼的影响是无可置疑的，M_{40} 指标每升高1%，高炉利用系数增加0.04，综合焦比下降5.6kg/t；M_{10} 每降低0.2%，高炉利用系数增加0.05，综合焦比下降7kg/t。M_{40}、M_{10} 与风口焦炭中粒度大于40mm含量相关，与风口焦炭平均粒度及小于10mm粒级有良好的相关关系。这说明了 M_{40}、M_{10} 指标从总体上反映了焦炭在高炉冶炼过程中的粒度保持能力，M_{40} 特别是 M_{10} 指标好的焦炭，就能够较好地抵抗高炉中各种因素的侵蚀和作用。

在一定的焦炭质量和高炉冶炼强度下，随着喷煤量的提高，入炉焦比的降低值基本和喷煤量呈线性关系。但是当喷煤量增加到某一临界值时，入炉焦比的降低值与喷煤量的增加值已经不是线性关系，入炉焦比降低幅度减少，喷煤置换比下降，焦炭劣化增加；同时，因未燃煤粉积聚，风量减少，顺行变差。这时，应进一步提高焦炭质量（既要有足够的冷态强度，又要有充足的反应后热强度），有效降低焦炭的劣化。

宝钢是国内最早进行风口焦炭取样研究的，其在宝钢大型高炉的风口焦炭取样中积累了大量的经验，主要有如下研究结论：

（1）风口焦与入炉焦的平均粒度相差较大，说明在富氧喷煤条件下，焦炭在炉内经历了十分严重的粒度降解变化。

（2）在风口断面上，各段焦炭粒度降解情况有较大差异。由高炉炉壁往炉中心方向，各段焦炭平均粒度逐渐减小。

（3）随喷煤水平的提高，焦炭的粒度降解有逐渐增加的趋势，即风口焦与入炉焦粒度差逐渐增加。

（4）当喷煤水平达到 200kg/t 时，焦炭劣化已经十分严重，平均粒度减小了 68%。如进一步增加喷煤水平时，必须充分考虑焦炭进一步劣化对高炉操作的影响。

本书针对 2 号高炉炉缸透气性透液性研究包括焦炭劣化分析，渣铁滞留量的分析、炉缸透气性的分析，未燃煤粉的分析。

7.3.4.2 入炉焦炭质量、高炉操作指标与焦炭劣化

到目前为止，首钢技术研究院利用改造后的风口焦炭取样机在 2 号高炉共进行了 5 次风口焦炭取样。风口焦炭取样管最长伸进风口前端 6.0m，每隔 0.5m 为一段，取一个样，共 12 段，即一次最多取 12 个样（一般 10 ~ 12 个样）。

入炉焦炭的性能见表 7-43 和图 7-36。从 2007 年 5 月 15 日至 2009 年 6 月 3 日，高炉入炉焦炭干熄焦比例不断提高；粒度、硫基本稳定；M_{40}、反应后强度有所提高；反应性、M_{10} 有所降低；焦炭灰分先升后降，基本保持稳定。总体来看，试验期间焦炭质量趋于提高。

表 7-43 2 号高炉入炉焦炭的性能

取样日期 （年.月.日）	焦　种	$CRI/\%$	$CSR/\%$	灰分/%	硫分/%	$M_{40}/\%$	$M_{10}/\%$	平均粒度 /mm
2007. 5. 15	干熄焦 70%	25. 60	65. 30	12. 56	0. 66	87. 7	6. 7	44. 5
2007. 11. 10	干熄焦 70%	24. 82	65. 68	12. 72	0. 73	87. 7	6. 6	44. 1
2008. 4. 1	干熄焦 90%	24. 51	66. 12	12. 74	0. 69	87. 6	6. 7	44. 4
2009. 2. 11	干熄焦 95%	24. 52	66. 01	12. 46	0. 72	88. 1	6. 3	45. 0
2009. 6. 3	干熄焦 100%	22. 55	69. 05	12. 57	0. 73	88. 2	6. 5	44. 9

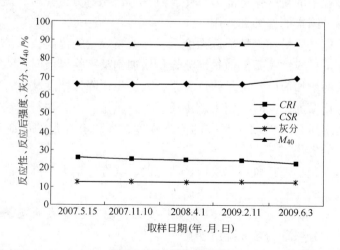

图 7-36 入炉焦炭性能

2 号高炉技术指标与风口焦粒度见表 7-44 和图 7-37。

表 7-44　2 号高炉技术指标与风口焦粒度

取样日期 (年.月.日)	实际风速 /m·s⁻¹	渣量 /kg·t⁻¹	煤比 /kg·t⁻¹	风温 /℃	理论燃烧 温度/℃	0~2.5mm 粒度降解 百分比/%	渣铁滞留量/%		平均粒度/mm	
							0~ 2.5mm	0~ 5.0mm	0~ 2.5mm	0~ 5.0mm
2007.5.15	239	295	150.0	1236	2089	59.88	44.2	49.1	17.86	13.66
2007.11.10	239	294	145.1	1229	2145	68.07	55.0		14.08	
2008.4.1	241	295	155.9	1239	2155	58.77	46.4	59.4	18.29	12.81
2009.2.11	240	305	177.4	1243	2077	59.91	32.2		18.04	
2009.6.3	241	309	161.0	1251	2176	62.16	50.0	50.0	16.99	13.44

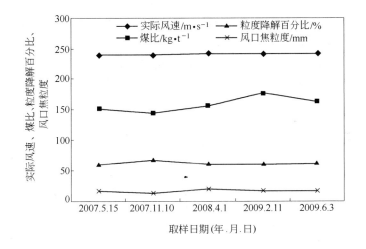

图 7-37　2 号高炉技术指标与风口焦粒度的变化

由表 7-44 及图 7-37 可知，从 2007 年 5 月 15 日至 2009 年 6 月 3 日，煤比呈降低后稳步提高并小幅回落的态势，风速总体稳定并略有上升，风口焦粒度呈降低后恢复并略降的态势，入炉焦炭粒度降解呈提高后恢复并略有提高的态势（其值在 59%~69% 之间）。

2 号高炉渣铁滞留量、煤比、风口焦粒度与渣量的变化如图 7-38 所示。

由表 7-44 及图 7-38 可知，从 2007 年 5 月 15 日至 2009 年 6 月 3 日，渣铁滞留量（0~2.5mm）在 32%~55% 之间，呈提高后降低再提高的过程，与风口焦炭粒度（0~2.5mm）变化规律有相反的趋势，期间渣量呈提高的态势。

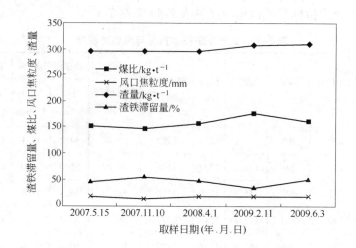

图 7-38   2 号高炉渣铁滞留量、煤比、风口焦粒度与渣量的变化

7.3.4.3 高炉炉缸高透气性区、透气性研究与技术经济指标

高炉炉缸工作状态的判断与风口焦的性状变化有非常紧密的关系，风口焦性能对高炉风口回旋区、炉缸死料堆透气性、透液性都有相当程度的影响。因此通过研究风口焦的性状变化，判断高炉炉缸的工作状态是一个很有效的途径，最终对指导高炉操作有重要的意义。

A 风口高透气性区长度

风口循环区的大小受生产率、风速和焦炭反应后强度的控制，而生产率和鼓风指数又受到风口焦炭性状制约。焦炭质量好，有利于风口循环区向炉芯扩展。回旋区后面的蜂窝区域铁水与炉渣的流量最大。当产量稳定时，提高喷煤量容易导致死料柱周围液体流量的大幅度增加，形成宽的高流速区域，液体流量的增加与小于2mm 粉末的积聚也将同时发生。通过风口对焦炭取样的调查表明：小于 3mm 的粉末量沿炉缸半径方向急剧增加，而且当喷煤比在某一定的范围增加时，其开始急剧增加的位置向风口侧移动。由于停风后回旋区上方的焦炭落入炉缸，故沿风口径向焦炭样中粒度明显变小的地方即为风口回旋区的边缘。由于炉缸中渣铁存在滞留，而焦粉集中的地方渣铁滞留量也较大，故风口径向焦炭样中焦粉明显增多的地方（或渣铁滞留量较大的地方）也为回旋区的边缘（高炉风口高透气性区）。综上所述，通过风口焦炭取样分析可以推算出高炉风口高透气性区的长度。

图 7-39 所示为距风口前端不同距离时渣铁混合物占全部样品的比例。图7-40 所示为距风口前端不同距离的风口焦平均粒度。图 7-41 所示为距风口前端不同距离的小于 2.5mm 焦粉所占的比例。由图 7-39 ~ 图 7-41 分析风口高透气性区的长度（考虑平均粒度在 10mm 左右，同时兼顾渣铁滞留的变化峰值及小于2.5mm 焦粉所占比例的峰值及其含量等），结果见表 7-45。

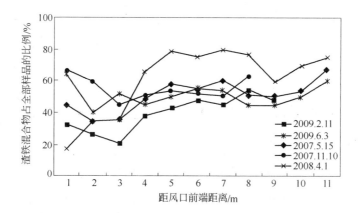

图 7-39　距风口前端不同距离时渣铁混合物占全部样品的比例
（1 号、2 号位置代表 0.25mm、0.75mm，其他类推）

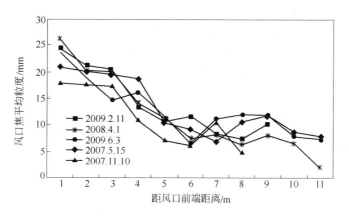

图 7-40　距风口前端不同距离的风口焦平均粒度

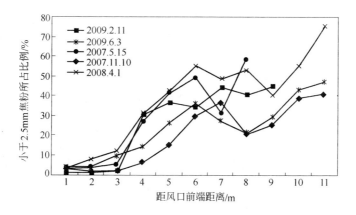

图 7-41　距风口前端不同距离的小于 2.5mm 焦粉所占的比例

表 7-45 2 号高炉技术经济指标

阶段	时间 (年.月.日)	风量（标态） /m³·min⁻¹	风温/℃	透气性指数（标态） /m³·(min·kg·MPa)⁻¹	风压/MPa	理论燃烧温度 /℃
1	2007.5.12~14	4661	1236	27930	0.364	2089
2	2007.11.7~9	4647	1229	27570	0.366	2145
3	2008.3.28~30	4647	1239	28210	0.362	2155
4	2009.2.8~10	4629	1243	28574	0.359	2077
5	2009.6.1~2	4635	1251	28480	0.361	2176

阶段	时间 (年.月.日)	高透气性区 长度/m	风口焦粒度 /mm	焦角 /(°)	矿角 /(°)	矿焦角差 /(°)	十字测温边缘值/ 中心值
1	2007.5.12~14	2.25	17.86	31.1	33.9	2.8	1.27
2	2007.11.7~9	2.25	14.08	31.0	32.2	1.2	0.68
3	2008.3.28~30	2.25	18.29	30.9	33.3	3.0	1.25
4	2009.2.8~10	2.25	18.04	31.8	34.2	2.4	0.30
5	2009.6.1~2	2.25	16.99	31.8	33.4	1.6	0.28

注：阶段 1 布矿是 k37-2/35-2/32-2/30-2/32-1，布焦是 j38-5/35-2/32-1/29-2/26-2/14-2；

阶段 2 布矿是 k37-2/35-2/32-2/30-2/32-1，布焦是 j38-4/35-2/32-1/29-2/26-2/15-2；

阶段 3 布矿是 k37-2/35-2/32-2/30-3/28-2，布焦是 j38-4/35-3/32-1/29-2/26-1/15-2；

阶段 4 布矿是 k40-2/37-2/34-2/30-2/26-1，布焦是 j40-3/37-2/34-2/30-2/26-2/20-2；

阶段 5 布矿是 k40-2/37-2/34-2/30-3/26-2，布焦是 j40-3/37-2/34-2/30-2/26-2/20-2。

由图 7-39 ~ 图 7-41 及表 7-45 可知，高透气性区长度在 2.25m 左右。1、3 阶段煤气边缘发展，虽渣量较低，炉缸中心渣铁滞留量较高，而与风口焦粒度(0 ~ 5.0mm) 关系不大。

  B 高炉炉缸风口焦透气性分析

图 7-42 所示为炉缸不同位置风口焦压差图（实验室检测并经相关计算，过程略）。

由图 7-42 可知，2009 年 2 月 11 日，2 号高炉炉缸压差从 3.25m 往炉缸中心压差高，焦炭粒度降低，与煤比高有关。2009 年 6 月 3 日，2 号高炉炉缸压差与 2009 年 2 月 11 日分布明显不同，在 2.75m 处形成一个压差高峰，其他地区较低，总体压差低；炉缸中心渣铁滞留量也低，与焦炭质量好、中等煤比、理论燃烧温度高有关。

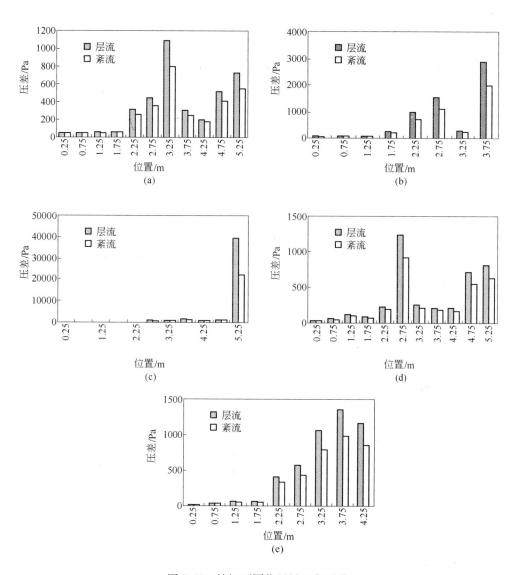

图 7-42 炉缸不同位置风口焦压差

7.3.4.4 未燃煤粉

2 号高炉风口焦炭中未燃煤粉比表面积百分含量见表 7-46（期间配煤比例基本稳定）。

由表 7-46 可知，进入到炉缸中间及中心地区，未燃煤粉比例提高，在 8.4% ~ 38.6% 之间。未燃煤粉炉缸沿径向分布与炉缸压差有一定联系，压差开始升高的部位容易造成未燃煤粉的堆积。

表 7-46   2 号高炉风口焦炭中未燃煤粉比表面积百分含量

取样日期 （年.月.日）	距风口前端 距离/m	焦炭	无烟煤残粒	烟煤残粒	煤	煤总	煤总/焦炭
2009.5.15	0.75	27.2	1.4	2.1	0	3.5	12.9
	2.25	9.2	0	38.6	0	38.6	419.6
	3.75	66.8	11	11.8	0	22.8	34.1
	4.75	62.1	0	8.4	0	8.4	13.5
2009.11.10	0.75	46	0	4	4	8	17.4
	2.25	64.2	6.3	14.7	0	21	32.7
	3.75	67	12.1	3.3	0	15.4	23.0
2010.4.1	0.75	21.3	10.9	1.6	2.8	15.3	71.8
	2.25	43.4	11.2	4.7	0.9	16.8	38.7
	3.75	40.5	23.4	5.3	0.6	29.3	72.3
	4.75	42.1	19.5	2.8	1.4	23.7	56.3

7.3.5 高炉送风制度研究

7.3.5.1 高炉送风制度

送风制度是高炉操作的核心，包括空气鼓风、富氧、鼓风加湿。

A 风量

风量越大，则冶炼强度越高，产量也越高。大风量、高风温、大喷吹量有利于活跃炉缸特别是炉缸中心，有利于炉缸温度趋向均匀，有利于提高炉缸平均温度，炉缸煤气分布也趋向均匀。因此，在一定条件下，采用大风量、高风温、大喷吹量，有利于高炉顺行、稳定。但是，风量越大，煤气流速也越大，煤气对炉料的浮力也越大，则不利于炉料的顺利下降。当风量过大，超过炉料透气性所容许的接受能力时，容易破坏高炉煤气的合理均匀分布，产生管道行程，破坏高炉的顺行、稳定。

B 风温

风温是鼓风的重要指标，是强化高炉操作的措施。鼓风带入的热量是高炉的主要热源之一，是最经济的高炉能源。提高风温有利于活跃炉缸和提高炉缸温度，有利于提高喷吹率和降低焦比。为此，应将热风温度保持在最高温度，一般不作为调节手段。风温高时，风口前煤气体积相对增大，高炉中心煤气流发展；风温低时，风口前煤气体积相对减小，高炉边缘煤气流发展。

C 喷吹燃料

高炉喷吹燃料不仅是高炉调剂的一项重要手段，也是弥补焦炭不足的主要措施。高炉喷吹燃料注意以下几点：

（1）高炉喷吹燃料后会降低风口区理论燃烧温度，喷吹物过多使渣铁物理热降低，故增加喷吹量应与提高风温和富氧相结合。

（2）高炉喷吹燃料后存在热滞后性，要掌握热滞后时间，及时调节，确保炉温稳定，消除炉况波动。

（3）随着喷吹物的增加，促使炉缸煤气变化，改善了炉缸工作状态，则高炉的上下部调剂要调整，使煤气流保持稳定、合理。

（4）高炉入炉风量不变时，压差随着喷吹物的增加而增加。

（5）炉况基础不同，当喷吹物的数量及质量不同时，所置换的焦炭量也不同。炉况顺行，炉缸工作均匀、活跃，喷吹物少且均匀，入炉风量大，风温使用高，富氧量大，煤气利用好，可达到较高置换比。

（6）正常情况下，可用较大喷吹量。但炉温过低，风量小，喷吹物过多使渣铁物理热降低，反而使炉缸温度降低，发生事故。

D 风口的选择

风口的面积、长度和倾斜角度对进风状态起着决定作用。生产实践表明，在一定冶炼强度下，必须有合理的风速与鼓风动能相对应，其标准是能使初始煤气流达到合理的分布，炉缸活跃、均匀、炉温稳定、充沛，保证炉料正常下降，使炉况顺行。影响鼓风动能的因素有风量、风温和风口截面积等。在高冶炼强度下，由于风量、风温必须保持最高水平，通常采用改变风口进风面积的方法来调剂鼓风动能，有时也采用改变风口长度的办法来调节边缘与中心气流。

确定风口面积的依据有以下方面：

（1）如果原燃料强度提高、粒度均匀、粉末和渣量少时，炉料的透气性改善，则有可能接收较高的鼓风动能和压差操作，否则相反。

（2）喷吹燃料使煤气体积增大，促使高炉边缘气流发展，应随煤比增加适当缩小风口面积等。

（3）高炉失常时，由于长期慢风操作而造成炉缸堆积，炉缸工作状态出现异常。为了尽快消除失常，发展中心气流，活跃炉缸，应采取缩小风口面积或堵死部分风口的措施。

（4）炉缸直径、风口数目都是确定风口进风面积的依据。当高炉为低冶炼强度生产和炉墙侵蚀严重时，可采用长风口操作，这相当于缩小了炉缸工作截面积，易使循环区向炉缸中心移动，有利于吹透中心和保护炉墙。生产实践表明，风口向下倾斜，可使煤气直接冲向渣铁层，缩短风口和渣铁间的距离，有利于提高渣铁温度，而且有助于消除炉缸堆积和提高炉渣的脱硫能力。一般小高炉的风口下斜7°~15°。

E 检验送风制度的指标

a 风速和鼓风动能

风速分为标准状态风速和实际风速，在实际生产中对高炉生产起指导作用的是实际风速。在选择合适的鼓风动能时，除考虑炉缸直径风口数目外，还应考虑炉内透气性。炼铁强度高低、富氧鼓风、高炉炉顶压力、不同铁钟等是影响煤气量的因素。原料质量、含粉末率、喷吹燃料率、炉型的细长比等都是影响煤气通道的因素。为了保持风口前一定的回旋区深度，在煤气量大和透气性差、煤气扩散条件差时，风速和鼓风性能应小一些；相反，煤气体积小、透气性好时，只有提高风速和鼓风动能才能使回旋区达到合理深度。所以，凡是减少煤气体积和改善透气性的因素就需提高风速和鼓风动能；反之，则需相应减小风速和鼓风动能。

b 风口前理论燃烧温度

风口前燃烧燃料产生的热煤气参数主要是风口前理论燃烧温度。风口前理论燃烧温度的高低不仅决定了炉缸的热状态，而且决定了煤气温度，因而对炉料传热、还原、造渣、脱硫以及铁水温度、化学成分等产生重大影响。

c 风口循环区面积与深度

风口数目多一些，风口循环区面积大一些，有利于炉缸工作均匀和炉况顺行。而循环区深一些，有利于活跃炉缸中心，也有利于炉渣与铁水的良好接触，保证炉渣的脱硫能力。

d 风口圆周工作的均匀程度

根据高炉的冶炼特点，要求圆周方向工作均匀。因此，风口进风量、风口直径、长度和斜度等参数应基本一致。

7.3.5.2 风温对操作参数的影响

在冶炼条件相对固定的条件下，风量越大，冶炼强度也越大。按照冶炼强度的定义可写出如下关系式：

$$\text{冶炼强度} = \frac{0.21 \times 2 \times 12 \times 1440}{0.85 \times 22.4 \times V_u} \cdot \frac{Q}{K_\phi} \times 10^{-3}$$

式中 Q——风量，m^3/min；

$\quad\quad V_u$——高炉有效容积，m^3，取值为 $1800m^3$；

$\quad\quad K_\phi$——碳素在风口前燃烧率，%，取值为 65%。

在风压稳定的情况下，随着风温的提高，风的体积增大，可由下式计算：

$$V = V_0\left(1 + \frac{1}{273}t\right)$$

式中 V_0——标准状态下的风量。

可见，在 $V_0 = 1000m^3/min$ 条件下，风温每提高 100℃，风的体积增加 $37m^3$。所以提高风温不能太急，否则容易悬料。同时风温提高后，鼓风动能相应增加了。鼓风动能是指鼓风流股克服风口前焦炭层的阻力向炉缸中心穿透的能力。它是造成风口前焦炭回旋区运动的能量。鼓风动能可用下式计算：

$$E = \frac{1}{2}mv^2 = \frac{\rho_0 Q}{2n}\left(\frac{Q}{nS} \times \frac{Tp_0}{T_0 p}\right)^2$$

式中　E——鼓风动能，J/s；

　　　m——鼓风质量，kg/s；

　　　v——风速，m/s；

　　　Q——鼓风风量，m³/s；

　　　ρ_0——标准状态下的鼓风密度，kg/m³；

　　　n——风口数目；

　　　p_0——标准状态下鼓风压力，取值为 0.101MPa；

　　　p——实际鼓风绝对压力，MPa；

　　　T_0——标准状态下的鼓风温度，取值为 273K；

　　　T——实际鼓风温度，K；

　　　S——一个风口的截面面积，m²。

　　高炉在正常冶炼情况下，风量和风口面积一定时，提高风温后，鼓风动能增大，气流穿透炉缸中心的能力增强，导致炉内气流分布改变，中心气流发展。鼓风动能越大，则焦炭的回旋区越大，鼓风穿透中心的能力越强，因而燃烧带越大。回旋区的长度几乎与鼓风动能呈直线关系。随鼓风动能的增加，回旋区长度长，燃烧带尺寸也相应增大。

　　燃烧带的大小是指燃烧带所占空间的体积，它包括长度、宽度和高度。但对冶炼过程影响最大的是燃烧带的长度；此外，燃烧带的宽度对炉缸工作均匀化也有重大影响。在现代化的高炉上，燃烧带的大小主要受鼓风动能大小影响，其次与燃烧反应速度、炉料状况有关。

　　燃烧带过大或过小都对高炉冶炼不利，由此可知高炉应有一个适宜的鼓风动能。适宜的鼓风动能应保证煤气流分布合理，减少炉料运动的呆滞区，扩大炉缸活跃面积使整个炉缸活跃，工作均匀。在不同条件下，适宜的鼓风动能是不同的。高炉炉缸直径越大，则要求适宜的鼓风动能应越大。同一座高炉由于冶炼强度不同，适宜的鼓风动能也不一样。生产实践表明，适宜的鼓风动能与冶炼强度呈线性关系。即冶炼强度较高时，可采用较低的鼓风动能；冶炼强度较低时，则采用较高的鼓风动能。

　　鼓风动能取决于风量、风温、风压及风口面积等参数。因此，改变这些鼓风参数就能改变鼓风动能，从而控制燃烧带的大小：

　　（1）风量。鼓风动能正比于风量的 3 次方，因此增加风量，鼓风动能显著增大，燃烧带也相应扩大。但是，在一定的原燃料等冶炼条件下，高炉有一适宜的冶炼强度，即有一适宜的风量。为了获得良好的技术经济指标，高炉要尽可能在适宜的风量下操作。必须指出，虽然风量对燃烧带的大小有重大影响，但在高炉的实际操作中，并不把风量作为调节燃烧带大小的常用手段。这是因为风量的变化会引起鼓风动能的急骤变化，引起炉况难行。

（2）风温对鼓风动能影响。风温对于不同燃烧状态下和炉缸热状态下的燃烧带的影响不同。一方面，提高风温，鼓风体积膨胀，风速增加，动能增大，使燃烧带扩大。另一方面，风温升高，使燃烧反应加速，因而所需的反应空间——燃烧带相应缩小。这两方面的因素应看哪方面占主导地位。一般来说，风温升高，燃烧带扩大。在高炉实际操作中，风温的高低取决于热风炉和原燃料等条件，并服从高炉热制度的需要。由于风温的提高会引起炉缸煤气体积的急骤膨胀，引起炉况难行。因此，风温一般不作为调节燃烧带的手段，而只是作为处理炉况的一种手段。

7.3.5.3 高风温条件下的送风制度选择

送风制度在高风温、高富氧、大喷吹的条件下，保持风口面积不变，尽量维持入炉风量的稳定，以求得到相对稳定的风口回旋区、炉腹煤气量和煤气初始分布。2号高炉2008年、2009年送风参数见表7-47和表7-48。

表7-47 2号高炉2008年送风参数

时　　期	风量（标态）/m³·min⁻¹	风温/℃	风压/MPa	实际风速/m·s⁻¹	鼓风动能/kW	喷吹煤粉量/t·h⁻¹	炉腹煤气量（标态）/m³·min⁻¹
9月20~30日	4655	1254	3.63	241.6	99494	49.8	6538.7
10月1~10日	4635	1255	3.63	240.7	98346	50.7	6522.1
10月11~20日	4627	1253	3.65	239.0	97012	49.9	6513.8
10月21~31日	4611	1262	3.54	245.4	101769	51.1	6500.7
10月平均	4607	1257	3.59	241.6	98817	50.4	6487.4

注：各期风口面积保持不变，都为0.3981m²。

表7-48 2号高炉2009年送风参数

时　　期	风量（标态）/m³·min⁻¹	风温/℃	风压/MPa	实际风速/m·s⁻¹	鼓风动能/kW	喷吹煤粉量/t·h⁻¹	炉腹煤气量（标态）/m³·min⁻¹
9月1~10日	4642.90	1274.6	3.61	245.3	10224	48.25	6127.2
9月11~20日	4633	1279	3.62	245	10184	47.97	6117.4
9月21~31日	4623.3	1278.4	3.6	244.9	10257.3	47.54	6121.3
9月平均	4633.2	1277.3	3.61	245.1	10221.7	47.92	6121.9

炉腹煤气量的变化是由入炉风量、入炉氧量、煤粉量、大气湿度共同影响的。由表7-47和表7-48对比可知，2009年风温提高后，鼓风动能增加，炉腹

煤气量有所减少。其原因是由于 2009 年原燃料条件较差、煤比较低所致。在实验过程中，随着试验的进行，风量有所减少，喷煤量增加。但由于入炉氧量的增加使得炉腹煤气量在整个试验过程中变化不大，因此高炉炉况一直保持顺行。

7.3.6 小结

（1）提高喷煤量是高炉接受高风温的重要技术手段，它可以有效地防止风温提高带来的理论燃烧温度的提高。

（2）精料是高炉接受高风温的重要保证，原料条件越好，渣量越少，料柱透气性越好，炉子越稳定、顺行，为接受高风温创造更加优越的条件。随着精料水平降低，煤比有所降低，可通过降低炉腹煤气量实现高风温。

参 考 文 献

[1] 邢一丁，温治，刘训良. 高炉热风炉高效送风策略的研究进展及发展趋势[J]. 工业炉，2008，30（5）：9～12.

[2] 舒军. 高温内燃式热风炉的发展及特征[J]. 炼铁，1998，2：12～15.

[3] Yamada Yasuhiro, Tsutsui Naoki, Amano Masahiko. Observation and repair of hot-blast stove at high temperature[J]. Nippon Steel Technical Report, 2009, 98: 83～87.

[4] Palz Helmut. Heat Recovery Systems for Hot Blast Stoves[J]. Stahl und Eisen, 1984, 104 (19): 963～968.

[5] Vog Bernd. Design Construction and Operation of a High Temperature Hot Blast Stove Plant for Heating Exclusively with BF Gas[J]. Stahl und Eisen, 1983, 103(19): 951～956.

[6] Cellissen Tom, Van Haak, Edwin Den. Heat recovery for hot blast stoves. AISTech 2004-Iron and Steel Technology Conference Proceedings, 2004, 1: 103～110.

[7] Arnos Conrad, Martin, Peter M. Installation of a stove waste heat recovery system at U. S. steel Fairfield works[J]. Iron and Steel Technology, 2006, 3(5): 259～274.

[8] 马竹梧，郭荣，赵燕等. 国外高炉热风炉优化控制技术进展[J]. 钢铁研究，2004，6：52～55.

[9] Flossmann, Ronald, Roeder. Stress Corrosion Cracking on Hot Blast Stoves for High Blast Temperatures[J]. Stahl und Eisen, 1974, 94(3): 84～86.

[10] 邰力，甘菲芳，姜华. 宝钢热风炉拱顶钢板防腐蚀的探讨[J]. 炼铁，2005，24(2)：15～17.

[11] 孟凡双，李威鞍. 钢热风炉双预热装置及评述[J]. 工业炉，2007，29(5)：11～13.

[12] 梁津源，郝计根，崔建民. 带燃烧炉的双预热技术在太钢4号高炉热风炉的应用[J]. 炼铁，2004，23(增刊)：27～29.

[13] 刘泉兴，陶欣. 大型高炉热风炉高效预热系统生产实践[J]. 钢铁，1999，34(11)：1～3.

[14] 代宫涛. 重钢四高炉热风炉热风管道系统改造节能的途径[J]. 四川冶金，1983，3：76～78.

[15] 李东生，龙承俊，高风温热风炉热风管道系统合理结构研究[J]. 鞍钢技术，2002，3：16～18.

[16] 谢茂春，潘春山. 热风炉操作[M]. 北京：冶金工业出版社，1958：84.

[17] 吴启常，吕宇来. 高风温长寿热风炉设计的一些问题[J]. 炼铁，2006，25(3)：23～27.

[18] 张家乐. 大型高温热风炉的设计使用及发展趋势[J]. 钢铁译丛. 1978，1：25～33.

[19] 周本权. 栅格式燃烧器流动与燃烧数值模拟[D]. 重庆大学，2007.

［20］雅各布 F，罗纳德 J，玛丽亚 S. 用于热风炉燃烧室的陶瓷气体燃烧器［P］. 中国专利：88107570.1，1989.04.05.

［21］罗海兵. 蓄热式热风炉流动传热与燃烧性能的数值模拟与实验研究［D］. 华中科技大学，2005.

［22］王应时，范维澄，周力行等. 燃烧过程数值模拟［M］. 北京：科学出版社，1986.

［23］Spalding, D. B., Combustion and Mass Transfer［M］, Pergamon Press, 1979.

［24］贺友多. 传输理论和计算［M］. 北京：冶金工业出版社，1999.

［25］周力行. 燃烧理论和化学流体力学［M］. 北京：科学出版社，1986.

［26］赵坚行. 燃烧的数值模拟［M］. 北京：科学出版社，2002.

［27］Sparrow E M, Cess R D. Radiation Heat Transfer［M］. McGraw HilBook Comp. 1978.

［28］王补宣. 工程传热传质学(上册)［M］. 北京：科学出版社，1982.

［29］李俊，裘立春. 省内电站燃煤锅炉降低氮氧化物排放的措施［J］. 浙江电力，2000.6：35~42.

［30］闰志勇，张慧娟，邱广明等. 锅炉分级燃烧降低 NO_x 排放的技术改造及分析［J］. 动力工程，2000，20(4)：764~769.

［31］康日章. 热风炉套筒式陶瓷燃烧器的设计和计算［J］. 炼铁，1982，1：28~33.

［32］沈颐身，李保卫，吴懋林. 冶金传输原理基础［M］. 北京：冶金工业出版社，2000：215.

［33］欧俭平，吴道洪，萧泽强. 蜂窝型蓄热室传热的［C］. 中国钢铁年会论文集，2003 年.

［34］张仁贵. 我国热风炉热效率及现状分析［J］. 钢铁 1993，28(11)：74~77.

［35］张逸君，金宁德，董晓军. 我国高炉热风炉燃烧控制技术进展［J］. 包钢技术，2005，12：5~11.

［36］Muske K R, Howse J W, Hansen G A. Hot blast stove process model and model-based controller［J］. Iron and Steel Engineer, 1999, 76(6): 56~62.

［37］Walsh G C, Mitterer A. Cost effective operation of a blast furnace stove system［C］. Proceedings of the American Control Conference Albuquerque New Mexico, 1997: 3765~3769.

［38］Matoba Y, Otsuka K, Ueno Y. Mathematical model and automatic control system of a hot-blast stove［C］. Automation in Mining Mineral and Metal Processing, 1986: 42~45.

［39］关志刚，金永龙，李军. 宝钢高炉热风炉平衡计算与分析［J］. 钢铁，2009，44(9)：90~93.

［40］湛腾西，张国云，胡文静. 基于模糊满意度的热风炉空燃比优化方法［J］. 冶金自动化，2008，32(6)：1~6.

［41］Wang G Y, Wang Z Y, Zhang L. Fuzzy controller used in combustion system of hot-blast stove［J］. Journal of Iron and Steel Research, 2004, 16(5): 7~10.

［42］崔益煊，孙铁，孙家昆. 基于模糊神经网络的热风炉控制系统研究［J］. 电气传动自动，

1996, 18(2): 49~52.

[43] 许永华, 吴敏, 曹卫华, 等. 基于案例与规则推理的热风炉燃烧控制方法与应用[J]. 计算机测量与控制, 2008, 16(1): 62~65.

[44] 马竹梧, 白凤双, 庄斌. 高炉热风炉流量设定及控制专家系统[J]. 冶金自动化, 2002, 24(5): 11~14

[45] Derycke J, Bekaert R. Automation of hot blast stove operation at Sidmar Control and optimization of energy consumption[J]. Iron making and Steelmaking, 1990, 17(2): 135~138.

[46] Tamura Naoki, Nose Kazuo, Konishi Masami. Modeling approach to the energy saving of hot blast stove system[C]. Proceedings Iron making Conference, 1986: 549~554.

[47] Boonacker R, Van D, Bemt J. Pulsations in hot blast stove burners [C]. ECOS 2000, 4: 2079~2087.

[48] 马竹梧. 高炉热风炉自动化的新课题[J]. 冶金自动化, 2004, 增刊: 108~111.

[49] Wojciech S, Henryk R. Identification of energy characteristic safflower stove with the application of neural Modelling[J]. Energy Conversion and Management, 2007, 48: 2810~2817.

[50] Eop, ByeongHyeon Park, Seung Gap Choi. Design of Optimal Combustion Controller for Temperature Control in Hot Blast Stoves[J]. Intelligent Systems and Control, 2000: 357~361.

[51] 马竹梧. 高炉热风炉流量设定及自控专家系统[J]. 冶金自动化, 2002, 2: 10~14.

[52] 胡日君, 程素森. 考贝式热风炉拱顶空间烟气分布的数值模拟[J]. 北京科技大学学报, 2006, 28(4): 338~342.

[53] 马竹梧. 高炉热风炉全自动控制专家系统[J]. 冶金自动化, 2002, 7: 57~60.

[54] 王欣. 高炉热风炉智能控制系统[D]. 株洲: 中南林学院, 2004.

[55] 黄兆军, 楼生强, 李刚. 涟钢5号高炉热风炉燃烧[J]. 冶金自动化, 2002(4): 38~41.

[56] 汪光阳, 王志英, 张雷. 热风炉燃烧系统模糊控制参数优化[J]. 安徽工业大学学报, 2003, 20(4): 349~352.

[57] 宁宣熙. 管理预测与决策方法[M]. 北京: 科学出版社, 2003.

[58] 孙铁强, 唐瑞尹, 何鸿鲲. 应用CBR技术对热风炉送风温度的预测[J]. 微计算机信息, 2005, 21(6): 49~51.

[59] Yogesh Srinivas, William D Timmons, John Durkin. A comparative study of three expert systems for blood pres-sure control [J]. Expert Systems with Applications, 2001, 20(4): 267~274.

[60] 顾祥林. 模糊控制理论在热风炉上的应用[J]. 宝钢技术, 1999, 3: 32~34.

[61] 汪光阳, 胡伟莉. 专家模糊控制系统在热风炉燃烧过程的应用[J]. 工业仪表与自动化装置, 2005, 1: 17~20.

[62] 张荣梅. 智能决策支持系统研究开发及应用[M]. 北京: 冶金工业出版社, 2003.

[63] 李军, 金永龙, 关志刚. 宝钢高炉热风炉热平衡计算与分析[J]. 冶金能源, 2009, 28

（4）：29～31.

[64] 张炳哲，于帆，张欣欣．济钢卡鲁金热风炉热平衡测试［J］．炼铁，2005，24（3）：27～28.

[65] 樊波，齐渊洪，严定鎏，等．热风炉燃烧控制技术的研究［J］．钢铁，2005，40（4）：17～20.

[66] 张福利，蔡简元，卢向党．高效节能高风温大型球式热风炉的开发应用与热平衡测定［J］．炼铁，2005，24（2）：1～6.

[67] 朱红霞，沈炯，李益国．一种新的动态聚类算法及其在热工过程模糊建模中的应用［J］．中国电机工程学报，2005，27（7）：34～40.

[68] 周耀昌．宝钢3号高炉热风炉操作预测模型的探讨［J］．宝钢技术，1994，3：56～60.

[69] Y Cellissen Tom，Van Haak，Edwin Den. Heat recovery for hot blast stoves［J］. Iron and Steel Technology，2005，2（3）：178～184.

[70] 金岩，李巍．利用预热高炉煤气和助燃空气技术提高高炉热风温度的研究［J］．钢铁：1997，32（增刊）：406～408.

[71] 都本成，刘泉兴，董清海．大型高炉热风炉自身预热运行实践［J］．钢铁：1997，32（增刊）：409～410.

[72] Dai Fangqin，Li Shahua，Liu Ke. Study and application of burner of hot blast stove for blast furnace［J］. Journal of Iron and Steel Research International：2009，16（sup. 2）：1002～1006.

[73] 陈兴家．大型热风炉自身预热工艺设计［J］．钢铁：1997，32（增刊）：412～415.

[74] 舒军．利用低热值高炉煤气获得高风温的方法探讨［J］．钢铁：1997，32（增刊）：399～401.

[75] 李嘉年．热风炉双预热装置的设计与实践［J］．钢铁：1997，32（增刊）：402～405.

[76] 邢桂菊，杨迪光，李文忠．优化使用高炉煤气提高热风炉理论燃烧温度［J］．钢铁：1999，34（增刊）：301～303.

[77] Li Yiwei，Shi Jianen，Bao Lei，et al. Practice of improving blast temperature of 2500m³ BF［C］. AISTech 2008 Proceedings Volume I. A Publication of the Association for Iron and Steel Technology. 221～227.

[78] Lan J. Cox. The Effect of Blast Furnace Gas Quality and Combustion Controls on Hot Blast Stove Performance［J］. AISE Steel Technology. 2003，80（5）：37～51

[79] 张福明，毛庆武，张建，等．国内某大型钢铁企业2号高炉现代化技术改造设计［C］. 2004年全国炼铁生产技术暨炼铁年会文集．无锡：中国金属学会，2004：505～511.

[80] Wang Jianmin，Ma Jinfang，Wang Weiping，et al. Technology of High Temperature for BF in Shougang Qian'an Iron and Steel Co. Ltd［J］. Journal of Iron and Steel Research International：2009，16（10）：1054～1057.

[81] 陈炳霖．关于我国高炉高风温的再探讨［C］. 2006年全国炼铁生产技术会议暨炼铁年会

文集. 杭州：中国金属学会，2006：251～253.

[82] 吕鲁平. 实现高风温的措施——利用"余热法"预热助燃空气[M]. 中国炼铁三十年. 北京：冶金工业出版社，1981：734～739.

[83] 张兴传. 济南铁厂热风炉提高风温的分析[J]. 钢铁：1976，11(3)：23～29.

[84] 张宗诚. 热风炉传热数学模型的应用-几种不同操作制度的剖析[J]. 化工冶金：1983 (3)：59～66.

[85] 刘泉兴，陶欣. 鞍钢高炉热风炉自身预热工艺若干问题的探讨[J]. 炼铁：1997，16 (6)：49～51.

[86] Yunosuke Maki. Akihiro Inayama. The Latest Technologies for Process Control and Automation in Blast Furnace[J]. Kawasaki Steel Technical Report：2000 (43)：61～67.

[87] 窦立威，陶欣，刘泉兴. 鞍钢高风温技术的开发与应用[J]. 炼铁：2000，19(6)：15～18.

[88] 何环宇，王庆祥，毕学工. 提高热风温度的技术措施[J]. 钢铁研究：2001，121(4)：57～61.

冶金工业出版社部分图书推荐

书　名	定价(元)
高炉热风炉操作技术	25.00
高炉热风炉操作与煤气知识问答	29.00
高炉失常与事故处理	65.00
高炉炼铁生产技术手册	118.00
现代高炉长寿技术	99.00
武钢高炉长寿技术	56.00
高炉布料规律(第4版)	39.00
高炉生产知识问答(第3版)	46.00
炼铁原理与工艺	38.00
炼铁设备及车间设计(第2版)	29.00
炼铁厂设计原理	38.00
炼铁工艺及设备	49.00
炼铁机械(第2版)	38.00
高炉炼铁基础知识(第2版)	40.00
高炉炼铁设计原理	28.00
高炉炼铁操作	65.00
高炉炼铁理论与操作	35.00
实用高炉炼铁技术	29.00
高炉冶炼操作技术	38.00
高炉喷煤技术(第2版)	25.00
高炉炼铁设备	36.00
高炉炼铁设计与设备	32.00
炼铁工艺及设备	49.00
铁水预处理与钢水炉外精炼	39.00
炉外精炼及铁水预处理实用技术手册	146.00

双峰检